AF332218

ACCUMULATEURS ÉLECTRIQUES

BIBLIOTHÈQUE DE L'INGÉNIEUR ÉLECTRICIEN-MÉCANICIEN

Publiée sous la Direction de L. BARBILLION

PROFESSEUR A L'UNIVERSITÉ DE GRENOBLE, DIRECTEUR DE L'INSTITUT POLYTECHNIQUE

ACCUMULATEURS ÉLECTRIQUES

PAR

A. CASTEX

PROFESSEUR A L'INSTITUT POLYTECHNIQUE DE L'UNIVERSITÉ DE GRENOBLE

Avec une Préface de L. BARBILLION

PROFESSEUR A L'UNIVERSITÉ DE GRENOBLE, DIRECTEUR DE L'INSTITUT POLYTECHNIQUE

PARIS

ALBIN MICHEL, ÉDITEUR

22, RUE HUYGHENS, 22

AVERTISSEMENT

Notre excellent Professeur, du reste, ancien élève diplômé, et des meilleurs, de notre Institut, M. André Castex, a bien voulu nous demander de présenter à son public, qui sera très nombreux, l'ouvrage qu'il a consacré, dans notre Bibliothèque de l'Ingénieur Électricien-Mécanicien, à la si intéressante question des *Accumulateurs Électriques*.

Nulle mission ne pouvait nous être plus agréable, comme constituant, d'abord, un tribut de gratitude pour l'excellent collaborateur qui, depuis quinze ans, assure à l'Institut avec plein succès la charge délicate de l'enseignement de la majeure partie du cours d'Électrotechnique, puis, en tant qu'affirmation nouvelle, s'il en était besoin, de la parfaite harmonie régnant dans notre corps enseignant, et aussi dans nos traditions pédagogiques.

Ce nous sera, sans aucun doute, l'une des satisfactions les plus douces de notre carrière que d'avoir pu voir s'établir, en dépit d'inévitables divergences de conception, parmi tous nos collaborateurs, cette confiance et cette amitié sans réserve, indispensables pour mener à bien une tâche aussi écrasante que celle de la formation technique annuelle de plusieurs centaines d'élèves. Le bien, que je dis si mal, de notre excellent maître, ceux qui lui doivent, en grande partie, leur formation électrotechnique, le pensent sincèrement. Un enseignement ne vaut que par les élèves qu'il forme, et à ce point de vue la preuve est faite.

Après l'auteur, le sujet. Certes, la littérature technique constituée déjà sur les *Accumulateurs Électriques* est imposante, et, comme dans des cas analogues, il convient de se demander si la publication d'un nouveau traité correspond à un réel besoin. Or, ce besoin est réel.

Dans la Bibliothèque de l'Ingénieur Électricien-Mécanicien, qui compte déjà de nombreux volumes, auxquels la faveur des praticiens et des élèves des Écoles Techniques s'est largement attachée, une place était marquée pour les Accumulateurs Électriques, les indispensables auxiliaires des dynamos et des commutatrices, pour ces accumulateurs dont on a dit, comme il convient, tout le mal possible, mais dont l'utilité grandit de jour en jour.

Nos lecteurs de la B. I. E. M. trouveront dans le présent ouvrage les éléments techniques constructifs dont ils ont besoin, mais ils y rencontreront aussi la solution de questions fort importantes qui préoccupent beaucoup d'Ingénieurs, à savoir les multiples faces du problème soulevé par l'accouplement de batteries d'accumulateurs et de génératrices proprement dites. Question éminemment délicate. On nous excusera d'ajouter à ce sujet un mot personnel. Dès les débuts de nos enseignements à Grenoble, à ce même Institut, nous avons donné une série de conférences sur ces questions de marche en parallèle des batteries et des dynamos. C'est un peu le reflet de nos enseignements qu'on trouvera, mais très accru et très poussé, dans l'ouvrage de M. Castex. Il a eu l'heureuse fortune de pouvoir mettre au point bien des difficultés que nous n'avions fait que signaler sans pouvoir définitivement les résoudre.

Qu'il nous soit permis encore de profiter de la présente circonstance, et de ces quelques lignes consacrées aux accumulateurs électriques et à ceux qui les étudient, pour transmettre ici à notre excellent ami et éminent collègue, M. Mailloux, Président Honoraire du Comité Électrotechnique International, l'expression de notre vive gratitude pour l'intérêt qu'il a porté autrefois à nos travaux de cet ordre, et à ceux de nos collaborateurs de l'Institut. Venant de lui, un maître en la matière, ces encouragements nous ont été fort précieux. Nous-même, d'autre part, avions eu l'occasion de signaler, dès 1905, dans notre cours autographié sur les Accumulateurs, publié à l'Institut, quelle part importante de mérite revenait à M. Mailloux dans ces études délicates.

Pour terminer, nous n'hésitons pas à affirmer notre foi dans les destinées de l'œuvre de M. Castex, véritable traité d'emploi rationnel des accumulateurs électriques. Cet ouvrage sera, nous en sommes sûr, le bienvenu des Ingénieurs et des Élèves-Ingénieurs désireux de ne pas négliger l'usage de l'outil incomparable que constitue, pour l'industrie électrotechnique, l'*Accumulateur Électrique*.

BARBILLION

ACCUMULATEURS ÉLECTRIQUES

PREMIÈRE PARTIE

CHAPITRE PREMIER

Définitions et Généralités.

Les accumulateurs électriques sont des générateurs d'électricité fondés sur la propriété, que possèdent certains couples électrochimiques, de pouvoir restituer, après avoir été traversés par un courant électrique, immédiatement ou au bout d'un certain temps, la plus grande partie de l'énergie qu'ils ont reçue.

L'opération qui consiste à faire passer un courant à travers un accumulateur constitue la *charge* de cet accumulateur. Dans cette première phase, le courant cède de l'énergie électrique que le récepteur emmagasine sous forme d'énergie chimique.

La *décharge* de l'accumulateur s'effectue en plaçant l'appareil dans un circuit fermé. Dans cette seconde phase, l'accumulateur fonctionne comme un élément galvanique ordinaire, il régénère l'énergie électrique au détriment de son énergie chimique, qui diminue progressivement jusqu'à ce que l'accumulateur soit revenu à son état primitif.

L'énergie électrique n'est donc pas emmagasinée comme telle dans un accumulateur, mais sous forme d'énergie chimique potentielle. On transforme celle-ci en énergie électrique en insérant, au moment du besoin, l'accumulateur dans le circuit d'utilisation.

En d'autres termes, l'accumulateur se comporte comme une pile dont on régénère les éléments constitutifs par l'électrolyse, au lieu de les remplacer par de nouveaux après leur épuisement. De là le nom d'*élément secondaire* donné quelquefois à l'accumulateur.

Conditions exigées d'un accumulateur. — Théoriquement, tout couple électrochimique, basé sur un ensemble plus ou moins complexe de réactions chimiques réversibles, peut constituer un accumulateur. Dans un tel couple, les substances réagissantes, décomposées par l'action du courant produit par l'élément, peuvent être régénérées par le passage d'un courant de sens inverse.

Mais l'expérience a montré que, malgré la grande variété des combinaisons voltaïques réversibles, il n'en est, en réalité, qu'un très petit nombre qui puissent servir de base aux accumulateurs industriels. Cela tient à ce qu'en outre de la parfaite réversibilité des phénomènes électrochimiques, qui constitue la condition primordiale, le couple doit encore posséder certaines qualités essentielles au point de vue des applications industrielles : usure très faible (cohésion et adhérence des dépôts obtenus pendant la charge), bonne conservation de la charge et rendement élevé (absence de réaction à circuit ouvert), force électromotrice suffisante, capacité importante, prix de revient réduit, etc.

Principaux couples électrochimiques réversibles. — Aucun couple ne satisfait entièrement aux conditions dont nous venons de faire mention. Les combinaisons qui les remplissent le mieux et qui ont reçu des applications industrielles, sont résumées dans le tableau suivant :

MATIÈRE POSITIVE	ÉLECTROLYTE	MATIÈRE NÉGATIVE	FORCE ÉLECTROMOTRICE EN VOLTS
Peroxyde de plomb	Solution d'acide sulfurique	Plomb	2
—	—	Zinc	2,4
—	—	Cadmium	2,3
—	—	Cuivre	1,25
Oxyde cuivreux	Solution de potasse	Zinc	0,75
Peroxyde de nickel	Solution de soude	Zinc	1,6
—	Solution de potasse	Fer	1,25

D'après ce tableau, on voit que la combinaison *peroxyde de plomb-acide sulfurique-zinc* est celle qui donne la plus grande force électromotrice. Elle a dû cependant être abandonnée parce que le zinc est attaqué à circuit ouvert et qu'il est à peu près impossible d'éviter les chutes de matière négative.

Les éléments au cuivre et au cadmium présentent les mêmes inconvénients, bien que les actions locales soient beaucoup moindres.

La combinaison *bioxyde de plomb-acide sulfurique-plomb* est de beaucoup la plus avantageuse. Elle joint, à une force électromotrice assez élevée, une stabilité très satisfaisante ; malheureusement le plomb a un poids spécifique élevé, ce qui conduit a des couples lourds, eu égard à l'énergie qu'ils sont susceptibles de fournir.

L'élément *peroxyde de nickel-potasse-fer* emploie des métaux moins denses et plus solides. Cependant, bien que les équivalents chimiques soient notablement plus faibles, l'énergie spécifique de cet élément n'est guère supérieure à celle de l'élément au plomb.

Le couple réversible *oxyde cuivreux-potasse-zinc* (pile Lalande et Chaperon) a une force électromotrice moyenne très faible. De plus, le rendement est mauvais, le zinc étant soluble dans l'électrolyte. Il en est de même pour l'élément *peroxyde de nickel-soude-zinc*, quoique les actions locales soient moins énergiques qu'avec l'oxyde cuivreux.

En résumé, l'industrie n'a guère utilisé, jusqu'à présent, que l'élément au plomb et à l'acide sulfurique (accumulateur Planté) et, dans certains cas particuliers, l'élément au fer-nickel (accumulateur Edison). Malgré leurs défauts, ces éléments sont encore nettement supérieurs à tous les autres.

L'accumulateur au plomb étant d'un usage général, nous nous bornerons, dans cet ouvrage, à l'étude détaillée de cet élément.

Toutefois, en raison de l'importance qu'a pris dans ces derniers temps, pour certaines applications spéciales, l'accumulateur au fer-nickel, nous avons cru devoir consacrer un chapitre spécial à cet accumulateur.

Principe de l'accumulateur au plomb.

Pour concevoir le principe de l'accumulateur au plomb, considérons un élément sous la forme la plus simple : deux lames de plomb plongeant dans un vase contenant de l'eau acidulée sulfurique (fig. 1).

Ces deux lames s'étant, au contact de l'air, recouvertes d'une mince couche de protoxyde de plomb (PbO), on peut considérer cet élément comme une chaîne de conducteurs ayant la composition suivante :

| Laiton | Plomb | Protoxyde de plomb | Eau acidulée | Protoxyde de plomb | Plomb | Laiton. |

On voit que cette chaîne est symétrique et, de plus, qu'elle est binaire, puisqu'on y rencontre, si l'on accouple les éléments deux par deux, chaque groupement répété deux fois, mais dans des ordres inverses.

Il en résulte que la chaîne doit être complètement dépourvue de force électromotrice, l'un des groupes détruisant ce que pourrait engendrer le groupe symétrique.

FIG. 1.

Principe de l'accumulateur au plomb. État de l'élément avant la charge.

FIG. 2.

Principe de l'accumulateur au plomb. Élément sur circuit de charge.

Accumulateur sur circuit de charge. — Installons maintenant l'élément dans un circuit parcouru par un courant (fig. 2).

Le courant entre par la plaque *positive* ou *anode* et sort par la plaque *négative* ou *cathode*. En traversant la cuve, il décompose l'eau acidulée en ses éléments ; l'oxygène, qui se porte à l'anode ne se dégage pas, mais se combine, au contraire, avec l'oxyde qui recouvre la plaque pour former un peroxyde de plomb qui est du bioxyde (PbO^2) ou oxyde puce. D'autre part, l'hydrogène, rendu disponible à la surface de la cathode, ne se dégage pas non plus, mais se combine avec l'oxyde de plomb recouvrant la plaque pour former de l'eau, laissant à la surface de l'électrode une mince couche de plomb réduit.

Au bout d'un certain temps, les deux opérations sont terminées : l'anode est entièrement recouverte d'une couche peroxydée qui s'oppose à l'attaque du métal, et l'oxygène se dégage ; la cathode ne présente plus qu'une surface de plomb pulvérulent et l'hydrogène se dégage également. A partir de ce moment, le courant traverse l'appareil sans lui apporter aucune modification. On peut alors le supprimer.

Si l'on considère la nouvelle chaîne conductrice obtenue, on voit qu'elle est formée de la façon suivante :

Laiton	Plomb	Bioxyde de plomb	Eau acidulée	Plomb spongieux	Plomb	Laiton.

Elle n'est plus symétrique, ni binaire en entier. Elle peut être douée de force électromotrice ; elle est devenue une pile Planté (1).

Accumulateur sur circuit de décharge. — Si l'on réunit par un conducteur les deux électrodes, on constate qu'un courant passe dans ce conducteur (fig. 3). Ce courant circule en sens contraire du premier, il va de la cathode à l'anode à l'intérieur de la pile. Mais l'intensité de ce courant s'affaiblit rapidement et tombe bientôt à zéro. Ce fait est dû à l'usure de la pile qui n'est pas d'essence plus inusable que les autres piles connues. Cette usure s'explique facilement si l'on remarque que le courant, allant du pôle positif au pôle négatif, circule en sens inverse du courant primitif qui la doue de force électromotrice.

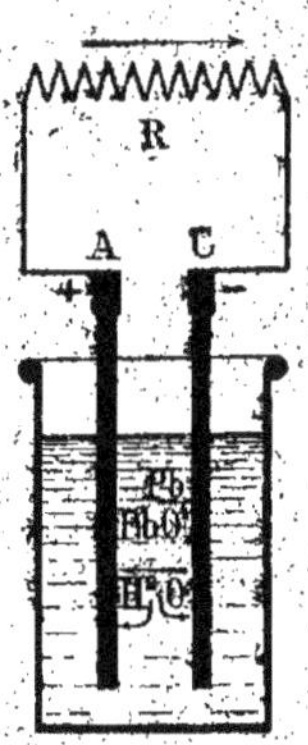

Fig. 3.
Principe de l'accumulateur au plomb. Élément sur circuit de décharge.

---

(1) Rappelons que c'est en 1859 que Planté, en cherchant à perfectionner la pile Grove, découvrit l'accumulateur au plomb.

De sorte qu'il y a encore électrolyse du liquide, mais dans le sens inverse de la précédente, l'oxygène étant maintenant libéré à la cathode et l'hydrogène à l'anode.

A la cathode, l'oxygène oxydera le plomb réduit pour redonner un oxyde de plomb, du PbO ; à l'anode, l'hydrogène se combinera avec l'oxygène du bioxyde pour former de l'eau et un oxyde moins riche qui est le protoxyde de plomb PbO.

Au bout d'un certain temps, la pile sera redevenue la chaîne conductrice :

Laiton	Plomb	Protoxyde de plomb	Eau acidulée	Protoxyde de plomb	Plomb	Laiton,

qui n'est douée d'aucune force électromotrice. Le courant cessera donc lorsque la pile sera revenue à cet état par le passage de son propre courant.

Augmentation de la capacité. — Formation des accumulateurs. — Nous avons vu que la durée des courants de charge et de décharge était relativement courte, mais si l'on renouvelle ces deux opérations alternativement plusieurs fois, on constate que la durée de ces courants augmente progressivement.

C'est que les réactions chimiques portent sur une couche superficielle, qui est d'abord extrêmement mince, mais dont l'épaisseur augmente peu à peu.

La capacité voltaïque de l'accumulateur et par suite la durée des courants de charge et de décharge, augmentent avec l'épaisseur des couches intéressées que l'on nomme, pour cette raison, les *couches actives* de l'accumulateur.

Former un accumulateur, c'est le soumettre à un traitement apte à augmenter, sur les deux électrodes, l'épaisseur des couches actives.

Caractères distinctifs de la polarité des plaques d'un accumulateur. — On reconnaît facilement la polarité des plaques à leur aspect. Quand l'accumulateur est chargé, la plaque positive a l'aspect velouté et est de couleur brun chocolat, la plaque négative est gris clair. Pendant la décharge, la plaque positive devient de plus en plus rougeâtre et la plaque négative de plus en plus blanchâtre.

La dureté de la plaque donne aussi une indication : la matière positive est, en général, dure comme la pierre ponce, tandis que la matière négative est tendre et se laisse entamer par l'ongle.

Éléments caractéristiques d'un accumulateur. — Toutes les formules concernant les piles hydro-électriques peuvent s'appliquer aux accumulateurs, ces appareils n'étant, ainsi que nous l'avons vu, que des piles secondaires. Mais pour juger la valeur de ces appareils, il est nécessaire de se rendre nettement compte de la signification des principales constantes qui les caractérisent. Ces constantes sont : *la force électromotrice, la différence de potentiel aux bornes, la résistance intérieure, le débit, la capacité, le rendement.*

Nous allons donner la définition et l'ordre de grandeur de ces éléments caractéristiques.

Force électromotrice. — C'est la tension qui se manifeste aux bornes de l'accumulateur à circuit ouvert. La force électromotrice ne dépend pas de la grandeur de l'élément, mais elle est fonction de son état de charge. Sa valeur, qui peut atteindre 2,2 volts et même, momentanément, 2,5 volts après la charge, tombe à 1,8 volt quand l'accumulateur est déchargé. En pratique, on admet une force électromotrice moyenne de 2 volts.

Résistance intérieure. — La résistance intérieure d'un accumulateur est toujours très faible, elle est d'ailleurs d'autant plus réduite que l'élément présente de plus grandes dimensions. Dans les types industriels, elle varie de quelques dix-millièmes à quelques millièmes d'ohms.

Différence de potentiel. — La différence de potentiel, ou tension aux bornes en circuit fermé, dépend de la force électromotrice et de la résistance intérieure de l'élément ; elle varie avec l'intensité du courant qui traverse l'accumulateur.

Si E et U représentent respectivement la force électromotrice et la différence de potentiel exprimées en volts, I l'intensité en ampères et R la résistance en ohms, on a :

à la charge

$$U = E + RI,$$

à la décharge

$$U = E - RI.$$

Débit. — C'est l'intensité du courant, exprimée en ampères, que l'accumulateur peut fournir pendant la décharge. Le débit dépend, principalement, de la grandeur de l'élément ou, plus exactement, de la surface de plaque sur laquelle agit l'électrolyte.

Capacité. — On appelle capacité d'un accumulateur, la quantité d'électricité que cet accumulateur est susceptible de restituer pendant la durée d'une décharge, poussée jusqu'à sa limite pratique. On exprime la capacité en ampères-heure et, comme celle-ci varie avec le régime de décharge, on spécifie toujours le débit correspondant ou, ce qui revient au même, la durée de la décharge.

D'une façon générale, la quantité d'électricité reçue ou restituée par un accumulateur a pour expression :

$$Q = \int_0^T i\,dt,$$

qui devient

$$Q = I T,$$

dans le cas où l'intensité de charge ou de décharge reste constante.

Puissance. — En désignant par u et i les valeurs instantanées de la différence de potentiel et de l'intensité, exprimées respectivement en volts et en ampères, la puissance instantanée est donnée, en watts, par la formule classique :

$$p = ui.$$

Énergie. — L'énergie, reçue ou restituée pendant un temps T, a pour expression générale

$$W = \int_0^T uidt.$$

Si l'intensité est constante, on a

$$W = I \int_0^T udt,$$

relation que l'on peut écrire

$$W = Q \frac{1}{T} \int_0^T udt,$$

et en remarquant que

$$\frac{1}{T} \int_0^T udt,$$

est la différence de potentiel moyenne U, on peut écrire

$$W = Q U.$$

L'énergie en watts-heure est donc le produit de la capacité par la différence de potentiel moyenne. C'est aussi le produit de la puissance moyenne par le temps de décharge.

Débit, capacité, puissance et énergie spécifiques. — Le poids étant un élément important dans l'étude des accumulateurs, il est instructif de rapporter les grandeurs précédentes à l'unité de poids total d'un élément, ou mieux au kilogramme d'électrodes. On obtient ainsi les grandeurs spécifiques massiques.

On rapporte quelquefois les mêmes éléments de définition au décimètre cube de volume de l'élément (grandeurs spécifiques volumiques), ou encore au décimètre carré de surface totale des anodes (grandeurs spécifiques surfaciques).

Le meilleur élément de comparaison est le poids de plaques (positives et négatives totalisées).

Débit par kilogramme de plaques. — On admet en général, — étant mis à l'écart les types qui fournissent leur décharge à un régime très élevé (de 3 à 5 ampères par kilogramme de plaques par exemple), — une intensité de 1 ampère par kilogramme d'électrodes.

Puissance par kilogramme de plaques. — Les débits spécifiques précédents correspondent à des puissances de 1,6 à 2 watts pour les éléments ordinaires et, pour ceux à décharge rapide, de 6 à 8 watts par kilogramme de plaques.

Capacité et énergie par kilogramme de plaques. — En moyenne, la capacité utile d'un accumulateur est de 10 ampères-heure par kilogramme d'électrodes contenu dans l'élément, et son énergie utile de 20 watts-heure environ, lorsque la décharge est effectuée au régime de décharge en 10 heures. Ces valeurs ne sont pas les mêmes lorsque le régime de décharge est modifié ; la capacité diminue d'autant plus que la durée de la décharge est plus courte. C'est ainsi qu'il faut compter, en moyenne, sur les capacités suivantes par kilogramme d'électrodes :

9 ampères-heure au régime de 6 heures,

7,8   —   —   3 heures,

5   —   —   1 heure.

Rendements. — Il faut distinguer le rendement en *énergie* et le rendement en *quantité*.

Rendement en énergie — On appelle rendement en énergie ou en watts-heure, le rapport de l'énergie restituée à la décharge à l'énergie fournie pendant la charge. Ce rendement sera donc donné par l'expression

$$\eta_w = \frac{W_d}{W} = \frac{\displaystyle\int_0^{T_d} u_d i_d \, dt}{\displaystyle\int_0^{T_c} u_c i_c \, dt}$$

en appelant T_c, u_c, i_c, T_d, u_d, i_d le temps, la tension et l'intensité de charge et de décharge.

La détermination du rendement en énergie suppose la connaissance des fonctions $u_c\, i_c\,(t)$ et $u_d\, i_d\,(t)$.

Le rendement en énergie dépasse difficilement 75 à 80 pour 100 dans les meilleures conditions.

Rendement en quantité — Industriellement, on considère l'accumulateur comme pouvant restituer un certain nombre d'ampères-heure sous la tension moyenne de 2 volts. On se préoccupe donc souvent du rendement en quantité, ou en ampères-heure, que l'on définit comme le rapport de la quantité d'électricité que l'accumulateur restitue à la décharge à la quantité d'électricité qu'on lui fournit pendant la charge. L'expression analytique de ce rendement est donc

$$r_q = \frac{Q_d}{Q_c} = \frac{\displaystyle\int_0^{Td} i_d\, dt}{\displaystyle\int_0^{Tc} i_c\, dt}\ .$$

Sa détermination suppose simplement la connaissance des courbes $i_d\,(t)$ et $i_c\,(t)$.

Avec de bons accumulateurs, on obtient un rendement en quantité de 90 pour 100, si l'on a soin de ne pas dépasser comme intensité les valeurs du régime normal de charge et de décharge.

CHAPITRE II

Théorie chimique de l'accumulateur au plomb.

Les phénomènes chimiques, qui accompagnent la charge et la décharge d'un accumulateur, sont complexes et encore imparfaitement connus, bien qu'ayant fait l'objet d'un grand nombre de recherches théoriques et expérimentales. L'exposé, même succinct, de ces travaux dépasserait le cadre de cet ouvrage, limité à l'étude des applications industrielles des accumulateurs. Nous nous bornerons donc à indiquer, dans ce chapitre, les réactions chimiques communément admises, dont la connaissance est indispensable à l'interprétation des faits que nous aurons à considérer dans la suite. Pour l'étude approfondie de la chimie de l'accumulateur, nous renverrons le lecteur aux ouvrages spéciaux cités dans la bibliographie.

Insuffisance de la théorie de Planté. — D'après Planté, qui a donné la première explication des phénomènes chimiques qui se produisent dans l'accumulateur (1), le processus électrochimique consiste essentiellement en oxydation et réduction des plaques de plomb. Pendant la charge, l'eau est décomposée par le courant en ses éléments ; l'oxygène libéré oxyde la plaque positive en peroxyde, tandis que l'oxyde, préexistant sur la plaque négative, est réduit à l'état de plomb métallique spongieux. Pendant la décharge, le peroxyde passe à un degré inférieur d'oxydation et le plomb spongieux est transformé en oxyde.

Cette théorie, qui ramène en définitive les réactions chimiques de charge et de décharge à un simple transfert d'oxygène d'une électrode à

---

(1) Gaston Planté, *Recherches sur l'électricité*, Paris 1879.

l'autre, a dû être abandonnée parce qu'elle ne rend pas compte de la variation du degré d'acidité de l'électrolyte pendant le fonctionnement de l'accumulateur (1).

Théorie de la double sulfatation. — A la suite de recherches minutieuses sur la composition de la matière active, les expérimentateurs anglais J. H. Gladstone et A. Tribe (2), proposèrent une théorie plus complète de l'évolution chimique de cette matière active.

D'après cette théorie, les réactions chimiques peuvent s'expliquer de la façon suivante :

A la décharge, sous l'influence du courant, l'acide sulfurique se scinde en H^2 et en O^4. L'hydrogène est séparé au pôle négatif ; il agit sur le peroxyde qui, en présence de l'acide sulfurique, se transforme en sulfate. Le radical sulfurique se porte au pôle négatif, où il transforme le plomb spongieux en sulfate. Les réactions sont,

à la positive :

$$Pb\,O^2 + H^2 + S\,O^4\,H^2 = S\,O^4\,Pb + 2\,H^2\,O\,;$$

à la négative :

$$Pb + S\,O^4 = S\,O^4\,Pb.$$

En additionnant membre à membre ces deux équations, on obtient la formule de décharge :

$$Pb\,O^2 + 2\,S\,O^4\,H^2 + Pb = S\,O^4\,Pb + 2\,H^2\,O + S\,O^4\,Pb.$$

A la charge, l'acide sulfurique est encore décomposé en H^2 et en $S\,O^4$, mais le courant ayant une direction inverse dans l'élément, l'hydrogène est séparé au pôle négatif et le radical au pôle positif. Les radicaux réagissent alors sur le sulfate de plomb, conformément aux équations suivantes,

à la positive :

$$S\,O^4\,Pb + H^2 = Pb + S\,O^4\,H^2\,;$$

---

(1) Planté avait bien constaté cette variation, mais sans tirer de cette remarque aucune conséquence bien précise pour compléter sa théorie.

(2) Les travaux de Gladstone et Tribe furent publiés vers 1882. Voir : *Lumière électrique*, tome VII, page 284 et tome VIII, page 122 — Dolezalek, *Théorie de l'accumulateur au plomb*. Trad. Liagre.

à la négative :

$$SO^4Pb + SO^4 + 2H^2O = PbO^2 + 2SO^4H^2.$$

En rassemblant ces deux équations, on a la formule de charge

$$SO^4Pb + 2H^2O + SO^4Pb = PbO^2 + 2SO^4H^2 + Pb,$$

qui est inverse de celle de décharge.

En résumé, le processus chimique de l'accumulateur peut être représenté par la formule suivante, dans laquelle le premier membre représente l'état des matières après la charge, le second, leur état après la décharge.

$$PbO^2 + 2SO^4H^2 + Pb = SO^4Pb + 2H^2O + SO^4Pb.$$
$$+ \quad\quad - \quad\quad + \quad\quad -$$

En raison de la formation, particulièrement caractéristique, de sulfate de plomb aux deux électrodes, cette théorie est appelée *Théorie de la double sulfatation*.

Conséquences de la théorie de la double sulfatation. — Remarquons que l'équation chimique précédente, qui résume les réactions de la double sulfatation, met en évidence :

1° La parfaite réversibilité des réactions chimiques de charge et de décharge ;

2° La nature des substances actives : peroxyde de plomb à la positive, plomb spongieux à la négative ; ces substances se transformant en sulfate de plomb à la décharge ;

3° Le fait que la transformation des substances actives en sulfate de plomb se fait directement, sans passer par un intermédiaire et proportionnellement aux ampères-heure débités, c'est-à-dire conformément aux lois de Faraday ;

4° Les variations du degré d'acidité de l'électrolyte pendant le fonctionnement de l'accumulateur : augmentation de ce degré pendant la charge et diminution pendant la décharge.

L'équation fondamentale de la double sulfatation permet, en outre, de calculer les poids théoriques de matière entrant en jeu par ampère-heure reçu ou fourni.

En effectuant les calculs on trouve que, par ampère-heure débité à la décharge,

à la positive : 4,46 grammes de bioxyde se transforment en 5,67 grammes de sulfate ;

à la négative : 3,86 grammes de plomb spongieux se transforment en 5,67 grammes de sulfate ;

dans l'électrolyte : 3,66 grammes d'acide sulfurique monohydraté ($SO^4 H^2$) disparaissent et il se forme 0,60 gramme d'eau.

Objections opposées à la théorie de la double sulfatation. — Bien que la plupart des propriétés que nous venons d'énoncer comme conséquences de l'hypothèse de la double sulfatation soient vérifiées par l'expérience, cette théorie soulève néanmoins, au point de vue chimique, quelques objections portant principalement sur le fonctionnement de l'électrode positive.

Tout d'abord, la matière active positive prend, lors de la décharge, une teinte rougeâtre, tandis que le sulfate de plomb est blanc. Cette anomalie s'explique facilement si l'on remarque qu'en pratique, une décharge n'étant jamais complète, il reste toujours une quantité importante de bioxyde de plomb non transformé. Cet oxyde, de couleur brune, mélangé au sulfate blanc, donne à la plaque la teinte rougeâtre observée.

Une objection plus sérieuse, qui a été souvent opposée à la théorie de la double sulfatation, et qui reste encore aujourd'hui le principal argument des adversaires de cette théorie, résulte du fait que la quantité de sulfate de plomb formé en décharge à l'électrode positive ne paraît être qu'une partie plus ou moins grande de la quantité théorique. Ce désaccord a conduit certains auteurs à contester la sulfatation de la positive ou à ne la considérer que comme action secondaire. Des théories différentes (1), basées sur des conceptions les plus diverses du mécanisme

______

(1) Voir : Drewiecki, *Bulletin de la Société Internationale des électriciens* tome VI, page 414. — Darieus, *Bulletin de la Société Internationale des électriciens*, mai 1892. — *Lumière électrique* 1892 tome 44, page 513. — Elbs, *Zeitschr. f. Elektrochem.* 1896, p. 70. — Cooper, *The Electrician*, tome XXXV, page 296. — Wade, *Proceedings of the Inst. of electrical Engineers*, tome XXIX 1900. — Pfaff, *Centralblatt für accumulatoren und Element in Kunde* tome II, page 73 et 173. — Ch. Féry, *Société Française de Physique*, 5 mai 1916 ; *Bulletin de la Société française des électriciens*.

chimique, ont été proposées pour expliquer, d'une façon plus conforme aux résultats obtenus, le fonctionnement chimique de l'accumulateur; mais, jusqu'à ce jour, aucune des théories émises n'a pu résister à un examen critique un peu approfondi.

Par contre, les partisans de la double sulfatation (1) n'ont cessé d'attribuer le désaccord constaté à des causes d'erreur inhérentes aux méthodes expérimentales employées. D'après eux, les écarts seraient dus, principalement, au fait que le dosage de l'acide sulfurique fixé par la positive est rendu particulièrement délicat par la présence, à la fin de la décharge, dans les pores de la matière active, d'un électrolyte moins concentré que celui qui entoure les plaques.

Effectivement, en opérant de façon à diminuer le plus possible cette différence de concentration (décharge à régime très lent), la concordance des résultats devient suffisante pour établir l'exactitude de l'équation fondamentale de la double sulfatation.

Il convient cependant de remarquer, qu'à côté des réactions principales que prévoit cette théorie quand l'accumulateur est en fonctionnement normal, plusieurs autres peuvent également se produire, quand les conditions de fonctionnement cessent d'être normales. C'est ainsi, qu'une densité de courant trop élevée, ou une charge poussée trop à fond, peuvent faire apparaître certains produits instables (eau oxygénée, acide persulfurique, ozone, etc.), dont la formation et la décomposition rapide donnent lieu à des réactions complexes, le plus souvent irréversibles.

La théorie de la double sulfatation et les lois de la thermodynamique. — Nous allons montrer que la force électromotrice calculée d'après les réactions de la double sulfatation, conformément aux lois de la thermodynamique, coïncide remarquablement avec celle que l'on déduit de mesures expérimentales.

On sait que, d'une façon générale, la force électromotrice d'un élément galvanique dépend de la chaleur dégagée dans les réactions chimiques et

(1) Voir : Aron, *Elektrotechn. Zeitschr.* 1883, page 53 et 100. — W. Kohlrausch et C. Heim, *Elektrotechn. Zeitschr.* 1889, page 327. — Liebenow, *Zeitschr. f. Elektrochem.* 1896, 2, page 420. — Gladstone et Hibbert, *Phil. mag.* 1890, page 168. — Mugdan, *Zeitschr. f. Elektrochem.* 1890, H. 23. — F. Dolezalek, *loc. cit.*

de la chaleur, dite secondaire ou latente, que l'élément emprunte ou cède au milieu ambiant. Dans le cas de couples réversibles, Helmholtz a établi la relation

$$E = \frac{q}{n \times 23073} + T\frac{\partial E}{\partial T},$$

dans laquelle q est la chaleur de formation de la molécule à partir des éléments séparés par le courant, n le nombre de valences échangées par les ions, T la température absolue et $\frac{\partial E}{\partial T}$ le coefficient de température de la force électromotrice.

Appliquons cette formule à l'accumulateur.

D'après Streintz, les chaleurs dégagées sont les suivantes :

A la positive : $PbO^2 - O + SO^4H^2 Aq = SO^4Pb + Aq + 13.100$ calories.
A la négative : $Pb + O + SO^4H^2 Aq = SO^4Pb + Aq + 73.700$ calories.

Réactions totales :

$$PbO^2 + Pb + 2SO^4H^2 Aq = 2SO^4Pb + Aq + 86.800 \text{ calories.}$$

Mais les chaleurs précédentes étant relatives à un acide très dilué (une molécule SO^2H^4 pour 400 molécules d'eau), il faudra, pour calculer la force électromotrice correspondant à une concentration normale $(d = 1,16)$, retrancher une chaleur de dilution de 1.600 calories.

De sorte qu'on a, en remarquant que les ions sont divalents :

$$E = \frac{86.800 - 1.600}{2 \times 23.073} + T\frac{\partial E}{\partial T},$$

$$= 1,85 + T\frac{\partial E}{\partial T}.$$

Et comme, d'autre part, pour la concentration considérée, le coefficient de température a pour valeur

$$\frac{\partial E}{\partial T} = 0,4.10^{-3},$$

la force électromotrice de l'accumulateur, à la température de 15° C. (288° A) sera

$$E = 1,85 + 288 \times 0,4.10^{-3} = 1,96 \text{ volt.}$$

Tscheltzow, en déterminant la chaleur de réaction au moyen de mesures thermochimiques différentes de celles de Streintz, a trouvé

$$E = 2,01 \text{ volts.}$$

Or, la force électromotrice, mesurée dans les conditions expérimentales précédemment indiquées ($d = 1,16$, $T = 15^0$ C.), est comprise entre 1,99 et 2,01 volts.

Cette coïncidence parfaite, entre la force électromotrice calculée avec le secours de la thermodynamique et la force électromotrice mesurée, est un des meilleurs arguments en faveur de la théorie de la double sulfatation.

Actions locales dans un élément à substances pures. — Quand on abandonne au repos un accumulateur chargé, on constate que la quantité d'électricité disponible diminue quotidiennement. Cette décharge spontanée est due aux actions locales qui se produisent entre les éléments constitutifs (plomb, oxyde de plomb et acide sulfurique) de l'accumulateur, celui-ci étant supposé exempt de toute substance étrangère. Ces actions locales, qui s'accomplissent toujours au détriment de l'énergie chimique de l'élément, peuvent être de nature chimique ou électrochimique.

Actions locales chimiques. — Dans un élément ne contenant pas d'impuretés, les actions chimiques sont dues à l'action de l'acide sulfurique sur le plomb et le bioxyde de plomb.

L'action de l'acide sulfurique sur le plomb métallique est toujours très faible, la mince couche de sulfate de plomb qui se forme protégeant le plomb contre une attaque plus profonde. Il n'en est pas de même du plomb spongieux que son état de division rend facilement transformable en sulfate de plomb. Cette transformation est d'ailleurs d'autant plus rapide que l'acide est plus concentré et que la température est plus élevée.

A la positive, les actions purement chimiques sont très faibles, l'acide sulfurique étant sans action sensible sur le peroxyde de plomb.

Actions locales électrochimiques. — Les actions électrochimiques se produisent à la faveur de couples locaux qui se forment entre le plomb du support et la matière active quand ces éléments sont tous deux en contact avec l'électrolyte.

Normalement, à la négative, le couple $Pb_{sp} - Pb$ est sans effet, sa force électromotrice étant insuffisante pour décomposer l'électrolyte.

Par contre, le couple $PbO^2 - Pb$ de la positive est très actif. Sa force électromotrice, voisine de 2 volts, est susceptible de développer dans le circuit fermé, constitué par le couple et l'électrolyte avoisinant (fig. 4), un courant local, sous l'action duquel le PbO^2 se réduit en sulfate de plomb et le plomb du support s'oxyde en passant également à l'état de sulfate. La perte de capacité qui en résulte est particulièrement appréciable dans les éléments à mince couche de matière active (plaques à grande surface).

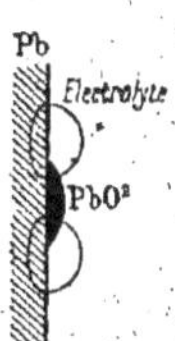

FIG. 4.

Couple local formé à la plaque positive.

Actions locales dues aux impuretés. — Les actions locales deviennent beaucoup plus importantes quand l'électrolyte contient des impuretés.

La présence dans l'acide d'un métal électro-négatif par rapport au plomb (Pt, Ag, As, Cu) peut avoir des effets très nuisibles sur la plaque négative. Un tel métal se dépose, en effet, pendant la charge, sur cette électrode et y forme un couple local, dans lequel le plomb spongieux est transformé en sulfate avec dégagement d'hydrogène.

Le platine est particulièrement dangereux. Des traces extrêmement faibles (de l'ordre du millionième) suffisent à provoquer une décharge rapide de la négative.

Les métaux électro-positifs ne peuvent produire de décharges locales sur la positive que s'ils sont facilement oxydables. Ces métaux déterminent une décharge graduelle de l'élément en transportant de l'oxygène de la plaque positive à la plaque négative. Tous les métaux à valence multiple, qui peuvent se présenter à différents degrés d'oxydation (Fe, Mn), ont cette propriété. C'est ainsi que les sels de fer deviennent ferriques à la positive et se transportent sur la négative où ils dégagent leur oxygène. Ils reviennent alors à la positive, se rechargent de nouveau d'oxygène, reviennent ensuite à la négative et ainsi de suite continuellement.

L'acide nitrique et les oxydes de l'azote donnent lieu à une action analogue. A la négative, ils se réduisent en ammoniaque, qui s'oxyde en acide nitrique à la positive.

Enfin, l'acide chlorhydrique est susceptible d'attaquer le plomb spongieux et le peroxyde de plomb. En présence de l'acide sulfurique, il se forme, aux deux électrodes, du sulfate de plomb avec régénération d'acide chlorhydrique.

Sulfatation des électrodes. — Si on laisse au repos, pendant un temps assez long, un accumulateur déchargé, on observe, au bout de quelques jours, l'apparition de petites taches blanches qui s'étendent et couvrent bientôt toute la surface des plaques. L'analyse de la matière blanchâtre montre qu'elle ne contient que du sulfate de plomb. On dit que les plaques sont sulfatées.

Cette sulfatation est totalement différente de celle qui se produit normalement pendant la décharge. Nous avons vu, en effet, que le sulfate formé en décharge se transforme, sans la moindre difficulté, en plomb ou en peroxyde de plomb à la charge. Il n'en est pas de même du sulfate formé pendant la sulfatation : celui-ci est très difficilement réductible et ce n'est qu'en soumettant les plaques sulfatées à une charge de très longue durée qu'on peut les ramener à leur état initial. Souvent même on n'y parvient qu'incomplètement et la forte proportion de sulfate qui subsiste les rend pratiquement inutilisables.

Diverses hypothèses ont été faites pour expliquer la grande stabilité de ce sulfate. Certains auteurs admettent que le sulfate irréductible diffère, par sa constitution chimique, du sulfate ordinaire. D'autres, au contraire, pensent qu'il n'y a, entre les deux sulfates, qu'une différence d'état physique. D'après Elbs, le phénomène de la sulfatation serait dû au passage sous la forme cristalline du sulfate de plomb divisé produit pendant la décharge. La cristallisation progressive de ce sulfate, — qui doit, comme nous l'avons déjà dit, sa bonne conductibilité apparente à ce qu'il se trouve mélangé à une quantité importante de peroxyde de plomb ou de plomb spongieux, — aurait pour effet de recouvrir la matière active de cristaux formant une couche homogène et imperméable, par conséquent mauvaise conductrice et, par suite, difficilement transformable par le courant.

Cette explication paraît rationnelle et elle s'accorde bien avec l'influence, depuis longtemps constatée, de la concentration de l'acide sur la rapidité avec laquelle se poursuit la sulfatation. Celle-ci est minimum pour l'acide à 14 p. 100, ce qui correspond au minimum de solubilité du sulfate. Pour un acide de concentration différente, la solubilité croît très rapidement. Or, la vitesse de cristallisation augmente avec la solubilité, il s'ensuit que la sulfatation doit être particulièrement rapide dans un acide très concentré. C'est bien ce que l'on constate expérimentalement.

CHAPITRE III

Propriétés de l'accumulateur au plomb.

I. FORCE ÉLECTROMOTRICE

Nous avons vu précédemment que la force électromotrice d'un accumulateur est voisine de 2 volts. Cette valeur est indépendante de la grandeur de l'élément, mais elle varie avec certains facteurs dont nous allons examiner l'influence.

Variation de la force électromotrice avec la concentration de l'acide. — L'expérience montre que la force électromotrice d'un accumulateur s'élève avec le degré d'acidité de l'électrolyte.

En mesurant la force électromotrice à différentes concentrations, Streintz a trouvé que la loi de variation est linéaire et peut se représenter par la formule :

$$E = 1{,}85 + 0{,}00056\ C,$$

dans laquelle E est la force électromotrice en volts à 15° et C le poids d'acide monohydraté par litre de liquide.

Pour les concentrations usuelles, cette relation donne les résultats portés dans le tableau suivant :

DEGRÉ BAUMÉ	DENSITÉ de L'ACIDE	SO_4H_2 en p. 100	SO_4H_2 en grammes PAR LITRE	FORCE ÉLECTROMOTRICE EN VOLTS	
				CALCULÉE (STREINTZ)	OBSERVÉE (DOLEZALEK)
5,9	1,044	6,7	70	1,889	1,892
8,9	1,063	9,2	98	1,907	1,917
10	1,075	10,8	116	1,920	1,930
15	1,116	16,2	181	1,957	1,975
20	1,162	22,2	258	1,997	2,019
25	1,210	28,4	344	2,043	2,060
30	1,263	34,7	438	2,096	2,107
35	1,320	41,6	549	2,163	2,161
40	1,383	48,3	668	2,227	2,217

Nous verrons dans la suite que l'influence de la concentration de l'acide sur la valeur de la force électromotrice permet d'expliquer, très simplement, les variations de la force électromotrice observées pendant les différentes phases de fonctionnement de l'accumulateur.

Variation de la force électromotrice avec la température. — L'application de la formule de Helmoltz à l'accumulateur conduit à la relation :

$$E = 1{,}85 + T \frac{\partial E}{\partial T}.$$

Le coefficient de température $\frac{\partial E}{\partial T}$ a été calculé théoriquement (Dolezalek) et déterminé expérimentalement (Streintz). Les deux méthodes ont donné des résultats concordants. La valeur du coefficient $\frac{\partial E}{\partial T}$ dépend essentiellement de la concentration de l'électrolyte et peut se représenter par la courbe de la figure 5.

On voit que le coefficient de température est nul pour une concentration d'acide de 0,7 mol. gr. SO^4H^2 par litre (d = 1,05, 6° B), pour laquelle la force électromotrice est par suite indépendante de la température. Il est négatif pour des électrolytes plus dilués et positif pour des électrolytes plus concentrés.

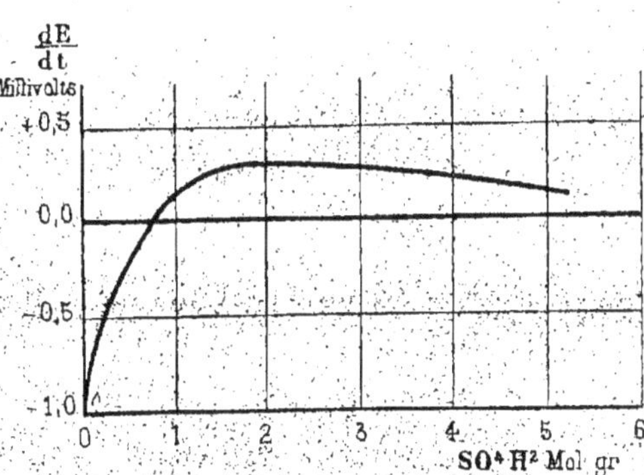

Fig. 5. — Variation du coefficient de température $\frac{dE}{dt}$ avec la concentration.

Ces derniers étant les seuls employés dans les accumulateurs industriels, la force électromotrice de ces éléments doit augmenter avec la température.

C'est bien ce que l'on constate expérimentalement, mais il convient d'ajouter que l'augmentation de force électromotrice est toujours excessivement petite et, le plus souvent, sans importance pratique (1).

Variation de la force électromotrice pendant la charge et la décharge. — Pendant les périodes de charge et de décharge d'un accumulateur, la force électromotrice ne reste pas constante. Elle monte pendant la charge et baisse pendant la décharge comme l'indiquent les courbes de la figure 6, qui ont été obtenues en chargeant et déchargeant un accumulateur à un régime normal sous courant constant.

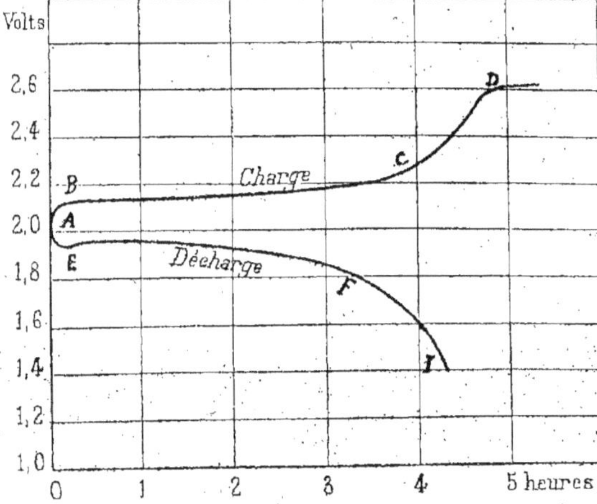

Fig. 6. — Variation de la force électromotrice d'un accumulateur pendant la charge et la décharge à intensité constante.

La courbe de charge montre qu'au début la force électromotrice s'élève rapidement jusqu'à une valeur voisine de 2,1 volts, elle progresse ensuite lentement et régulièrement pendant la plus grande partie de la charge et ce n'est qu'à la fin de l'opération qu'on constate une élévation rapide allant jusqu'à 2,5 ou 2,8 volts suivant l'intensité, en même temps qu'un fort dégagement gazeux apparaît sur les électrodes.

A la décharge, la force électromotrice baisse d'abord rapidement de 2,1 volts environ à 2 volts, elle diminue ensuite très lentement jusqu'à 1,9 volt, puis la baisse devient très rapide et après le crochet la force électromotrice tend vers zéro.

---

(1) Un écart de température de 25° C provoque une élévation de force électromotrice de 0,01 volt au maximum.

Ces variations s'expliquent facilement en considérant les variations de concentration qui surviennent aux électrodes pendant le fonctionnement de l'accumulateur.

Dès que commence la charge, il y a formation, dans les pores de la matière active, d'acide sulfurique aux dépens du sulfate de plomb qui est décomposé, mais cet acide ne pouvant traverser la matière spongieuse que lentement, la concentration croit rapidement dans la plaque. Il en résulte une augmentation rapide de la force électromotrice (portion de courbe AB), qui se poursuit jusqu'à ce que la différence de concentration entre l'acide intérieur et l'acide extérieur soit assez grande pour que la perte d'acide par diffusion compense la formation d'acide par réaction.

La force électromotrice monte ensuite très lentement (portion de courbe BC) par suite de l'accroissement de densité de l'électrolyte qui entoure les plaques (1) et aussi parce que, la matière active travaillant de plus en plus en profondeur, la diffusion devient plus difficile.

La brusque augmentation qui se produit à la fin de la charge (portion de courbe CD), en même temps qu'apparaît le dégagement gazeux, est attribuée à des modifications qui commencent à se produire dans les réactions chimiques. Quand tout le sulfate solide des plaques a été transformé, le sulfate, qui se trouve en solution dans l'acide, est électrolysé à son tour, puis c'est l'eau qui est finalement décomposée en ses éléments (2).

La courbe de décharge s'explique par des considérations analogues.

La baisse de force électromotrice qui se produit au début de la décharge (portion de courbe AE) résulte de la diminution de concentration de l'acide des plaques, la matière active empruntant de l'acide à l'électrolyte pour la formation du sulfate.

La chute lente de force électromotrice (portion de courbe EF) est due à la diminution de la densité de l'acide dans tout l'accumulateur et à la difficulté croissante qu'éprouve l'acide à pénétrer dans la matière active.

Enfin, vers la fin de la charge, la sulfatation gênant la diffusion, une chute brusque de f. e. m. se produit (portion de courbe FI), par suite de

(1) Un accumulateur ayant, en général, un grand excès d'électrolyte, la concentration de celui-ci ne subit qu'une faible variation.
(2) Il est possible que d'autres causes concourent également, comme certains auteurs le prétendent, à cette augmentation de force électromotrice.

l'épuisement rapide de l'acide des plaques, la pénétration de l'acide extérieur ne se faisant plus assez rapidement pour suivre l'électrolyse.

Influence du régime de charge et de décharge. — L'allure générale des courbes de charge et de décharge est caractéristique de l'accumulateur au plomb, elle reste la même quel que soit le régime adopté. Toutefois, les courbes relevées à différents régimes diffèrent par certains détails. C'est ainsi que l'écartement et la divergence des courbes de charge et de décharge augmentent avec l'intensité (fig. 7) et que la courbure de ces courbes est d'autant plus accentuée que la couche de matière active est plus mince.

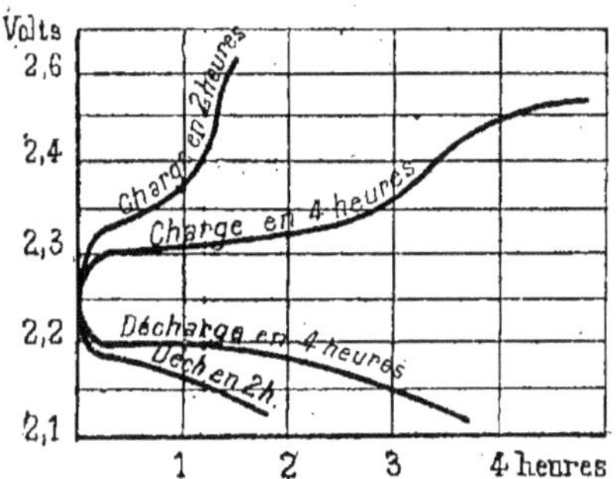

Fig. 7. — Influence du régime de charge et de décharge sur l'allure des courbes de variation de la force électromotrice d'un accumulateur.

Ces particularités s'expliquent, si l'on remarque que les variations de la force électromotrice sont d'autant plus considérables que les différences de concentration sont rendues plus notables par la rapidité des réactions chimiques ou par une circulation défectueuse de l'électrolyte.

Rétablissement de la force électromotrice à circuit ouvert. — Quand on place un accumulateur partiellement déchargé dans un circuit de charge, la force électromotrice monte rapidement depuis la valeur e_0 (correspondant à la concentration de l'électrolyte libre) jusqu'à la valeur e_1 (correspondant à la concentration de l'électrolyte des plaques).

Si l'on interrompt alors le courant, on peut observer que la force électromotrice baisse, d'abord rapidement, puis lentement et qu'après quelques minutes elle reprend la valeur e_0 correspondant à la densité de l'acide employé.

La baisse de la force électromotrice à circuit ouvert s'explique par l'appauvrissement de la matière en acide du fait de la diffusion.

Après une décharge, le même phénomène se constate, mais dans ce cas, il se produit une augmentation de la force électromotrice, la concentration de l'acide des pores étant moins élevée que celle de l'acide extérieur.

La figure 8 montre l'allure des courbes de charge et de décharge (traits pleins) ainsi que celle des courbes de rétablissement de la force électromotrice au repos (courbes ponctuées).

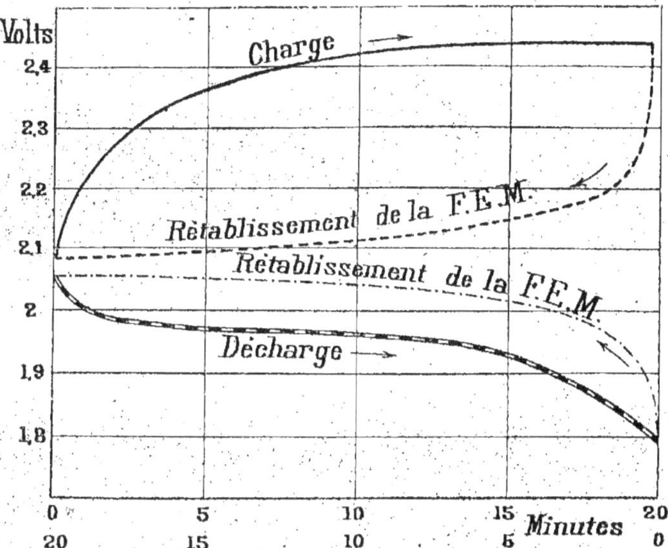

Fig. 8. — Courbes de rétablissement de la force électromotrice par le repos après charge et décharge.

Instabilité de la force électromotrice d'un accumulateur mis alternativement en charge et en décharge à de courts intervalles. — D'après ce qui précède, il est facile de suivre les variations de la force électromotrice d'un accumulateur que l'on fait passer rapidement de l'état de charge à l'état de décharge et inversement.

La courbe E de la figure 9 montre les fluctuations de la force électromotrice quand les charges et les décharges, faites à un régime constant, se succèdent comme l'indique le diagramme $I(t)$.

Dans la période A B l'élément est au repos, la force électromotrice a la valeur e_0. En B, on ferme le circuit de charge ; la force électromotrice

3

de l'accumulateur monte progressivement jusqu'à la valeur e_1. En C, on passe brusquement de la charge à la décharge, le courant conservant la même intensité, la force électromotrice tombe à la valeur e_2. Elle remonte ensuite graduellement à la valeur e_1 quand on rétablit le courant de charge, etc.

On voit que la force électromotrice prend toutes les valeurs comprises entre e_1 et e_2. Ces valeurs extrêmes ,dépendent elles-mêmes de l'intensité du courant qui traverse l'élément. Il en résulte une instabilité très grande de la force électromotrice qui, dans certaines applications industrielles des accumulateurs, est très préjudiciable à leur bon fonctionnement.

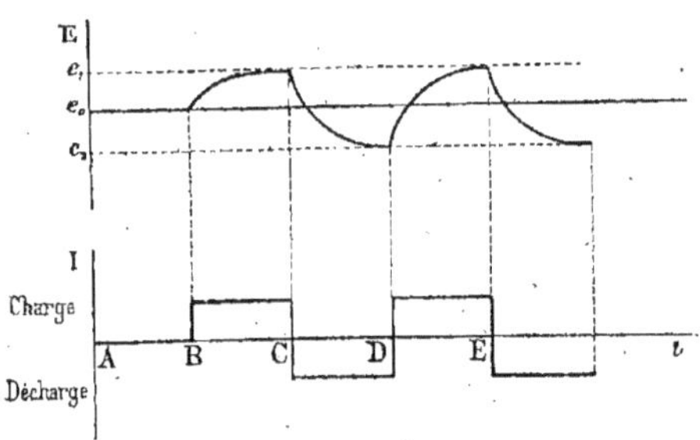

Fig. 9. — Variation de la force électromotrice d'un accumulateur mis alternativement en charge et en décharge à de courts intervalles.

Nous verrons plus loin, dans les chapitres réservés à l'étude des batteries-tampon, les procédés employés pour remédier à cette instabilité.

Variation du potentiel de chaque électrode pendant la charge et la décharge. — La force électromotrice dépendant du potentiel de chaque électrode, il est utile, dans certaines recherches techniques, de déterminer la part qui revient à chacune d'elles dans la variation de la force électromotrice pendant la charge et la décharge de l'accumulateur.

On emploie, pour cela, une électrode auxiliaire que l'on place dans le voisinage des électrodes actives et par rapport à laquelle on mesure le potentiel de la positive et de la négative.

L'électrode auxiliaire doit conserver un potentiel aussi constant que possible pendant l'essai ; il faut donc qu'elle soit insoluble dans l'électrolyte et impolarisable.

Pour les essais usuels, on peut employer une tige de zinc amalgamé ou, ce qui est préférable, de cadmium amalgamé qui résiste mieux à l'acide. Pour les mesures de précision, il vaut mieux utiliser une petite plaque positive ou négative bien chargée, avec laquelle on ne risque pas d'introduire d'impureté dans l'élément et qui se polarise plus difficilement sous l'action du courant passant dans le voltmètre (1).

Les courbes de la figure 10 montrent les variations du potentiel des électrodes positive et négative rélevées pendant la charge en se servant d'une électrode auxiliaire en plomb spongieux. La distance entre deux points correspondants des deux courbes représente la force

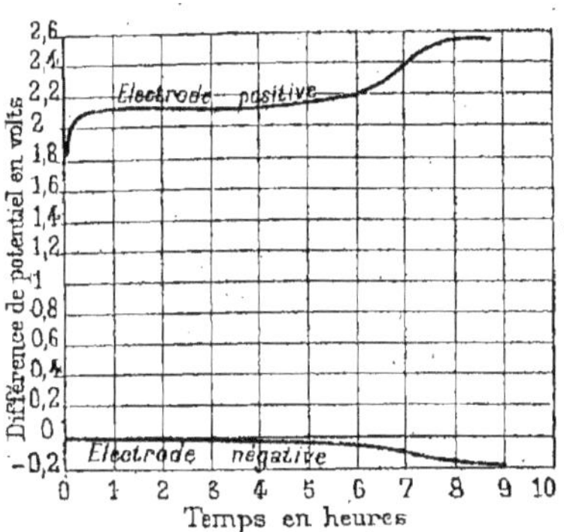

Fɪɢ. 10. — Tensions anodique et cathodique en charge, mesurées avec une électrode auxiliaire en plomb spongieux.

électromotrice de l'accumulateur à l'état de charge considéré.

La figure 11 donne les variations du potentiel des plaques à la décharge.

L'examen des ces courbes montre que le potentiel de la plaque négative reste sensiblement constant, tandis que le potentiel de la plaque positive présente de très grands changements. Les variations de la force électromotrice d'un accumulateur ont donc leur siège principalement sur la positive.

Les courbes de charge et de décharge permettent de se rendre

---

(1) Le potentiel d'une électrode auxiliaire, constituée par un fragment de plaque d'accumulateur, est très constant, si on a eu le soin de laisser cette électrode, avant de s'en servir, quelques heures dans un acide de même densité que celui de l'accumulateur à essayer. On peut admettre, en effet, que la concentration de l'acide dans l'intérieur de la plaque auxiliaire est à peu près invariable, puisqu'elle ne débite qu'un courant extrêmement faible pendant la lecture du voltmètre et qu'elle reste plongée dans le liquide même de l'accumulateur dont la concentration change peu en cours de charge et de décharge.

compte de la capacité relative des électrodes. Quand le crochet de fin de décharge de la positive précède celui de la négative (cas de la figure), l'électrode positive est plus vite déchargée que l'électrode négative. La capacité de cette dernière est donc plus grande que la capacité de l'électrode positive, c'est ce qui a lieu normalement. Dans le cas contraire, le crochet de la négative se produirait avant celui de la positive. L'essai à l'électrode auxiliaire fournit ainsi de précieux renseignements sur l'état des électrodes.

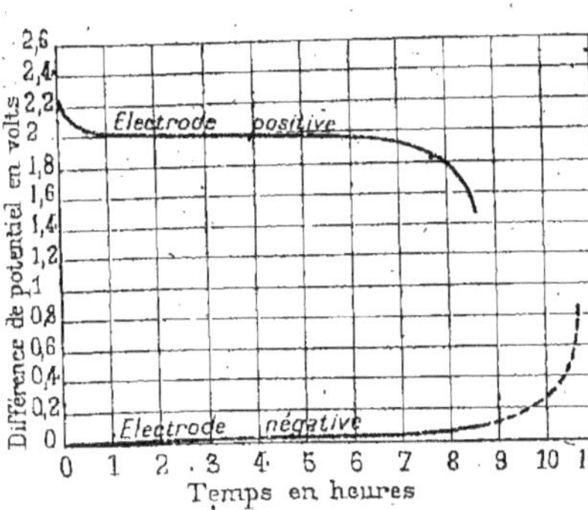

Fig. 11. — Tensions anodique et cathodique en décharge, mesurées avec une électrode auxiliaire en plomb spongieux.

II. RÉSISTANCE INTÉRIEURE

La résistance intérieure d'un accumulateur en bon état est toujours extrêmement faible. Cette résistance n'est que de quelques dix millièmes d'ohm dans les grands éléments à poste fixe, et elle atteint au maximum quelques centièmes d'ohm dans les petits éléments transportables.

La plus grande partie de cette résistance est due à l'électrolyte compris entre les électrodes, la résistance de la matière active étant très faible et celle des supports étant, en général, négligeable dans un élément bien construit.

Il s'ensuit que la résistance d'un accumulateur dépend, principalement, de la conductibilité de l'électrolyte. Celle-ci varie avec la concentration, comme le montre la courbe de la figure 12 qui donne la résistivité des solutions d'acide sulfurique dans l'eau en fonction de la teneur en p. 100 d'acide monohydraté. On voit que la résistivité est minimum vers une concentration de 30 p. 100 (26° B) ; elle augmente à partir de ce point si la concentration augmente ou diminue.

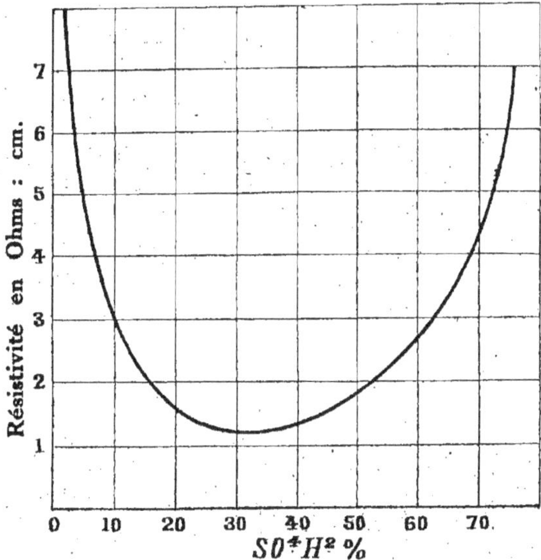

Fig. 12. — Courbe de résistivité des solutions sulfuriques.

L'électrolyte des accumulateurs industriels ayant une concentration comprise entre 25 et 37 p. 100 (22 et 32° B) remplit donc les conditions de meilleure conductibilité.

Mesure de la résistance intérieure d'un accumulateur. — La mesure précise de la résistance d'un accumulateur présente de grandes difficultés en raison de la nécessité d'éliminer complètement les résistances de contact et surtout les phénomènes de polarisation dont les effets peuvent surpasser de beaucoup la chute de tension due à la résistance intérieure.

Les méthodes les plus exactes sont celles qui permettent la mesure de la résistance en circuit fermé (Kohlrausch, Nernst, Gahl, etc.).

Variation de la résistance intérieure. — La résistance intérieure est pratiquement indépendante de l'intensité du courant, mais elle varie avec l'état de charge de l'élément. Ces variations sont dues principalement aux changements progressifs de composition des matières actives, ainsi qu'aux variations de concentration qui surviennent aux électrodes pendant le fonctionnement de l'accumulateur.

Les courbes de la figure 13 montrent l'allure de ces variations. On voit que la résistance diminue rapidement à la charge pour atteindre une valeur qui reste sensiblement constante.

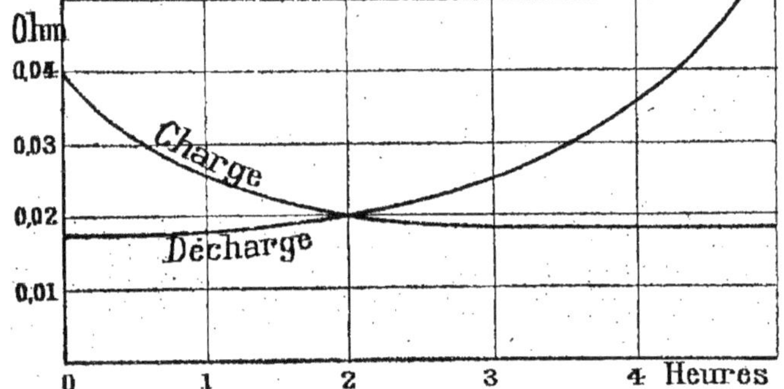

Fig. 13. — Variation de la résistance intérieure d'un accumulateur pendant la charge et la décharge.

A la décharge, la résistance augmente lentement au début, puis plus rapidement à mesure que la décharge se poursuit. Elle deviendrait très grande (de l'ordre de plusieurs ohms) si la décharge était poussée jusqu'à transformation complète de la matière active en sulfate.

Résistance intérieure apparente. — Industriellement, il est moins intéressant de connaître la vraie valeur de la résistance que la résistance apparente, due à l'ensemble des causes (résistance ohmique et polarisation) qui déterminent la chute de tension à la décharge. Cette résistance apparente se déduit facilement des résultats obtenus en observant successivement la différence de potentiel aux bornes à circuit ouvert et à circuit fermé, ainsi que l'intensité du courant dans ce dernier cas. On a :

$$R_a = \frac{E - U}{I} \,.$$

Il est à noter que cette résistance apparente est beaucoup plus élevée que la résistance réelle, la polarisation due au passage du courant étant toujours supérieure à la chute de tension provoquée par la résistance intérieure.

Valeur approximative de la résistance apparente. — D'après M. Lyndon, qui a fait un grand nombre d'expériences sur la chute de tension et sur la résistance intérieure, celle-ci peut se représenter par la formule

$$R_a = \frac{0,09}{I_4},$$

dans laquelle R_a est la résistance intérieure apparente de l'élément (ohms) et I_4 l'intensité au régime de décharge en quatre heures.

III. DIFFÉRENCE DE POTENTIEL.

La différence de potentiel, ou tension aux bornes d'un accumulateur en circuit fermé, est liée à la force électromotrice, à la résistance intérieure et à l'intensité du courant par les relations classiques

$$U = E + RI \quad \text{(charge)};$$
$$U = E - RI \quad \text{(décharge)}.$$

Étant donnée la petitesse de la résistance intérieure d'un accumulateur au plomb, la valeur numérique de la différence de potentiel sera toujours très voisine de celle de la force électromotrice.

Ces deux grandeurs varieront sensiblement de la même façon. En particulier, les variations de la différence de potentiel pendant la charge et

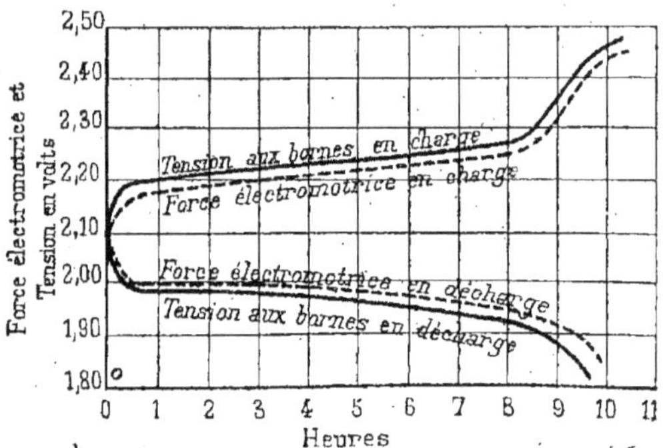

Fig. 14. — Variation de la force électromotrice et de la tension aux bornes d'un accumulateur pendant la charge et la décharge.

la décharge suivront de très près celles de la force électromotrice, comme l'indiquent les courbes de la figure 14.

IV. CAPACITÉ

Nous avons appelé capacité utile, ou plus simplement capacité d'un accumulateur chargé, la quantité d'électricité, exprimée en ampères-heure, que cet accumulateur peut fournir à la décharge, celle-ci étant arrêtée quand le courant cesse d'être pratiquement utilisable, c'est-à-dire quand la tension tombe au-dessous de 1,8 volt (décharges lentes) ou 1,7 volt (décharges rapides).

On a donc, d'une façon générale,

$$Q = \int_0^T$$

Mesure de la capacité. — La mesure de la capacité se fait en déchargeant l'élément, à intensité constante, sur un circuit contenant une résistance de réglage et un ampèremètre de précision; un voltmètre, placé aux bornes de l'élément, permet de suivre les variations de la tension et indique la fin de l'opération (fig. 15).

La capacité en ampères-heure est donnée par le produit de l'intensité I en ampères par la durée T de la charge exprimée en heures. On a :

$$Q = I\,T.$$

Les mesures de capacité étant toujours assez incertaines, il est bon de recommencer plusieurs fois le même essai et de prendre la moyenne des résultats obtenus.

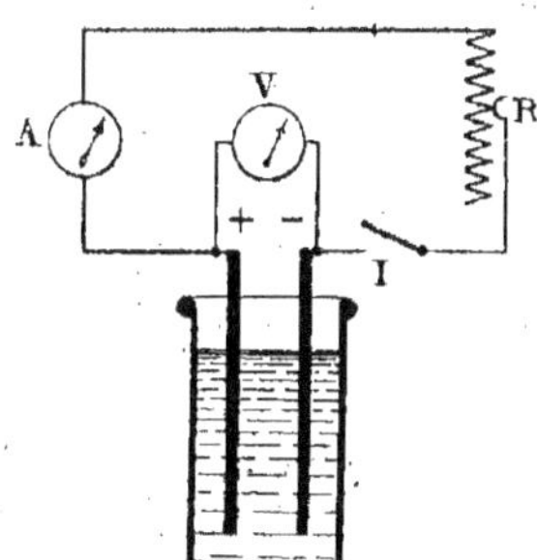

Fig. 15. — Mesure de la capacité d'un accumulateur.

Il faut aussi avoir soin de noter soigneusement la densité et le volume de l'électrolyte, ainsi que la température, la capacité dépendant de ces facteurs, comme nous le verrons dans la suite.

Influence du régime de décharge. — La capacité diminue avec l'augmentation de densité du courant de décharge. La courbe de la figure 16 montre l'importance de cette diminution. On voit que, dans le cas considéré, une élévation du régime de décharge de 10 à 100 ampères fait baisser de moitié la capacité.

On explique cette influence en remarquant, qu'aux régimes élevés, la vitesse de réaction devient trop petite pour permettre aux réactions chimiques de se produire dans le temps voulu et que, d'autre part, une partie de la matière active est enrobée et séparée de l'électrolyte par celle qui a rempli son action chimique et devient ainsi inefficace.

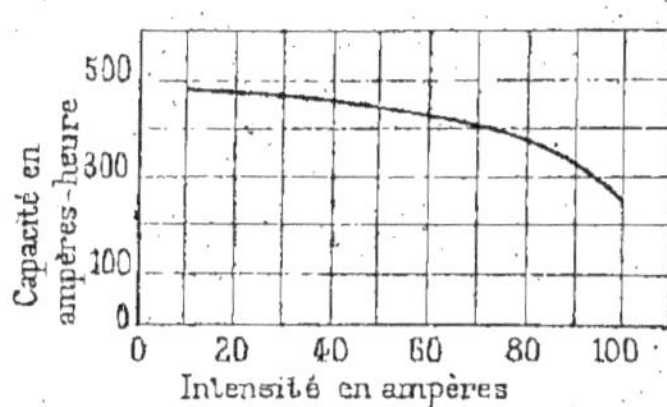

Fig. 16. — Variation de la capacité d'un accumulateur en fonction de l'intensité de décharge.

W. Peukert a proposé la formule empirique suivante, pour tenir compte de l'influence de la durée de la décharge.

$$I^n\, t = K.$$

Dans cette formule, I est l'intensité constante du courant de décharge en ampères, t la durée de la décharge en heures, n une constante caractéristique du type d'accumulateur et K une constante dépendant des dimensions de l'élément.

Cette formule s'applique à tous les types d'accumulateurs et donne des résultats suffisamment précis (à 2 ou 3 p. 100 près), eu égard à l'incertitude inhérente aux mesures de capacité. Les valeurs de la constante n sont généralement comprises entre 1,20 et 1,60.

Quand on connait la valeur de la constante n de la formule de Peukert, pour un type d'élément déterminé et la capacité à un régime donné $(I_1 t_1 = Q_1)$, on peut trouver facilement la capacité Q_2 de l'élément à un autre régime de durée t_2. On a

$$I_1{}^n\, t_1 = I_2{}^n\, t_2 = K.$$

D'autre part

$$Q_1 = I_1\, t_1 \text{ et } Q_2 = I_2\, t_2,$$

D'où l'on tire

$$\frac{Q_2}{Q_1} = \left(\frac{t_2}{t_1}\right)^{\frac{n-1}{n}}$$

Réciproquement, connaissant Q_1 et Q_2 aux régimes de décharge à intensité constante de durée t_1 et t_2, on peut déterminer la constante de Peukert n. De la formule précédente on tire, en effet :

$$n = \frac{\log\dfrac{t_2}{t_1}}{\log\dfrac{t_2}{t_1} - \log\dfrac{Q_2}{Q_1}}.$$

Pour éviter les calculs numériques qui résultent de l'application de ces formules, nous avons construit l'abaque ci-contre (fig. 17) qui donne immédiatement le rapport $\dfrac{Q_2}{Q_1}$ pour les diverses valeurs du rapport $\dfrac{t_2}{t_1}$.

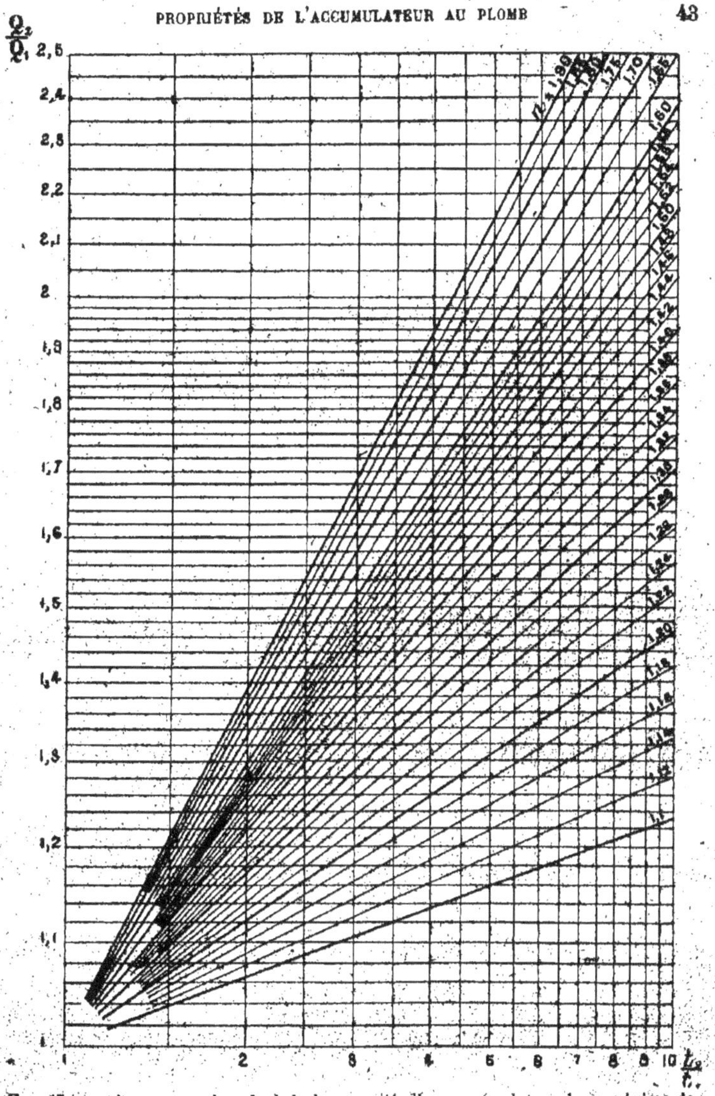

FIG. 17. — Abaque pour le calcul de la capacité d'un accumulateur à un régime de décharge déterminé.

Cet abaque permet de trouver rapidement les capacités aux différents régimes connaissant n, et inversement, il permet de déduire n connaissant les capacités à deux régimes différents.

Influence de la densité de l'acide. — La capacité augmente avec la densité de l'acide, passe par un maximum et diminue ensuite (fig. 18).

Mais cette variation est assez complexe et ne semble pas suivre de règle générale certaine. La densité correspondant au maximum de capacité dépend de plusieurs facteurs, notamment du régime de décharge (1), du type et de l'épaisseur des plaques.

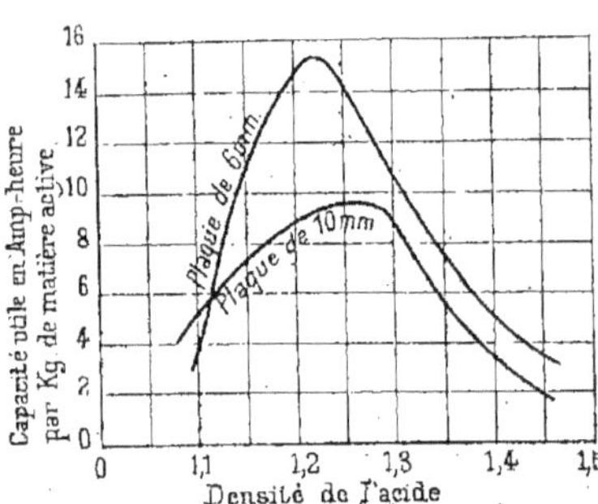

Fig. 18. — Variation de la capacité avec la densité de l'acide.

Influence de la température. — La température exerce une influence très importante sur la capacité de l'accumulateur. Quand la température s'élève, la capacité augmente, ce qui est naturel puisqu'une élévation de température améliore la conductibilité de l'électrolyte en même temps qu'elle favorise la diffusion et les réactions chimiques.

Il résulte de nombreux essais faits sur différents types d'éléments que l'accroissement de capacité avec la température dépend beaucoup de la constitution et de l'état des plaques, ainsi que des décharges antérieures que celles-ci ont dû fournir.

La capacité des plaques à mince couche de matière active est moins influencée par la température que celle des plaques empâtées. D'autre part, pour un même élément, l'action de la température augmente avec l'intensité du courant de décharge; cette action est, en outre, relativement plus grande aux températures basses qu'aux températures élevées.

---

(1) M. Jumau a montré que la concentration qui procure le maximun de capacité est d'autant plus élevée que l'intensité de décharge est elle-même plus élevée.

En pratique, on ne doit pas chercher à augmenter la capacité par l'élévation de la température parce que ce procédé favorise les actions locales (déjà très importantes vers 35° C.) et diminue, par suite, la durée des plaques.

Une élévation de température ne doit donc se produire qu'exceptionnellement. On peut alors compter sur une augmentation de capacité d'au moins 1 p. 100 par degré au-dessus de cette température.

Influence de l'épaisseur des plaques. — A poids égal, un élément à plaques minces a une capacité supérieure à celle d'un élément comportant des plaques épaisses. Cela tient à ce que la capacité dépend de la facilité de pénétration de l'acide à l'intérieur de la matière active. Malheureusement, les plaques très minces sont fragiles et leur durée est pratiquement insuffisante.

Influence de la porosité de la matière active. — La porosité de la matière active est également un facteur important. Plus la porosité est grande, plus chaque particule de matière active est accessible à l'électrolyte et plus l'action chimique est complète.

V. RENDEMENTS

Nous avons vu qu'il y a lieu de considérer deux sortes de rendements :
1° Le rendement en quantité ;
2° Le rendement en énergie.

Rendement en quantité. — *Le rendement en quantité ou en ampères-heure* est le rapport de la quantité d'électricité restituée pendant la décharge à la quantité d'électricité fournie à l'accumulateur pendant la charge.

$$r_q = \frac{Q_d}{Q_c} = \frac{\displaystyle\int_0^{T_d} I_d\, dt}{\displaystyle\int_0^{T_c} I_c\, dt} ;$$

ou bien, si le régime du courant est constant à la charge et à la décharge,

$$\eta_q = \frac{I_d\,T_d}{I_c\,T_c}\,.$$

La détermination du rendement en quantité se ramène donc à la mesure des quantités d'électricité mises en jeu à la charge et à la décharge. Cette détermination est toujours assez imprécise par suite de l'incertitude existant dans l'appréciation de la fin des opérations de charge et de décharge. Pratiquement, on y remédie en effectuant un assez grand nombre de charges et de décharges et en prenant la moyenne des essais concordants.

D'autre part, comme la quantité d'électricité restituée à la décharge (capacité) varie dans de grandes proportions avec le régime, la température, la concentration, etc., il convient de bien préciser les conditions des essais, le rendement obtenu dépendant essentiellement de ces conditions.

Le rendement en quantité peut atteindre dans les meilleures conditions 90 p. 100. La perte de 10 p. 100 de la quantité d'électricité est due à la décharge de l'accumulateur sur lui-même et au dégagement des gaz, difficile à éviter dans les charges à fort régime.

Pour obtenir le rendement maximum, il faut avoir un électrolyte aussi pur que possible pour réduire au minimum les actions locales, ne pas laisser l'élément fonctionner avec des dérivations intérieures et le charger rationnellement.

Rendement en énergie. — Le *rendement en énergie* ou *en watts-heure* est le rapport de l'énergie restituée à la décharge à l'énergie fournie pendant la charge. Ce rendement a donc pour expression

$$\eta_w = \frac{W_d}{W_c} = \frac{\displaystyle\int_0^{T_d} u_d\,i_d\,dt}{\displaystyle\int_0^{T_c} u_c\,i_c\,dt}\,.$$

Si la charge et la décharge sont effectuées à intensité constante, on a

$$\eta_w = \frac{I_d \displaystyle\int_0^{Td} u_d \, dt}{I_c \displaystyle\int_0^{Tc} u_c \, dt} \cdot$$

La détermination du rendement en énergie suppose la connaissance des fonctions $u_c(t)$, $i_c(t)$ et $u_d(t)$, $i_d(t)$. A cet effet, on relève à des intervalles de temps suffisamment rapprochés, les quantités u_c et i_c, ainsi que les quantités u_d et i_d. En faisant les produits $u_c\,i_c$ et $u_d\,i_d$, on peut tracer les courbes $u_c\,i_c(t)$ et $u_d\,i_d(t)$, dont les aires w_c et w_d donnent, respectivement l'énergie fournie à la charge et l'énergie utilisée à la décharge.

Le rendement en énergie est toujours inférieur au rendement en quantité ; il dépasse difficilement 75 à 80 p. 100 dans les meilleures conditions (1).

Cette différence entre les deux rendements provient de l'écart des voltages de charge et de décharge résultant, comme nous l'avons vu, des concentrations variables de l'acide dans les pores de la matière active. Elle est d'autant plus grande, — et le rendement en énergie est par suite d'autant plus faible, — que l'intensité du courant est plus élevée et que la concentration de l'acide est plus faible.

---

(1) Lorsque les éléments subissent des charges et des décharges partielles (batteries-tampon) le rendement s'élève et peut atteindre, dans certains cas, 95 p. 100 en quantité et 85 p. 100 en énergie.

CHAPITRE IV

Étude descriptive de l'accumulateur.

Nous allons étudier, dans ce chapitre, les trois parties constitutives d'un accumulateur :

I. Les plaques,
II. L'électrolyte,
III. Le bac.

I. Plaques.

Nous avons vu qu'une plaque d'accumulateur est constituée essentiellement par de la *matière active*, qui participe aux réactions chimiques, et un *support* dont le rôle est de maintenir la matière active et de la mettre en relation électrique avec le circuit.

Suivant la façon dont on a formé les couches de matière active, on peut ranger les plaques en trois grandes catégories :

a) Les plaques à *grande surface*, ou plaques genre Planté, où la matière active est obtenue exclusivement aux dépens du support ou du moins d'une partie de celui-ci ;

b) Les plaques à *oxydes rapportés* ou plaques genre Faure où la matière active est déposée artificiellement sur un support inoxydable, généralement en plomb antimonié ;

c) Les plaques *mixtes* ou du genre Faure-Planté, où la matière active est déposée artificiellement sur un support en plomb pur qui subit, à l'usage, la formation Planté.

Nous allons examiner successivement ces trois catégories de plaques.

A. — PLAQUES A GRANDE SURFACE

Les plaques à grande surface sont caractérisées par la présence d'une partie active en plomb pur à laquelle on a donné une surface développée aussi grande que possible.

Dans ces plaques, la matière active, formée aux dépens du plomb pur, est répartie en une couche extrêmement mince (souvent inférieure à un dixième de millimètre) et l'action chimique se produit tout entière à leur surface.

Il y a donc avantage à réduire, le plus possible, l'épaisseur du plomb inactif afin d'alléger l'accumulateur. On est toutefois limité dans cette voie par la nécessité d'assurer la solidité et la durée des plaques. A mesure que l'accumulateur travaille, l'oxydation amincit de plus en plus le support de plomb, et il arrive un moment où celui-ci n'a plus la rigidité nécessaire. Il convient donc de donner au plomb une épaisseur en rapport avec la durée du service exigé.

Au point de vue de leur constitution, les plaques à grande surface sont *homogènes* ou *hétérogènes*.

Plaques homogènes. — Les plaques de constitution homogène sont entièrement en plomb pur. Dans le but d'augmenter, le plus possible, leur surface développée, on a donné à ces plaques les formes les plus variées. Actuellement, elles sont presque toujours formées d'une âme, plus ou moins mince (1 à 2 millimètres), munie de fines nervures perpendiculaires à son plan et donnant un grand développement. Des nervures de renforcement, de plus grande section que les nervures actives et disposées en général perpendiculairement, donnent la rigidité nécessaire. Les plaques sont consolidées par un cadre résistant, renforcé vers le point d'entrée du courant qui doit supporter les actions mécaniques et chimiques les plus fortes.

Ces plaques sont obtenues, le plus souvent, par coulée du plomb dans un moule, mais quelquefois aussi par travail mécanique consistant à entailler, plus ou moins profondément, la surface d'une lame de plomb au moyen d'une machine spéciale.

4

La figure 19 représente, en grandeur naturelle, un fragment de plaque (positive Tudor) qui appartient au type Planté. Cette plaque, obtenue par

Fig. 19. — Plaque à grande surface, de constitution homogène, à âme (positive Tudor).

Fig. 20. — Plaque à grande surface, de constitution homogène, à âme (positive Pfaff).

coulée, a une âme centrale de 2 millimètres d'épaisseur ; elle est pourvue, sur ses deux faces, de petites lamelles verticales assez fortes (7 par centimètre) et de nervures horizontales de consolidation espacées de 1 centimètre environ.

La plaque représentée sur la figure 20 porte des lamelles inclinées à 45°. Cette inclinaison a pour effet de contrarier les effets de dilatation des lames et de rendre, par suite, la plaque indéformable.

Plaques hétérogènes. — Les plaques hétérogènes sont composées de deux parties distinctes : un cadre ou support de forme appropriée en plomb antimonié, inoxydable par conséquent, et un ensemble de lamelles, rubans ou fils en plomb pur, constituant la partie active de la plaque.

Ces plaques sont généralement obtenues par des procédés mécaniques. Les dispositions varient à l'infini. Dans l'élément Blot (fig. 21) deux rubans de plomb, dont l'un a une surface unie tandis que celle

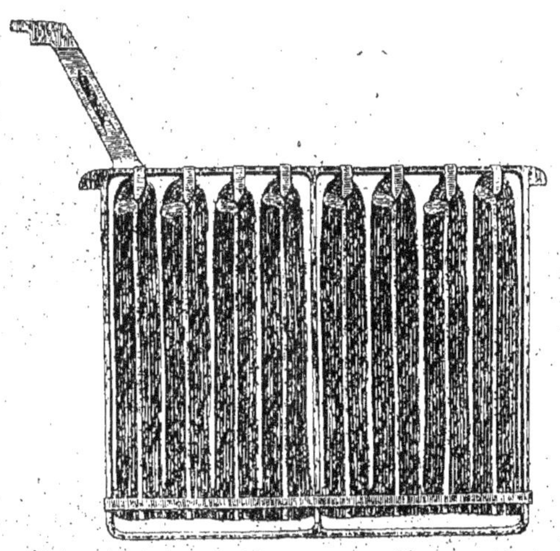

Fig. 21. — Plaque à grande surface, de constitution hétérogène (Blot).

de l'autre est gaufrée, sont enroulés sur une sorte de navette en plomb antimonié. La navette est ensuite coupée en deux parties dont chacune est soudée à un cadre en plomb ordinaire. La plaque de l'accumulateur Fulmen est constituée par un cadre légèrement antimonié, auquel sont soudées des plaquettes en plomb doux, obtenues à la

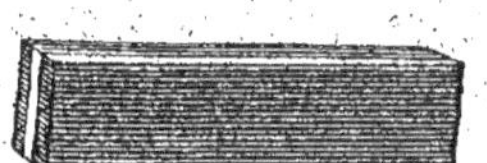

Fig. 22. — Élément de plaque Fulmen.

filière (fig. 22), qui présentent une section analogue à celle d'un double peigne fin.

La figure 23 représente la plaque positive de l'accumulateur Chloride, qui consiste en un support rigide en plomb antimonié présentant des

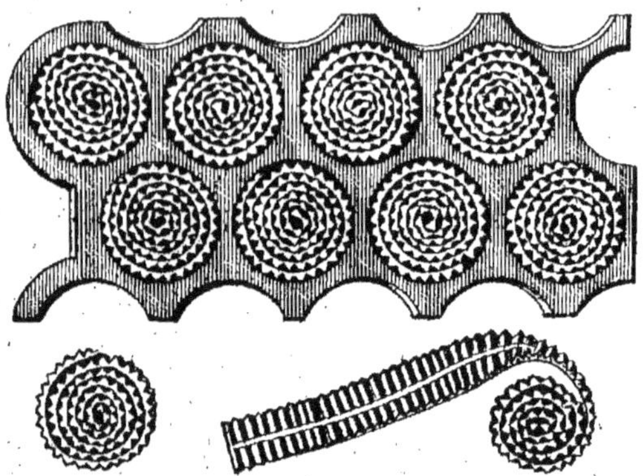

Fig. 23. — Plaque à grande surface, de constitution hétérogène (positive Chloride).

trous circulaires, lesquels servent de logement à des rosettes en plomb pur, qui constituent la matière active.

Développement de surface. — On appelle développement de surface, le rapport de la surface active réelle à la surface apparente de la plaque (double produit de la hauteur par la largeur).

Dans les plaques à grande surface, on ne dépasse guère un développement de surface égal à 10, de même qu'on ne descend guère au-dessous de l'épaisseur moyenne de 0,5 millimètre pour les nervures actives.

Capacité spécifique surfacique. — Quand l'électrolyte circule bien à la surface des parties formées, on arrive à obtenir une capacité d'un ampère-heure par décimètre carré, de surface active de chacune des plaques ; c'est un maximum rarement atteint en pratique.

Formation des plaques à grande surface. — Cette opération consiste à peroxyder, le plus profondément possible, la lame de plomb positive et à transformer la lame négative, sur la plus grande épaisseur possible, en plomb spongieux et cristallin.

Pour réaliser cette formation, on peut employer trois procédés différents.

a) *Formation Planté*. — Les plaques étant disposées dans un bac rempli d'eau acidulée sulfurique à 10 p. 100, on les soumet à une première série de charges et de décharges successives, en inversant chaque fois leur polarité et en portant progressivement la durée de la charge d'un quart d'heure à une heure. On laisse ensuite les plaques chargées au repos pendant douze heures environ. Puis, on reprend les opérations de charge et de décharge en augmentant constamment la durée des charges et des intervalles de repos. En renouvelant ces opérations un très grand nombre de fois, on produit des couches utiles de plus en plus profondes. On ne s'arrête que lorsque l'épaisseur de plomb inattaqué est à la limite nécessaire pour la solidité des électrodes.

Pendant la formation, les inversions de courant ont pour but de former la plaque négative qui n'est attaquée profondément que pendant les périodes où elle sert d'anode. Les charges et les décharges successives, ainsi que les périodes de repos, contribuent à augmenter l'épaisseur du peroxyde de plomb pur, par suite de l'action locale qui s'exerce entre le peroxyde et son support de plomb doux qui a tendance à se sulfater.

Durant l'opération, la concentration de l'électrolyte ne doit pas dépasser 10 p. 100 et la densité du courant doit être faible pour obtenir un dépôt uniforme, homogène et adhérent.

L'élévation de température, en facilitant les actions locales, accélère la formation. Cependant, cette opération est toujours très longue ; elle exige un travail méthodique de plusieurs mois, une grande dépense d'énergie et l'immobilisation d'un matériel important et coûteux. On parvient au même résultat, d'une manière plus rapide et moins onéreuse, par la méthode dite de *formation électrochimique* dont nous allons indiquer le principe.

b) *Formation électrochimique*. — Le procédé de formation électrochimique consiste à introduire, dans l'électrolyte de formation, de très petites quantités de substances dont les anions sont susceptibles de donner, avec le plomb, des sels plus solubles que le sulfate de plomb, par exemple des nitrates, chlorates, perchlorates, bichromates... etc. Dans ces conditions, par une simple charge des plaques en positives, on attaque le plomb pur plus profondément qu'avec l'acide sulfurique seul et, comme celui-ci est en excès, on produit, en réalité, une couche suffisamment épaisse de sulfate de plomb que le courant transforme finalement en peroxyde.

Ce mode de formation donne de bons résultats quand l'opération est conduite avec soin. Malheureusement, les substances ajoutées sont difficiles à éliminer complètement par des lavages successifs et les résidus peuvent compromettre la durée des plaques en entraînant la désagrégation des matières. Industriellement, on rend l'élimination des substances de formation aussi complète que possible, par des lavages dans des liquides appropriés et par la réduction par le courant, dans des conditions déterminées, de la plaque peroxydée.

c) *Formation électrolytique*. — Dans ce procédé, on recouvre le plomb de la plaque d'un dépôt galvanique en électrolysant une solution d'un sel de plomb convenablement choisi. Par un choix convenable de l'électrolyte (sulfate de plomb en solution dans le tartrate d'ammoniaque, par exemple), on peut obtenir une couche de peroxyde de plomb sur la positive et de plomb spongieux sur la négative.

Bien que ce procédé donne d'assez bons résultats, il n'est que très peu employé à l'heure actuelle. Le plus souvent, on forme les plaques électrochimiquement ou par le procédé Planté.

B. — PLAQUES A OXYDES RAPPORTÉS

Les plaques à oxydes rapportés comportent un support, généralement constitué par une grille dont les barreaux laissent entre eux des alvéoles pour le logement de la matière active rapportée. La grille, ne servant que de conducteur et de support, est coulée en alliage inoxydable de plomb et d'antimoine.

Différents types de grilles pour plaques à oxydes rapportés. — Les supports employés actuellement peuvent être classés en trois catégories principales :

a) Les grilles simples ;

b) Les grilles en deux pièces ;

c) Les grilles doubles en une seule pièce.

a) *Grilles simples.* — Les grilles simples sont formées par un ensemble de barreaux constituant un grillage à mailles carrées ou de forme quelconque. Comme ces grilles sont obtenues par coulée, la dépouille

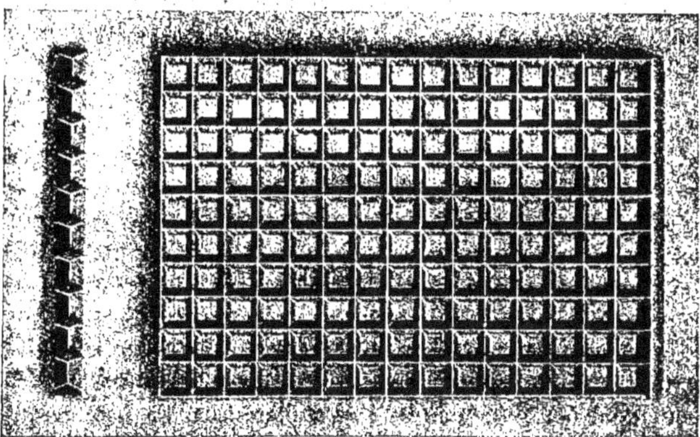

FIG. 24. — Grille simple.

oblige à donner aux barreaux une section en forme de losange (fig 24). Il en résulte que les pastilles de matière active ont une section plus grande à la surface de la plaque qu'à l'intérieur ; elles sont, par suite, sujettes à se déchausser sous l'action du foisonnement qui se produit pendant les réactions. Pour remédier à cet inconvénient, on a proposé plusieurs solutions, notamment de laminer la grille de manière à replier les bords des barreaux et à produire ainsi une sorte de sertissage des pastilles. On a aussi établi des types de grilles, également obtenues par coulée, où la matière active est retenue dans des augets (fig. 25), qui empêchent leur chute, sans s'opposer cependant à leur désagrégation.

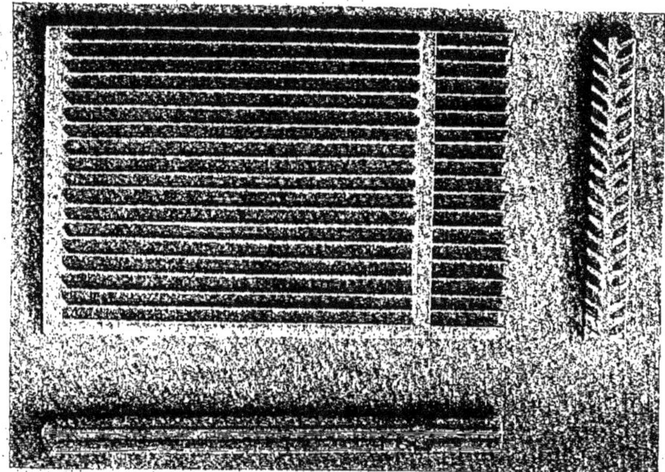

Fig. 25. — Grille simple à augets.

b) *Grilles en deux pièces.* — On assure une protection plus efficace contre les chutes de matière active en donnant aux alvéoles de la grille une section plus petite à la surface qu'à l'intérieur. La grille est alors formée de deux demi-grilles distinctes que l'on réunit par soudure ou au moyen de rivets en plomb. Cette disposition permet de donner aux pastilles de matière active une plus grande surface sans augmenter leur fragilité. On arrive au même résultat en disposant des pastilles de matière active dans une forme spéciale et coulant le plomb de façon à les entourer et à constituer le support. Certains constructeurs ont aussi employé des pastilles artificielles en matières solubles, ou facilement fusibles, ou encore des noyaux en sable.

La figure 26 montre un dispositif de grille (Gadot) formé de deux demi-grilles assemblées par des rivets en plomb.

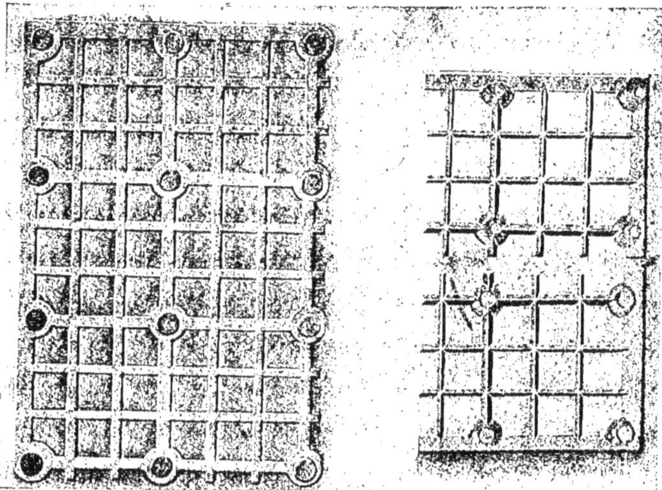

Fig. 26. — Grille double en deux pièces (Gadot).

La plaque représentée sur la figure 27 a été obtenue par coulée de plomb autour des pastilles, qui se trouvent ainsi serties à l'intérieur de leurs alvéoles.

Fig. 27. — Plaque à cadre.

c) *Grilles doubles en une seule pièce.* — Les grilles doubles en une seule pièce sont les plus employées aujourd'hui. Elles affectent la forme de deux grilles simples accolées, dont les barreaux sont disposés en chicane des deux côtés ; la plaque, une fois empâtée, se trouve ainsi constituée par deux réseaux entremêlés l'un en plomb, l'autre en matière active. Cette disposition, en améliorant le contact avec la grille support, assure, en même temps, la stabilité et une bonne utilisation de la matière active.

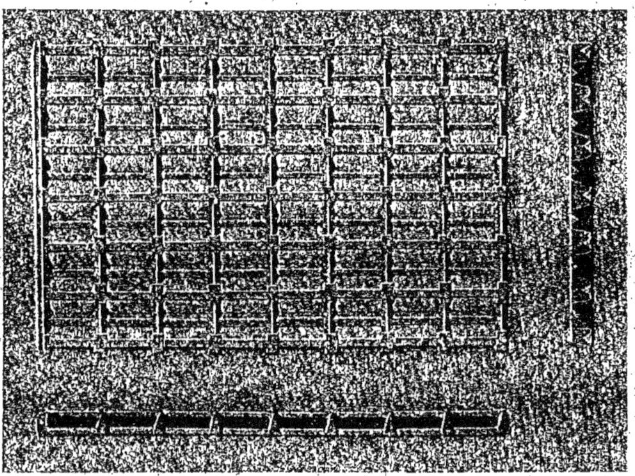

Fig. 28. — Grille double en une seule pièce (Francke).

La figure 28 représente un fragment de grille double en une seule pièce du type Francke. Les barreaux longitudinaux ont leur base à la surface de la plaque et leur sommet à l'intérieur. La masse de matière active se trouve ainsi maintenue très solidement par des barreaux alternés.

Coefficient d'utilisation de la matière active. — Nous avons vu (page 21) que pour produire 1 ampère-heure, il faut théoriquement :

3,86 grammes de plomb spongieux,
et 4,46 grammes de peroxyde de plomb,
soit 8,32 grammes de matière active.

En réalité, le poids de matière active nécessaire sur les électrodes est beaucoup plus considérable, car l'utilisation de cette matière n'est jamais complète. Une fraction importante ne peut participer aux réactions chimiques par suite de la formation, pendant la décharge, de sulfate de plomb qui diminue la porosité et empêche l'acide de pénétrer assez rapidement dans les pores de la matière active, principalement quand celle-ci est en couche épaisse et que la décharge est faite à fort régime (1).

Le *coefficient d'utilisation* est le rapport du poids de matière active réellement utilisée à la production du courant au poids total de la matière active.

Dans les meilleures conditions de décharge (régime très lent, matière active très poreuse travaillant sous faible épaisseur, concentration élevée, etc.), ce coefficient peut atteindre 0,60. Mais pour les décharges normales, il reste bien au-dessous de cette valeur. Avec les plaques actuelles et pour les régimes de décharge de une à dix heures, le coefficient varie de 0,20 à 0,35.

Capacité massique maxima. — En supposant un coefficient d'utilisation de 0,5, — ce qui est très voisin du maximum possible, — il faudra, en pratique, pour l'ensemble des deux électrodes :

$$\frac{8,32}{0,5} = 16,65 \text{ grammes}$$

de matière active par ampère-heure.

D'autre part, le rapport du poids de la matière active à celui du support varie de 30 à 60 p. 100. En admettant 50 p. 100, on a :

$$16,65 \times 1,5 = 25 \text{ grammes.}$$

____

(1) Il faut également remarquer qu'en pratique il n'est pas possible de décharger complètement l'accumulateur, car la tension doit rester sensiblement constante dans les circuits d'utilisation et, de plus, la décharge complète serait préjudiciable à l'élément.

Ce qui correspond à une capacité massique maxima de $\dfrac{1000}{25} = 40$ ampères-heure par kilogramme de plaques.

Constitution et fabrication des grilles. — Les grilles, ne servant que de conducteur et de support à la matière active, sont coulées en alliage inoxydable, le plus souvent en alliage de plomb et d'antimoine, renfermant 5 à 10 p. 100 de ce dernier métal. Un alliage plus riche en antimoine serait trop cassant.

Les grilles sont toujours obtenues par coulée de l'alliage de plomb en fusion dans un moule de forme appropriée et agencé de façon que le

FIG. 29. — Moule pour plaques à grilles.

démoulage se fasse commodément (fig. 29). Habituellement, la coulée est faite sous pression, ou par aspiration dans le vide, de façon à assurer l'homogénéité du métal et éviter les soufflures et autres défectuosités.

Pour éviter les déformations pouvant résulter des efforts mécaniques qui accompagnent la peroxydation progressive du plomb, on donne aux grilles une forme symétrique et aux barreaux une section suffisante pour assurer la conductibilité et la résistance mécanique jusqu'à la chute de la plus grande partie de la matière active.

Composition des pâtes. — Les pâtes employées pour garnir les grilles sont, le plus souvent, à base d'oxydes de plomb (minium, litharge) malaxés avec de l'acide sulfurique étendu (empâtage Faure).

Le mélange se fait, généralement, dans les proportions suivantes :

Pour les positives. — Une partie de litharge et trois parties de minium, solution sulfurique à 15° B.

Pour les négatives. — Une partie de minium et trois parties de litharge, solution sulfurique à 10° B.

Les oxydes sont pulvérisés et mélangés aussi intimement que possible ; on ajoute peu à peu l'acide sulfurique étendu et on brasse la masse avec des palettes en bois. On obtient ainsi une pâte homogène qui ne se délite pas dans l'eau acidulée, mais qu'il convient d'utiliser peu de temps après le malaxage, parce qu'elle durcit rapidement, par suite de la formation de sulfate de plomb dans la masse.

Diverses modifications ont été apportées à la préparation de pâtes à base d'oxydes. On mélange souvent aux deux éléments essentiels (oxydes de plomb et acide sulfurique dilué) d'autres substances que la pratique a désignées et qui entrent, en proportions variables, dans des formules empiriques qu'utilisent certains constructeurs.

Ces substances sont de trois sortes différentes :

a) celles qui n'interviennent que comme agglutinants ou liants au moment de l'empâtage et qui disparaissent pendant la formation (gommes, résines, goudrons, collodion, etc.);

b) les matières inertes inattaquables ou pulvérisées, dont le rôle est de donner de la porosité à la matière active négative, en empêchant sa contraction, et qui subsistent dans l'accumulateur, comme la pierre ponce, ou disparaissent lentement, comme le graphite.

c) enfin les corps nombreux qui sont susceptibles de se combiner aux oxydes ou au sulfate de plomb pour former des produits sensiblement plus solubles dans l'électrolyte que le sulfate de plomb seul (sulfhydrate d'ammoniaque, sulfates alcalins et alcalino-terreux, pyridine, etc.). Ces substances, en disparaissant par dissolution dans l'électrolyte, laissent à la matière active une porosité qui lui permet, pendant la sulfatation, d'augmenter de volume sans danger.

Dans certains accumulateurs, la matière active est formée, au lieu d'oxydes de plomb malaxés avec de l'acide sulfurique, par des sels de plomb, tels que le chlorure et le sulfate, appliqués sur les plaques, soit par fusion, comme pour le chlorate, soit par empâtage, comme pour le sulfate.

Empâtage des plaques. — Avant d'empâter les supports, il convient de les soumettre à un traitement spécial, ayant pour but de les débarrasser des traces de matières grasses qui empêcheraient l'adhérence de la matière active. Pour cela, on les brosse dans l'eau de chaux, puis on les passe dans une solution à 5 p. 100 d'acide sulfurique ; après les avoir retirés et lavés à l'eau courante, on peut procéder à l'empâtage.

Cette opération se fait à la main ou mécaniquement.

Dans le premier cas, on tartine la grille en se servant d'une spatule en bois ou en matière inattaquable. Une fois les alvéoles remplies, on lisse la plaque en passant sur celle-ci une règle en plomb antimonié qui supprime la matière adhérente aux parties apparentes du support, on retourne et on procède de la même façon pour la face opposée.

L'empâtage mécanique se fait quelquefois au moyen de machines spéciales qui effectuent, automatiquement, les opérations que nous venons d'indiquer. Mais, le plus souvent, il consiste à étaler la pâte dans une forme qui contient le support, puis à soumettre le tout à l'action d'une presse hydraulique. Ce procédé, qui donne à la matière une grande compacité, est surtout employé dans le cas de grilles en deux pièces, qui se trouvent rivées par la même opération.

D'une façon générale, quel que soit le mode d'empâtage employé, la pâte des plaques positives ne doit pas être trop comprimée, afin de lui laisser une porosité suffisante. Par contre, on a intérêt à comprimer fortement les négatives, dans le but d'éviter le rétrécissement de la matière active.

Après empâtage, les plaques sont séchées à l'air libre afin d'assurer une bonne consistance aux mélanges sulfatés. Quelquefois on les dessèche dans une étuve chauffée entre 25 et 100°. Il ne convient pas d'employer une température trop élevée qui pourrait provoquer des fentes.

Formation des plaques à oxydes rapportés. — La formation des plaques à oxydes rapportés consiste, essentiellement, en une charge dans l'acide sulfurique étendu (8 à 10° B.), ou dans une solution d'un sulfate alcalin ou alcalino-terreux, les positives servant d'anodes et les négatives de cathodes.

Les plaques sont placées dans des bacs en bois doublés de plomb et soumises à l'action du courant que l'on doit maintenir sans interruption jusqu'à entière formation, c'est-à-dire jusqu'à transformation complète du minium en bioxyde et réduction totale de la litharge en plomb métallique.

La densité du courant de formation doit être assez faible (0,3 à 0,8 ampère par décimètre carré de surface apparente), afin d'éviter un dégagement gazeux abondant qui pourrait détériorer les plaques.

On forme quelquefois les positives et les négatives ensemble, mais les premières se formant plus rapidement que les secondes, il est préférable de former les anodes et les cathodes dans des bacs distincts, en se servant de lames de plomb comme électrodes inverses.

La durée de formation est, généralement, de soixante heures pour les positives et de cent heures pour les négatives. On reconnaît facilement la fin de l'opération à l'aspect des plaques et au dégagement gazeux qui devient abondant, si toutefois l'opération a été bien conduite.

La formation terminée, les plaques sont retirées des bacs, vérifiées et montées.

C. — PLAQUES MIXTES

Le support des plaques mixtes se construit en plomb pur de la même manière que celui des plaques à grande surface. On lui donne cependant moins de développement de surface et plus d'épaisseur aux nervures actives. Les intervalles de celles-ci sont garnis de matière active et la plaque travaille comme plaque à oxydes rapportés au début de son fonctionnement ; à l'usage, la formation Planté des nervures produit de nouvelles quantités de peroxyde qui remplace la matière active rapportée déjà tombée.

Durée des plaques.

Indépendamment des causes accidentelles (sulfatation, courts-circuits intérieurs, etc.) qui peuvent provoquer la détérioration prématurée et rapide des plaques, celles-ci subissent une usure progressive pendant la suite des charges et des décharges successives.

Cette usure est due principalement aux variations de volume qu'éprouve la matière active pendant le fonctionnement de l'accumulateur.

Foisonnement à la décharge. — Pendant la décharge, la matière active augmente considérablement de volume ; on dit qu'elle foisonne. Il est facile de se rendre compte de l'importance de ce foisonnement.

A la positive, une molécule de PbO^2 (239 grammes) de densité 9,4 se transforme en une molécule de $SO^4 Pb$ (308 grammes) de densité 6,2. De sorte qu'une molécule de peroxyde qui occupait à la fin de la charge un volume

$$V_1 = \frac{239}{9,4},$$

présentera un volume

$$V_2 = \frac{308}{6,2},$$

à la fin de la décharge.

L'augmentation de volume sera donc

$$\frac{V_2}{V_1} = \frac{308 \times 9,4}{239 \times 6,2} = 1,95.$$

Si l'on admet un coefficient d'utilisation de la matière active de 0,5, l'augmentation du volume total de matière ou foisonnement sera

$$0,5 + 0,5 \times 1,95 = 1,48.$$

Soit une augmentation de 48 p. 100 du volume initial.

A la négative, une molécule de plomb spongieux (205 grammes) de densité 8,2 se transforme en une molécule de sulfate de plomb (308 grammes) de densité 6,2. L'augmentation de volume est

$$\frac{V_2}{V_1} = \frac{308 \times 8,2}{205 \times 6,2} = 1,98,$$

et le coefficient de foisonnement

$$0,5 + 0,5 \times 1,98 = 1,49.$$

Soit une augmentation de 49 p. 100 du volume initial.

On voit que les variations de volume de la matière active participant aux réactions sont considérables.

Chute de la matière active positive. — Déformation des supports. — Sous les actions alternées de foisonnement et de contraction, la matière active positive devient pulvérulente, de sorte qu'elle tombe en particules extrêmement fines au fond du bac. Les couches superficielles tombent les premières, puis les couches plus profondes tombent à leur tour jusqu'à chute complète de toute la matière active.

Lorsque la matière active est trop compacte, les pores ne laissant pas assez d'espace aux molécules pour se dilater, il peut y avoir augmentation de son volume apparent. Il y a alors une action mécanique de la matière sur le support. Si celui-ci est faible, il se déformera et se gondolera, s'il est très solide, la matière, ne pouvant le déformer, se déformera elle-même, se fendillera et tombera.

Contraction de la matière active négative. — A la négative, les variations de volume ont un effet tout différent. La matière active subit une véritable contraction pendant son fonctionnement. Elle se durcit fortement en certains points et perd sa porosité. L'électrolyte y pénètre moins facilement et la capacité de la plaque diminue.

En même temps que la matière se contracte, on constate la production de fissures ou crevasses, principalement le long des nervures des supports conducteurs. Quelquefois même les pastilles se déchaussent complètement de leur alvéole et tombent entières au fond du bac.

Variation de la capacité des positives pendant la période d'utilisation de l'accumulateur. — La capacité des plaques positives à grande surface augmente avec le nombre de décharges jusqu'à ce que la couche de peroxyde soit assez épaisse pour protéger le plomb du support. A partir de ce moment, la capacité reste sensiblement constante, la peroxydation du plomb ne se faisant qu'au fur et à mesure de la chute de la matière

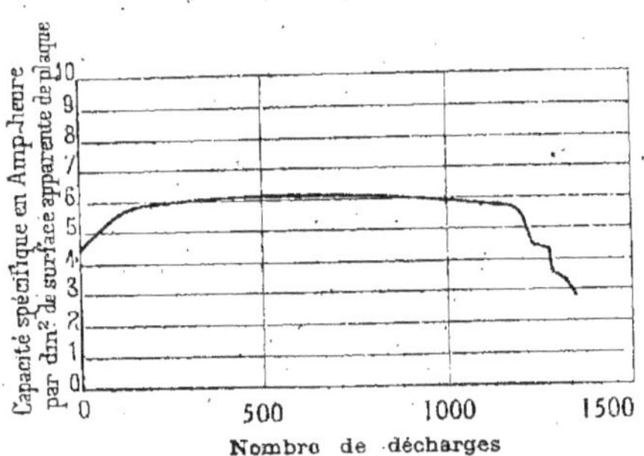

Fig. 30. — Variation de la capacité d'une plaque positive à grande surface en fonction du nombre de décharges.

active. Quand il n'y a plus assez de métal sur le support pour assurer la résistance mécanique de celui-ci, la plaque s'effrite, des fragments plus ou moins importants s'en détachent et la capacité baisse rapidement (fig. 30).

Avec les plaques à oxydes rapportés, la capacité, maximum dès les premières décharges, va continuellement en diminuant

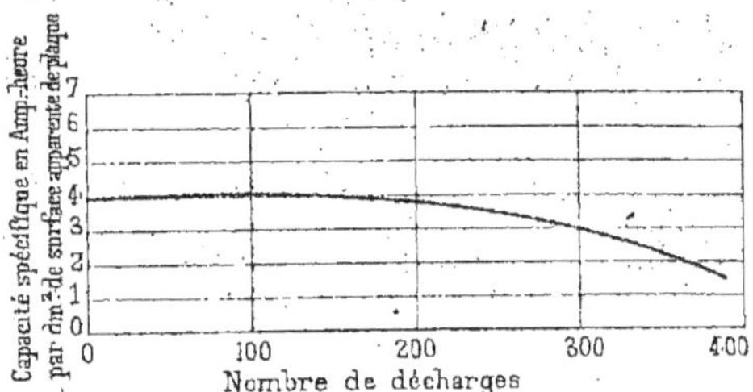

Fig. 31. — Variation de la capacité d'une plaque positive à oxydes rapportés en fonction du nombre de décharges.

(fig. 31), par suite de la chute de la matière active, celle-ci ne pouvant être reconstituée par la formation du support qui est inoxydable et offre une trop faible surface.

Les plaques mixtes se comportent, au début de leur fonctionnement, comme des plaques à grande surface. Quand le support commence à se former, la capacité, au lieu de baisser, reste constante ou même augmente si le support présente une surface assez grande (fig. 32).

Variation de la capacité des négatives pendant la période d'utilisation de l'accumulateur. — La capacité des plaques négatives est, en général, supérieure, pour un même type de plaques, à celle des positives au début du fonc-

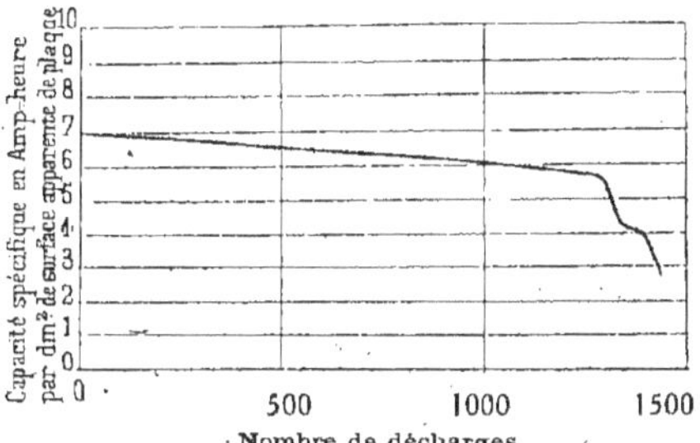

FIG. 32. — Variation de la capacité d'une plaque positive mixte en fonction du nombre de décharges.

tionnement. Elle baisse ensuite, d'abord rapidement, puis plus lentement, en fonction du nombre de décharges (fig. 33).

Variation de la capacité d'un élément pendant sa période d'utilisation. — La décharge d'un accumulateur est toujours limitée par l'une de ses électrodes, celles-ci n'ayant pas rigoureusement la même capacité. En général, c'est l'électrode positive qui limite la capacité de l'élément lors des premières décharges. La

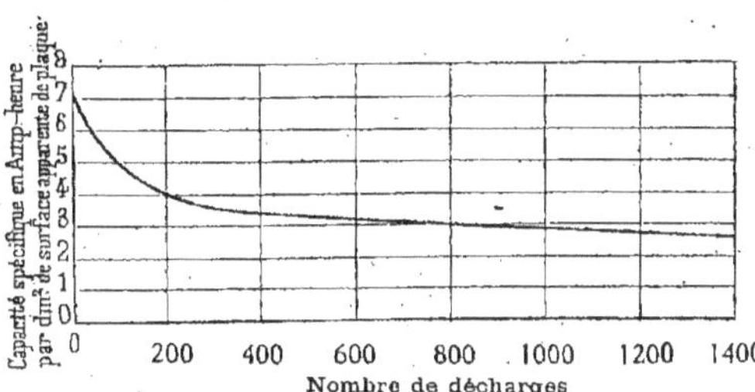

FIG. 33. — Variation de la capacité d'une plaque négative en fonction du nombre de décharges.

capacité varie ensuite suivant les propriétés des plaques utilisées.

Si les plaques positives sont du type à grande surface, il peut y avoir trois phases dans le fonctionnement, comme le montre clairement la figure 34. La décharge de l'élément, d'abord limitée par l'électrode positive, l'est ensuite par la négative, puis à nouveau par la positive quand celle-ci est à peu près complètement usée.

En procédant au remplacement des seules plaques positives, on obtient une capacité limitée par les plaques négatives, toujours inférieure par conséquent à la capacité initiale.

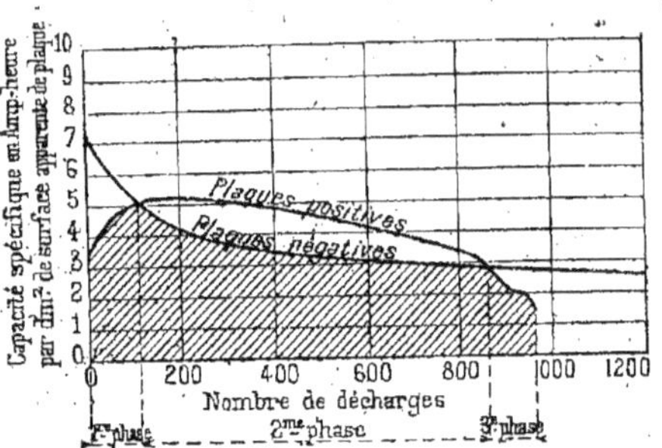

FIG. 34. — Variation de la capacité d'un élément (positives à grande surface) en fonction du nombre de décharges.

Détermination pratique de l'état de charge de chaque électrode. — En pratique, pour reconnaître celle des deux électrodes, positive ou négative, qui limite la capacité d'un élément, on mesure, pendant la décharge, la différence de potentiel entre chacune d'elles et une électrode auxiliaire (voir page 34). On voit, par cet essai, si c'est la positive ou la négative qui arrête la décharge (1).

Durée des plaques. — La durée des plaques dépend de la constitution des matières actives et surtout des conditions de fonctionnement de l'élément. Cependant, on peut admettre que les plaques positives d'éléments stationnaires (généralement du type à grande surface) dont l'épaisseur varie de 7 à 12 millimètres sont susceptibles de fournir 1000 à 1500 décharges complètes (2). Les négatives de bonne fabrication, établies de façon à éviter la contraction, ont une durée sensiblement double.

---

(1) Quand on emploie, pour faire cet essai, une électrode en cadmium, on doit trouver les résultats suivants :

1) Lorsque l'élément est déchargé (tension entre bornes 1,8 volts) :
Tension entre l'électrode de cadmium et la plaque positive : 2,05 volts;
— — négative : 0,25 volts.

Les deux lectures se font dans le même sens. La tension entre plaques est la différence des lectures faites au cadmium.

2) Lorsque l'élément est complètement chargé (tension entre bornes 2,5 volts) :
Tension entre l'électrode de cadmium et la plaque positive : 2,35 volts;
— — négative : 0,25 volts;

Les deux lectures se font en sens inverse. La tension entre plaques est la somme des lectures faites au cadmium.

(2) Quand les éléments n'ont à subir que des décharges et des charges partielles, leur durée peut être plus longue et le nombre total d'ampères-heure fourni plus considérable

II. Electrolyte.

L'électrolyte doit être formé d'eau distillée et d'acide sulfurique au soufre à 66° B. Il faut éviter, autant que possible, d'employer de l'acide sulfurique extrait des pyrites, qui pourrait contenir des impuretés nuisibles à la bonne conservation de la batterie.

Concentration de l'électrolyte. — La teneur en acide variant pendant le fonctionnement de l'accumulateur du fait des réactions chimiques, les concentrations en fin de charge et en fin de décharge sont différentes, et il y a lieu de les considérer séparément.

A la fin de la décharge, l'électrolyte doit avoir une densité d'au moins 16° B. Une densité plus faible réduirait trop la force électromotrice et ferait travailler les plaques dans des conditions défectueuses pour leur conservation.

La concentration en fin de charge varie de 22 à 32° B., selon les conditions d'emploi de l'accumulateur.

Pour les éléments transportables, pour lesquels les questions de poids et d'encombrement sont primordiales, on cherche à réduire au minimum la quantité d'électrolyte, ce qui conduit à prendre une concentration d'acide aussi élevée que possible. Celle-ci n'est limitée que par les actions locales, qui deviennent inadmissibles lorsqu'on dépasse 35° B. Aussi prend-on, en général, 29° à 30° B. comme maximum de la concentration de l'acide en fin de charge dans les éléments transportables à grande capacité spécifique.

Pour les éléments à poste fixe, qui doivent surtout avoir un bon rendement, une tension constante et donner de longues durées, on considère généralement, comme un maximum, la concentration de 26 à 27° B. fin de charge, cette concentration diminuant beaucoup moins pendant la décharge que dans le cas précédent, par suite de la plus grande masse d'électrolyte contenue dans le bac.

Quantité d'électrolyte. — La quantité d'électrolyte, qu'il convient de placer dans un accumulateur de capacité déterminée, dépend essentiellement des concentrations admises à la fin de la décharge et à la fin de la charge.

Désignons par d_1 et d_2 les densités relatives à ces concentrations et soient α_1 et α_2 les pourcentages correspondants d'anhydride sulfurique et l le volume du liquide en litres à placer dans l'élément.

Le poids d'anhydride sulfurique contenu dans l'électrolyte sera, à la fin de la charge

$$1000\, d_1\, l\, \frac{\alpha_1}{100}\ \text{grammes,}$$

et après la décharge

$$1000\, d_2\, l\, \frac{\alpha_2}{100}\ \text{grammes.}$$

La quantité d'anhydride participant aux réactions est donc

$$1000\, d_1\, l\, \frac{\alpha_1}{100} - 1000\, d_2\, l\, \frac{\alpha_2}{100} = 10\, l\left(d_1\, \alpha_1 - d_2\, \alpha_2 \right).$$

Or, théoriquement (hypothèse de la double sulfatation), un ampère-heure engage 3 grammes d'anhydride sulfurique. On peut donc écrire, en désignant par Q la capacité de l'élément

$$10\, l\left(d_1\, \alpha_1 - d_2\, \alpha_2 \right) = 3 \times Q.$$

D'où l'on déduit

$$l = 0,3\, \frac{Q}{d_1\, \alpha_1 - d_2\, \alpha_2}.$$

Les quantités d'électrolyte, déduites de cette formule, doivent être considérées comme des valeurs limites maxima. On sait, en effet, que les variations de densité de l'élément à la décharge sont toujours inférieures (sauf pour les régimes très lents) à celles que prévoit la théorie de la double sulfatation.

Pratiquement, on emploie pour les accumulateurs stationnaires de 50 à 100 grammes d'électrolyte à 22° B. par ampère-heure. Pour les éléments transportables, il faut un minimum de 15 grammes d'acide à 32° B. par ampère-heure.

III. Bacs.

Les bacs d'accumulateur sont, généralement, de forme rectangulaire. Ils doivent être faits en matière inattaquable à l'acide sulfurique et suffisamment résistante au point de vue mécanique. On emploie, le plus souvent, le verre ou le bois doublé de plomb, pour les éléments stationnaires. Certaines matières organiques telles que l'ébonite, le celluloïd et la gummite servent à la confection de bacs pour éléments transportables, pour lesquels on cherche avant tout à obtenir un poids et un volume aussi réduits que possible.

Bacs en verre. — Les bacs en verre présentent l'avantage d'être transparents, ce qui facilite beaucoup la surveillance des plaques et la recherche des courts-circuits intérieurs. Malheureusement, les bacs en verre sont fragiles et cassent sous l'influence d'un choc ou par suite de dilatation inégale lorsqu'ils sont exposés à la lumière solaire.

Les bacs en verre moulé sont préférables aux bacs en verre soufflé ; ils sont plus épais et une meilleure répartition de la matière leur assure une plus grande solidité. Ces bacs se font en toutes dimensions jusqu'à 100 litres de contenance, ce qui suffit pour loger 400 kilogrammes de plaques.

Bacs en plomb. — Les bacs en plomb sont réservés pour les éléments à poste fixe de grande capacité. Ils sont généralement constitués par une caisse en bois dur paraffiné, doublée intérieurement d'une chemise de plomb doux, de 1 à 4 millimètres d'épaisseur, soudée à l'autogène. Quelquefois on fabrique ces bacs en plomb antimonié coulé, avec de fortes nervures sur la face extérieure pour assurer la rigidité.

Bacs en ébonite. — L'ébonite, ou caoutchouc durci, est une combinaison de caoutchouc et de soufre à laquelle on ajoute, pour raison d'économie, des matières minérales les plus diverses qui servent de charge, (craie, baryte, oxydes et carbonate de plomb).

L'ébonite pure résiste assez bien à l'action de l'acide, mais il n'en est pas toujours de même de l'ébonite employée industriellement. Aussi, convient-il de s'assurer, par des essais, que l'ébonite des bacs est inattaquable, les matières ajoutées pouvant nuire au fonctionnement de l'accumulateur.

L'ébonite sous faible épaisseur (3 à 6 mm) permet de constituer des bacs légers, qui sont très employés pour éléments de petite ou de moyenne dimension (traction). Ces bacs présentent cependant l'inconvénient d'être cassants, de se fendiller au froid et de se déformer par ramollissement aux températures élevées. On évite, en partie, ces déformations en groupant les éléments et en les maintenant serrés les uns contre les autres dans une caisse en bois.

Bacs en celluloïd. — Formé d'un mélange de cellulose nitrée et de camphre, le celluloïd a le grand avantage d'être transparent et de se laisser travailler très facilement (il se soude à lui-même au moyen d'acétone). Employé en feuilles minces, il permet la construction de bacs très légers. Malheureusement, il est susceptible d'introduire dans l'électrolyte des matières organiques très nuisibles pour les plaques positives. De plus, son inflammabilité le fait rejeter dans tous les cas où la batterie doit produire une tension suffisamment élevée pour rendre possible la production d'un arc par suite d'un défaut d'isolement.

Pour ces raisons, le celluloïd n'est employé que pour les petits éléments transportables et lorsque les batteries ne doivent se composer que d'un petit nombre d'éléments.

Bacs en gummite. — La gummite est composée de résines fossiles et d'amiante finement pulvérisée, intimement mélangées et soumises à l'action simultanée de la température et d'une pression considérable. Elle résiste assez bien à l'action de l'acide étendu et permet de constituer, en épaisseur relativement faible, des bacs de grandes dimensions très peu déformables.

Montage d'un élément.

Montage des plaques. — Dans les éléments stationnaires, les plaques reposent quelquefois par leur bord inférieur sur des tasseaux disposés au fond du bac (fig. 35), mais le plus souvent, elles sont suspendues par deux talons qu'elles portent à leur partie supérieure et qui viennent reposer

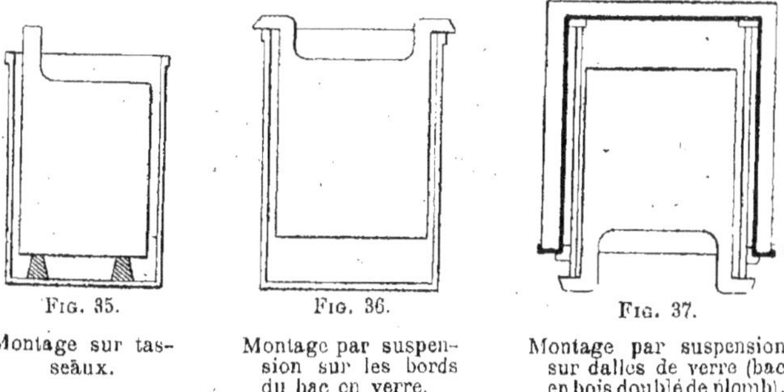

FIG. 35.

Montage sur tas-
seaux.

FIG. 36.

Montage par suspen-
sion sur les bords
du bac en verre.

FIG. 37.

Montage par suspension
sur dalles de verre (bac
en bois doublé de plomb).

directement sur les rebords du bac quand celui-ci est en verre (fig. 36), ou sur le bord supérieur de deux dalles en verre placées verticalement le long des parois quand le bac est en bois doublé de plomb (fig. 37).

Cette disposition est, de beaucoup, la plus avantageuse parce qu'elle laisse aux plaques leur liberté d'allongement et diminue par suite les dangers de déformation. De plus, elle présente l'avantage de laisser, entre la partie inférieure des électrodes et le fond du bac, un espace libre qui permet à la boue, formée par la matière active tombée, de s'accumuler sans créer de court-circuit intérieur.

Séparation des plaques. — Dans les éléments stationnaires, l'écartement des plaques varie de 8 à 15 millimètres, suivant la grandeur de l'élément.

Pour assurer cet écartement, on emploie, le plus souvent, deux ou trois rangées de tubes en verre disposés verticalement et maintenus en place par des dispositifs variés (logements sur les négatives, bande de caoutchouc perforée, crochets en plomb, etc.).

Depuis quelques années, on utilise des séparateurs en bois, formés d'une mince feuille de bois ayant même surface que les plaques, et supportée par deux baguettes fendues en bois, qui sont elles-mêmes suspendues sur le bord supérieur des plaques au moyen de bagues en caoutchouc ou de goupilles en ébonite (fig. 38).

Le bois de ces séparateurs est rendu extrêmement poreux et inattaquable par un traitement spécial qui a pour effet de le débarrasser des matières épianglotiques et de ne laisser que le squelette ligneux qui présente d'innombrables cavités.

Les séparateurs en bois, convenablement traités, n'introduisent pas de substances organiques dans l'électrolyte et ils n'augmentent guère la résistance intérieure de l'élément.

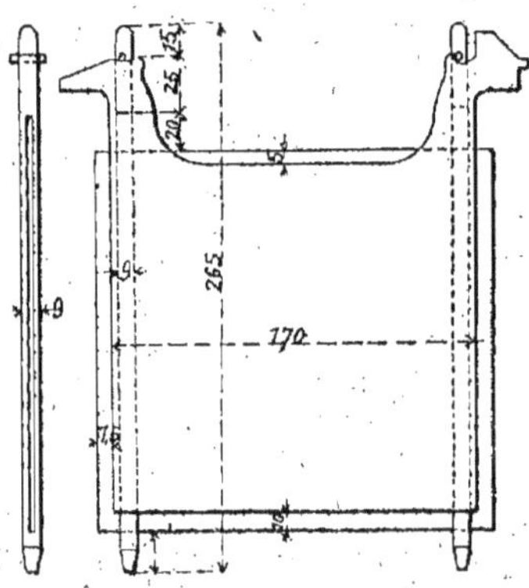

Fig. 38. — Séparateur en bois.

En formant diaphragme continu, entre les plaques de polarité contraire, ils évitent les courts-circuits et contribuent à la conservation de la capacité.

Connexions des plaques entre elles. — L'assemblage des plaques de même polarité se fait, soit par soudure autogène des queues à une barre en plomb, soit par fixation des queues au moyen de boulons sur une tige en laiton. Le premier procédé est toujours employé dans le cas de gros éléments, il donne toute garantie de bons contacts, mais il présente l'inconvénient de compliquer les opérations d'entretien. Avec ce montage, une plaque ne peut être enlevée qu'en sciant sa barre de jonction, de sorte qu'il est nécessaire de procéder, après chaque visite de plaque, à une nouvelle soudure sur place qui ne peut être faite, dans de bonnes conditions, que par un ouvrier spécialiste de la soudure autogène.

Quand les plaques sont simplement boulonnées sur une tige de laiton, le démontage et le remontage sont plus simples et plus rapides. Ces opérations peuvent être faites par n'importe quel ouvrier, mais pour conserver de bons contacts, il est indispensable de veiller à la propreté des connexions et de vérifier, de temps en temps, le serrage des écrous.

CHAPITRE V

Principales marques Françaises d'accumulateurs au plomb

Accumulateur Tudor. — La plaque positive de l'accumulateur Tudor est à grande surface, à formation Planté. Elle est obtenue par coulée du plomb doux dans un moule de forme convenable. Elle présente sur les deux faces un grand nombre de fines ailettes verticales qui ont pour but d'augmenter la sur-face active de la plaque. Ces ailettes, portées par une âme centrale, sont reliées entre elles par de fortes nervures hori-zontales qui donnent à la plaque la résis-tance mécanique nécessaire et contri-

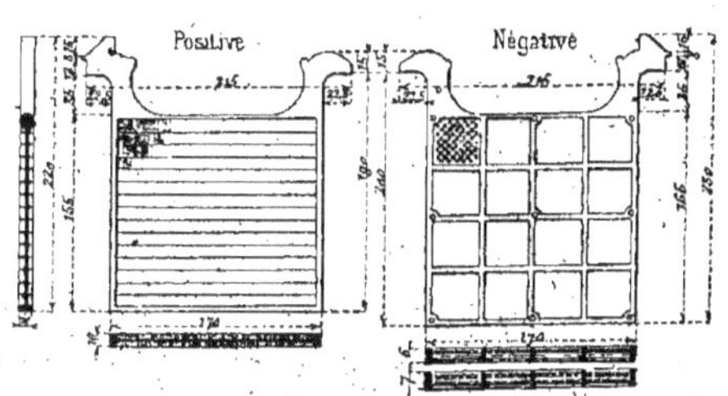

Fig. 39. — Plaques Tudor.

buent à assurer une meilleure répartition du courant. Un cadre, venu de fonte avec la plaque, sert à prévenir la déformation de cette dernière, tout en offrant au courant un chemin de faible résistance pour arriver aux dérivations principales constituées par les nervures. La plaque-négative est constituée par l'assemblage de deux demi-plaques, formées chacune par une grille à larges mailles rectangulaires, en plomb antimonié inat-taquable, coulée sur une mince lame de plomb doux perforé. Ces deux demi-plaques, après empâtage sont rivées ensemble, de sorte que la matière active se trouve enfermée dans une série de caisses perforées qui permettent sa dilatation tout en empêchant son décollement et sa chute. Les plaques de même polarité sont reliées à une barre com-

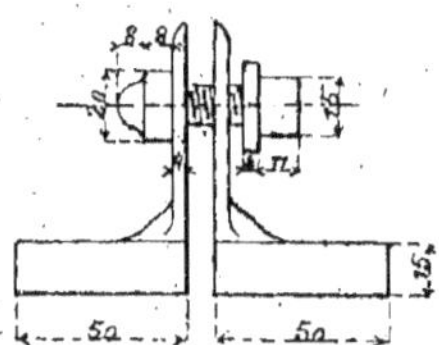

Fig. 40. — Connexion par boulons pour petits éléments Tudor.

mune par soudure autogène. Les connexions entre éléments se font également par soudure autogène, sauf toutefois pour les petits éléments qui peuvent être montés avec jonctions spéciales permettant de les réunir par boulons (fig. 40). L'isolement des plaques de polarité différente est assuré, soit au moyen de tubes en verre, soit par des séparateurs en bois traités au préalable par un procédé spécial qui les rend inattaquables et suffi-

samment poreux pour permettre que se fassent, dans de bonnes conditions, le passage du courant et la diffusion de l'électrolyte.

Les éléments sont montés en vases en verre pour les capacités ne dépassant pas 600 ampères-heure et en bacs en bois doublés de plomb pour les capacités plus considérables.

Les éléments stationnaires Tudor sont établis, soit pour décharges lentes (trois à dix heures), soit pour décharges rapides (une et deux heures).

Le tableau ci-dessous donne les dimensions et les constantes principales de quelques éléments.

Type de l'élément.		L_4 ou AL_4	M_8 ou AM_8	R_{17} ou AR_{17}	S_{20} ou AS_{20}
Nature du bac		Verre	Verre	Bois doublé de plomb	Bois doublé de plomb
Dimensions d'encombrement en millimètres	Longueur.	197	220	793	1446
	Largeur .	250	225	425	605
	Hauteur .	305	531	620	875
Poids d'eau acidulée en kilogrammes		8,9	20,3	132,1	486
Poids total en kilogrammes		72	61	450	1562
Capacité en ampères-heure au régime de décharge en	10 heures.	120	300	2040	7350
	5 —	100	250	1700	6150
	3 —	90	225	1530	5490
	2 —	72	180	1224	4440
	1 —	60	150	1020	3690

Accumulateur de la Société pour le Travail Électrique des Métaux (T. E. M.). — Les éléments à poste fixe, construits par cette société, sont montés, suivant leurs applications, soit avec des plaques positives à grande surface (régimes rapides), soit avec des plaques positives mixtes (régimes moyens et lents). Les plaques négatives sont toujours à oxydes rapportés.

Les plaques positives en plomb doux sont fabriquées de différentes façons. On les obtient, soit par coulée du plomb porté à la température du ramollissement, soit par travail du plomb à froid à la machine. Ce dernier procédé permet de donner à la plaque les qualités d'homogénéité et de résistance à l'attaque que possède le plomb laminé.

Les plaques mixtes sont constituées par un quadrillage en plomb doux à augets ou à nervures verticales assez développées et empâtées. Elles sont obtenues par coulée sous pression afin d'éviter les soufflures.

Les plaques négatives sont formées par une grille en plomb antimonié dans les ouvertures de laquelle on a enchâssé des pastilles de chlorure de plomb préalablement fondu. La plaque, ainsi préparée, est alors formée en réduisant le chlorure de plomb en présence du zinc. On obtient, par ce procédé, des pastilles de plomb à l'état cristallin très favorable à la conservation de la capacité.

Le montage des accumulateurs à poste fixe s'effectue dans des bacs en verre pour les petits éléments (150 amp.-heure au maximum) et dans des bacs en bois, garnis intérieurement d'une chemise en plomb, pour les gros éléments.

Les plaques reposent soit sur des dalles en verre, soit sur les bords du bac à l'aide de crochets venus de fonte avec la plaque. Les queues des plaques de même polarité sont soudées entre elles ou réunies à l'aide d'un boulon avec écrous et rondelles (fig. 41), ce dernier mode de montage étant souvent préféré dans les petites installations à cause de sa simplicité.

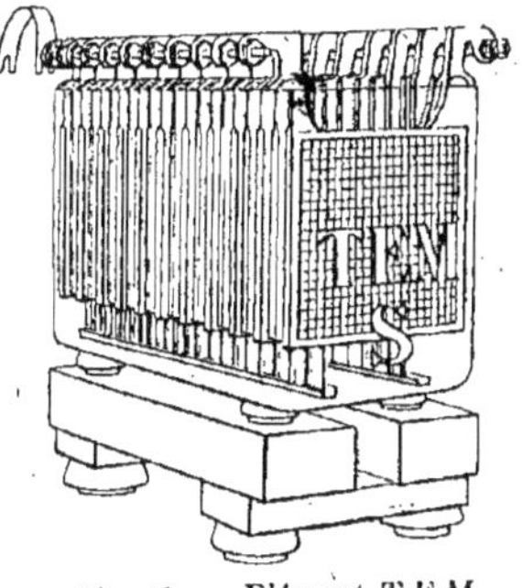

Fig. 41. — Elément T E.M

Les constantes principales des éléments T. E. M. à poste fixe sont données dans le tableau suivant, qui se rapporte à des éléments montés avec des plaques positives en plomb doux à grande surface et des plaques négatives à plomb cristallin.

Type de l'élément . . . . Nature du bac		C_4 Verre	D_3 Bois doublé de plomb	E_6 Bois doublé de plomb	E_{10} Bois doublé de plomb	E_{15} Bois doublé de plomb	E_{20} Bois doublé de plomb
Dimensions d'encom-	Hauteur .	382	595	740	740	740	740
brement en milli-	Longueur.	305	425	560	560	560	560
mètres.	Largeur .	210	320	380	560	785	1010
Volume d'eau acidulée, en litres . . .		11,4	31	66	105	155	205
Poids total, en kilogrammes.		40	128	261	407	589	771
Capacité en ampères-heure au régime de décharge en	10 heures	184	500	1056	1760	2640	3520
	6. . . .	170	440	978	1630	2445	3260
	3. . . .	150	400	864	1440	2160	2880
	2. . . .	130	360	744	1240	1860	2480
	1. . . .	101	280	582	970	1655	1940
	30 minutes	69	190	399	665	997	1330
Intensité de charge pour décharges	de 3 à 10 h.	24	65	138	230	345	460
	de 1 à 3 h.	32	90	183	306	459	610

Accumulateur Fulmen. — Dans l'accumulateur Fulmen, la plaque positive est du type à grande surface à formation auto-gène, mais elle est de constitution hétérogène (1), c'est-à-dire formée de deux parties bien distinctes, le support conducteur, en métal non attaquable et l'ensemble des lamelles de plomb pur composant la partie active de la plaque (fig. 42).

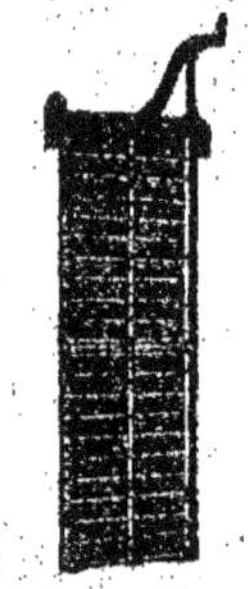

Les lamelles, obtenues à la filière, présentent une structure homogène et une section en forme de double peigne fin ; elles sont soudées à un cadre en plomb anti-monié par une seule de leurs extrémités, de sorte qu'elles peuvent se dilater librement à la décharge et se contracter à la charge, sans qu'il en résulte aucune déformation de la plaque. Les ailettes sont plus ou moins épaisses, et leur rap-

Fig. 42.
Plaque positive
Fulmen.

____

(1) La Société Nouvelle de l'Accumulateur Fulmen emploie également une plaque positive homogène, obtenue par coulée en une seule pièce. Cette plaque présente un grand nombre d'ailettes dont la surface développée est égale à 10 fois environ la surface apparente ; un cadre très robuste et de fortes nervures de renforcement horizontales et verticales lui donnent une grande résistance mécanique.

prochement varie suivant les dimensions de l'élément et la nature du régime que celui-ci doit supporter.

Les plaques négatives sont constituées par un support en plomb antimonié garni de matière active fortement comprimée.

Suivant les dimensions, le bac est en verre ou en bois doublé de plomb. Les éléments Fulmen stationnaires se font pour décharges lentes ou rapides.

Les accumulateurs à décharge lente conviennent dans tous les cas où la décharge a une durée minimum de quatre heures. Pour les durées normales de décharge, inférieures à quatre heures, il est indispensable d'employer les accumulateurs spéciaux à décharges rapides.

Le tableau suivant donne les constantes de quelques éléments Fulmen à poste fixe :

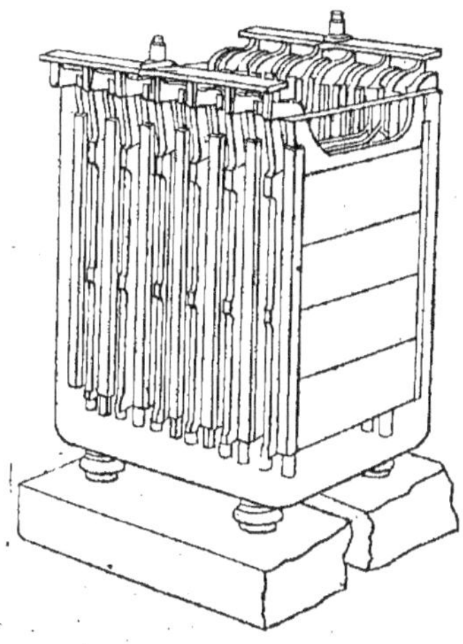

Fig. 43. — Elément Fulmen.

Type de l'élément. Nature du bac.		SA_3 Verre	SA_7 Verre	SA_{11} Verre	SA_{13} Verre	SA_{15} Verre	SA_{17} Verre
Dimensions d'encombrement en millimètres.	Hauteur. .	315	315	315	315	315	315
	Longueur.	70	158	246	290	334	378
	Largeur. .	160	160	160	160	160	160
Volume d'eau acidulée, en litres . . .		2,5	6	9,5	11,3	13	14,8
Poids total, en kilogrammes.		7,2	15,3	23,3	27,3	31,3	35,3
Capacité en ampères-heure au régime de décharge en	10 heures.	35	105	175	210	245	280
	6. . . .	32	96	160	192	224	256
	2. . . .	25	75	125	150	175	200
Régime normal de charge en ampères.		4	12	20	24	28	32

Accumulateur Heinz. — Les plaques positives de l'accumulateur Heinz sont à grande surface à formation autogène et les plaques négatives à oxydes rapportés.

Chacune des plaques constituant le faisceau positif se compose d'une âme centrale, d'une épaisseur d'un millimètre et demi, assurant, au point de vue électrique, une répartition parfaite du courant, tandis qu'elle donne à la plaque une grande résistance mécanique. Sur les deux faces de cette âme sont disposées une série de petites nervures verticales séparées par des sillons d'une profondeur de quatre millimètres et demi.

Fig. 44. — Élément Hoinz.

Pour éviter la déformation et bien maintenir la matière active, ces nervures sont soutenues par plusieurs côtes plus épaisses, disposées dans le sens vertical et horizontal. Celles-ci assurent à l'ensemble une rigidité parfaite.

Les électrodes positives possèdent une surface développée égale à dix fois leur surface apparente. L'épaisseur de la plaque est de dix millimètres et demi.

Les négatives se composent d'une grille-support, constituée par un alliage de plomb à dix pour cent d'antimoine. Cette grille est caractérisée par une série de barreaux très rapprochés, de forme triangulaire, dont le sommet est situé à la surface de la plaque. Ces barreaux horizontaux sont intercalés entre plusieurs barreaux verticaux, de section plus forte et dont l'épaisseur est égale à celle de la plaque. Les alvéoles ainsi formées sont garnies de matière active fortement comprimée, dont la base est un composé de plomb cristallin et d'oxyde de plomb que l'on réduit à la formation.

Les électrodes sont suspendues dans des bacs en verre par deux épaulements qui viennent reposer directement sur les bords du bac (fig. 44). Les gros éléments sont montés en bac en bois doublés de plomb.

Le tableau suivant donne les principales constantes de trois éléments à poste fixe :

| Type de l'élément. | PH_4 Verre | PH_{12} Verre | C_{25} Bois doublé de plomb |
Nature du bac			
Dimensions d'encombrement en millimètres . . { Hauteur . .	375	595	597
Longueur .	175	425	1056
Largeur . .	160	320	433
Volume d'eau acidulée, en litres	4,8	31	170
Poids total en service, en kilogrammes . .	17,8	128	651
Capacité en ampères-heure au régime de décharge en . . . . . . { 10 heures .	60	500	3000
6 —	54	440	2500
3 —	48	400	2250
1 —	32	280	1500
Régime normal de charge en ampères. .	7,5	65	500

Accumulateur Gramme. — Les accumulateurs Gramme pour batteries stationnaires ont des plaques positives du type à grande surface ou à oxydes rapportés et des plaques négatives à oxydes rapportés.

Les positives à grande surface (fig. 45) sont en plomb doux, elles comportent une âme et des lamelles verticales qui leur donnent le développement de

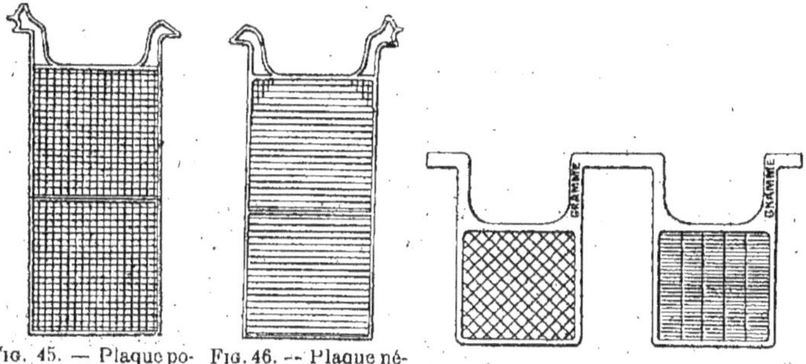

Fig. 45. — Plaque positive Gramme   Fig. 46. — Plaque négative Gramme.   Fig. 47. — Plaques jumelées Gramme.

surface nécessaire ; des nervures de renforcement assurent leur rigidité.

Les négatives sont du type à grille double en une seule pièce (fig. 46).

Les éléments de petites dimensions sont montés avec des positives et des négatives à oxydes rapportés.

Ces plaques sont jumelées (fig. 47) et reposent, sans aucun autre support, sur les rebords des bacs. Cette disposition supprime l'emploi

6

de barres de connexion et évite la soudure sur place des plaques sur les barres de liaison.

Le tableau suivant donne les caractéristiques de quelques éléments :

Type d'élément.		B_1 Verre	N_5 Verre	P_{45} Verre	P_{34} Doubles en verre
Dimensions d'encombrement en millimètres.	Hauteur	325	325	540	610
	Longueur.	235	245	245	495
	Largeur	125	145	310	685
Poids total en kilogrammes		14	24	98,5	443
Capacité en ampères-heure au régime de décharge de	10 heures	28	102	476	2040
	7	26	93	448	1920
	5	25	87	406	1740
	3	»	78	364	1560
	2	»	66	294	1260
	1	»	51	238	1020

Accumulateur de la Société des Accumulateurs Électriques (*Anciens établissements A. Dinin*). — Les éléments à poste fixe, construits par la Société des Accumulateurs électriques, ont des plaques positives à grande surface, à formation autogène, obtenues par coulée, et des plaques négatives à oxydes rapportés, du type à grille double en une seule pièce.

Ces accumulateurs sont montés dans des bacs en verre.

Le tableau suivant donne les constantes de quelques types d'éléments:

Type d'élément.		STA_1 Verre	STA_3 Verre	STE_6 Verre	STE_9 Verre	STE_{10} Verre
Dimensions d'encombrement en millimètres	Hauteur	320	320	545	545	545
	Longueur.	132	170	289	365	441
	Largeur	235	235	240	240	240
Poids total en kilogrammes		16	27	85	110	186
Poids de l'électrolyte.		6	7	26	34	42
Capacité en ampères-heure au régime de décharge en	10 heures	36	108	432	576	720
	5	30	90	360	480	600
	3	27	81	324	432	540
Régime normal de charge en ampères		6	18	72	96	120

Accumulateur Chloride. — La plaque positive de l'accumulateur construit par la Chloride Electrical Storage Company limited est du type à grande surface, à formation autogène, mais de constitution hétérogène. Elle comprend une grille-support rigide en plomb antimonié, coulé sous pression, et présentant des trous circulaires (fig. 49). La partie active de la plaque est constituée par des rubans de plomb, lisses sur une face et portant des aspérités sur l'autre, enroulés en spirales. Les rosettes ainsi obtenues sont introduites dans les trous de la grille-support, puis sont serrées à la presse hydraulique. Lorsque la plaque est formée, le foisonnement comprime fortement les rosettes actives contre la grille du support, l'adhérence nécessaire à la bonne conductibilité se trouve ainsi assurée.

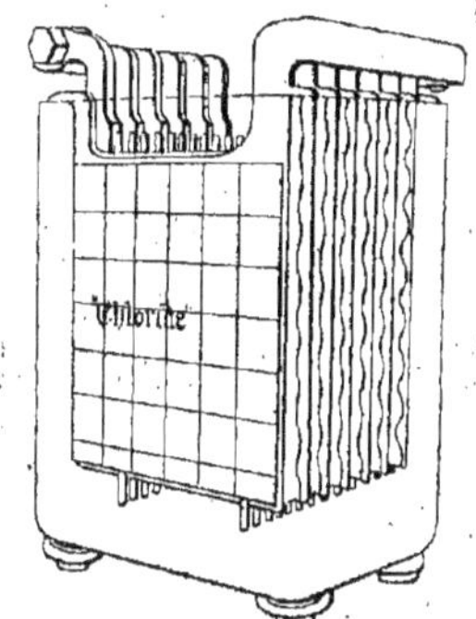

Fig. 48. — Elément Chloride.

La plaque négative (fig. 50) est à oxydes rapportés du type à

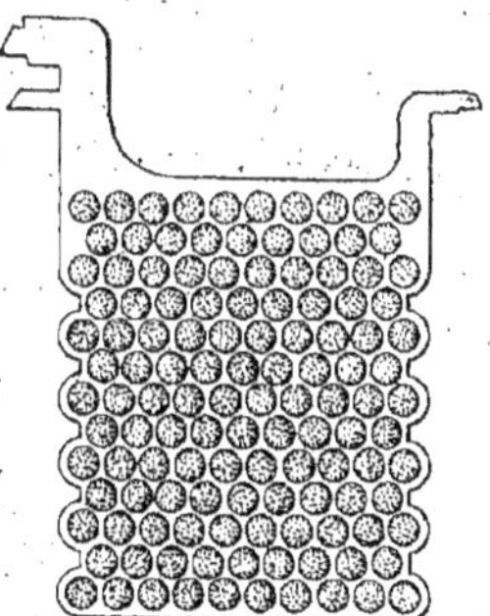

Fig. 49. — Plaque positive Chloride.

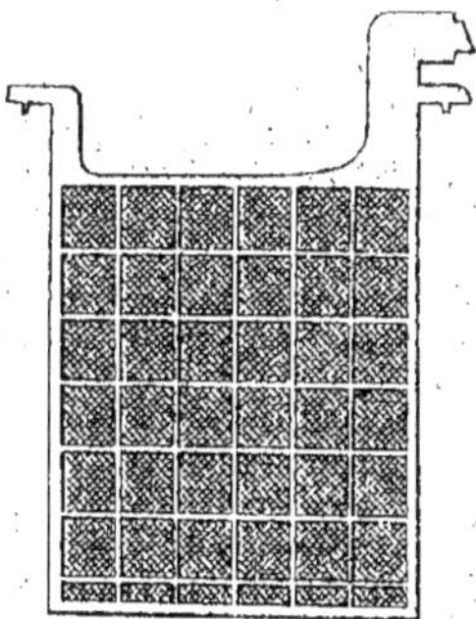

Fig. 50. — Plaque négative Chloride.

grille double en deux pièces. La matière active est logée entre les deux quadrillages rivés formant des sortes de cages et se trouve maintenue par deux feuilles minces en plomb pur finement perforé.

Suivant leur grandeur, les éléments à poste fixe sont montés dans des vases en verre, dans des bacs en plomb laminé ou en bois doublé de plomb. L'écartement des plaques est assuré au moyen de séparateurs en bois. Dans les grandes batteries, les connexions sont renforcées par des barres de cuivre recouvertes de plomb.

DEUXIÈME PARTIE

Applications des accumulateurs.

Les accumulateurs électriques, par leur propriété d'emmagasiner l'énergie, — au prix, il est vrai, d'une certaine perte tenant à la valeur du rendement, — sont susceptibles de rendre de grands services dans les installations à courant continu, où ils peuvent être employés dans deux buts différents.

1° *Pour constituer une réserve d'énergie.* — Dans ce cas, la batterie est chargée aux heures de fonctionnement des machines et est déchargée ensuite à l'arrêt de celles-ci. Elle constitue, en quelque sorte, une installation de secours utilisée suivant un horaire plus ou moins fixe.

2° *Pour régulariser la marche des machines génératrices.* — La batterie est alors en permanence en parallèle avec les dynamos, dont elle régularise le fonctionnement en se chargeant pendant les périodes de faible consommation et en se déchargeant au contraire aux heures de forte consommation. Si les périodes de charge et de décharge sont très rapprochées, la batterie agit moins comme réservoir d'énergie qu'à la façon d'un volant placé sur un moteur à mouvement alternatif. On dit alors qu'elle fonctionne en *batterie-tampon*.

CHAPITRE VI

Emploi des accumulateurs pour constituer une réserve d'énergie dans les stations centrales.

Les accumulateurs électriques trouvent une importante application dans les usines génératrices de courant continu qui alimentent des

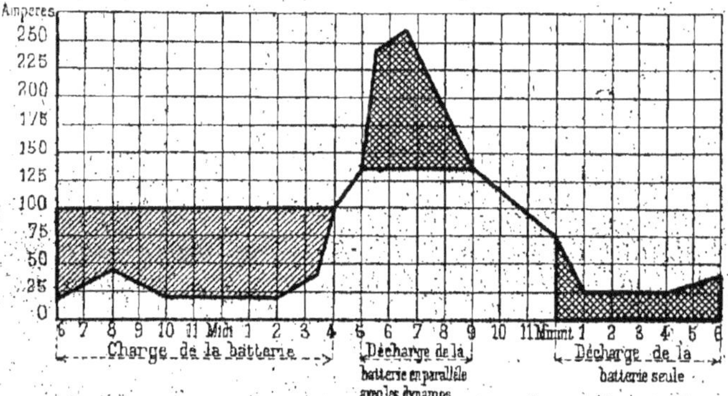

Fig. 51. — Courbe de consommation journalière d'un réseau d'éclairage.

réseaux dont la consommation est très variable dans le cours d'une journée.

C'est le cas de la plupart des centrales qui ont principalement à répondre aux besoins de l'éclairage et à l'alimentation des petits moteurs domestiques.

La figure 51, qui indique l'allure générale du débit d'une centrale de cette nature aux différentes heures de la journée, montre que la consommation d'énergie, qui reste très faible durant la plus grande partie de la journée, devient considérable pendant une durée relativement courte, variant de deux heures à quatre heures environ, suivant les saisons.

Dans ces conditions, le matériel générateur (chaudières, machines à vapeur et dynamos) ne fonctionne utilement à pleine charge que pendant un temps très court et il n'a, pendant la plus grande partie de la journée, qu'à fournir une fraction extrêmement faible de sa puissance nominale. C'est donc un matériel mal utilisé, travaillant dans de très mauvaises conditions de rendement et grevant l'entreprise de frais d'entretien et d'amortissement élevés.

L'emploi d'une batterie d'accumulateurs permet d'améliorer ces conditions d'exploitation. En effet, en chargeant la batterie pendant les heures de très faible consommation et en la faisant débiter sur le réseau, en même temps que les machines, au moment de la forte charge, on peut, par un réglage convenable des débits de charge et de décharge, faire en sorte que les machines n'aient plus à fournir qu'une puissance voisine de la puissance moyenne de la journée.

Cette marche a le grand avantage de permettre l'exploitation avec des groupes générateurs moins puissants et d'assurer à ceux-ci, d'une façon permanente, le régime de pleine charge, ce qui les fait travailler dans d'excellentes conditions économiques.

La présence d'une batterie d'accumulateurs procure encore aux stations centrales l'avantage de permettre l'alimentation des circuits de distribution pendant l'arrêt des machines. Il en résulte une plus grande sécurité dans l'exploitation, la batterie pouvant remédier momentanément, par un régime forcé, à l'absence de production de courant résultant d'un accident aux machines. Notons enfin que la batterie peut aussi assurer seule le service pendant les heures de très faible débit, ce qui permet d'arrêter complètement les machines pendant la nuit et de réduire notablement les frais du personnel, la marche ne demandant, le plus souvent, qu'une surveillance réduite à la manœuvre d'un réducteur, manœuvre qui peut, d'ailleurs, être rendue automatique.

En résumé, par une action combinée des machines et de la batterie, on peut réaliser les conditions de marche les plus économiques. Il convient cependant de remarquer que les accumulateurs ne rendent pas la totalité de l'énergie électrique qui leur a été fournie et que la perte qui en résulte est une cause d'élévation du prix de l'unité d'énergie utile. Cet inconvénient est d'ailleurs fortement atténué si l'emploi des accumulateurs est strictement limité à fournir l'énergie nécessaire aux heures où la consommation est très faible et une partie seulement de celle nécessaire, aux heures où la consommation atteint son maximum. L'économie résultant de la meilleure utilisation des machines, que l'on réalise de cette façon, suffit à compenser largement les frais qu'entraîne l'emploi des accumulateurs.

Le diagramme de la figure 51 indique les trois phases de fonctionnement d'une batterie utilisée dans ces conditions. On voit qu'elle se charge de six heures du matin jusqu'à quatre heures du soir, qu'elle se décharge pendant la pointe, entre cinq et neuf heures du soir, en parallèle avec les machines, et qu'elle assure seule le petit service entre minuit et six heures du matin.

I. CHARGE DES BATTERIES STATIONNAIRES

La charge des batteries stationnaires se fait toujours à intensité sensiblement constante. Pour produire la tension nécessaire à la charge complète d'une batterie, trois procédés sont adoptés en pratique :

1° Charge au moyen d'une dynamo à tension variable ;

2° Charge à l'aide d'un survolteur ;

3° Charge par modification du couplage des éléments.

Le choix du procédé à adopter dans chaque cas particulier dépend, principalement, de la nature et des exigences du service que doit assurer la batterie.

Charge au moyen d'une dynamo à tension variable. — C'est le procédé le plus simple et le plus économique. Il consiste à prévoir une génératrice à tension variable pouvant fournir la tension maximum nécessaire pour assurer la charge complète de la batterie. Cette génératrice doit donc avoir un jeu d'excitation suffisamment étendu pour fournir la tension graduellement croissante avec la charge. On doit l'établir de façon qu'elle puisse donner une tension de 2,5 volts par élément, en se réservant la possibilité de monter jusqu'à 2,7 volts à la fin de la charge, si c'est nécessaire.

Cette condition est facile à réaliser avec une machine shunt ou à excitation indépendante (1). Ces machines ne nécessitent aucune disposition spéciale pour la charge des accumulateurs.

Si la machine est compound, il est bon, pour améliorer la stabilité de marche et éviter l'inversion de polarité pouvant résulter d'une décharge fortuite de la batterie dans la dynamo, de brancher le circuit de charge directement aux balais, de façon que le courant des accumulateurs ne puisse traverser l'excitation série de la dynamo (2).

Charge au moyen d'un survolteur. — Dans bien des cas, il est impossible d'obtenir une variation de tension aux bornes de la dynamo princi-

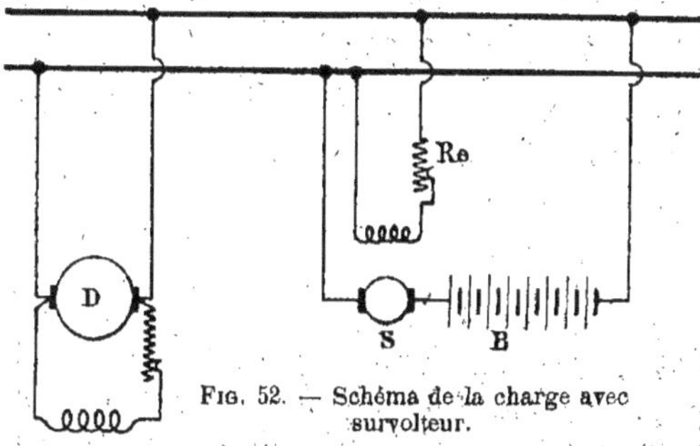

Fig. 52. — Schéma de la charge avec survolteur.

pale suffisante pour permettre la charge totale de la batterie (3). On peut alors employer une machine auxiliaire (survolteur) dont la fonction est de faire varier la tension aux bornes de la batterie d'accumulateurs.

On fait généralement usage, à cet effet, d'une machine actionnée par un moteur électrique branché sur le réseau, ou bien encore par un moteur

---

(1) Il suffit que la machine dynamo ait une courbe d'aimantation telle que la partie qui suit le coude monte encore lentement et ne soit pas horizontale. L'inducteur travaillera au delà du coude pour l'excitation réduite, ainsi que pour le maximum d'excitation. Les ampères-tours de l'induit conservant la même valeur, la tenue des balais sera bonne aussi bien à la charge maximum qu'à tension réduite.

(2) Une inversion de polarité est à craindre, principalement au moment de la fermeture du circuit. La mise en charge brusque de la dynamo produit une baisse de vitesse qui peut être suffisante pour rendre la force électromotrice de cette machine inférieure à celle de la batterie. Dans ces conditions, la batterie se décharge et la dynamo peut subir des avaries.

(3) Un cas, assez fréquent, est celui d'une installation existante, où l'emploi d'une batterie d'accumulateurs n'a pas été prévu au début.

quelconque. L'induit de cette machine est en série avec la batterie et l'enroulement inducteur est, le plus souvent, relié aux barres omnibus, de façon à pouvoir régler exactement la tension développée aux bornes, indépendamment des variations que subit cette tension. Si cette génératrice tourne à vitesse constante, la tension produite à ses bornes dépend seulement de l'intensité de son champ, que l'on peut régler facilement, à la valeur convenable, par simple manœuvre d'un rhéostat d'excitation (1). On peut ainsi faire varier la tension de charge dans de grandes limites, tout en laissant l'excitation des génératrices principales constante, ce qui permet d'alimenter le réseau par ces machines pendant la charge de la batterie.

Charge par modification du couplage des éléments. — Dans les usines ne possédant ni survolteur, ni génératrice à tension variable, on charge la batterie en la divisant en deux parties que l'on met en parallèle

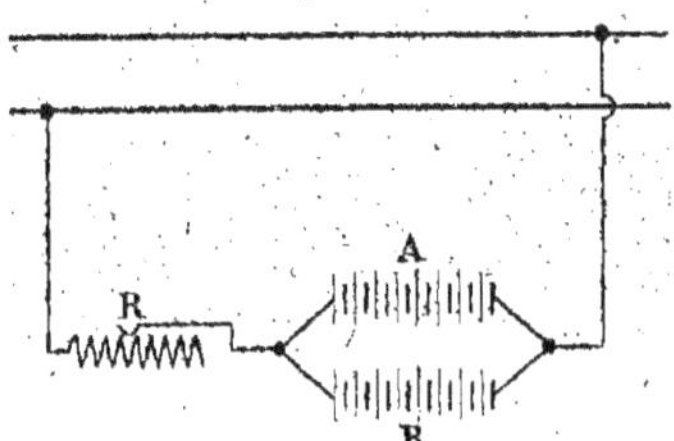

Fig. 53. — Schéma de charge par couplage en parallèle des deux moitiés de la batterie.

pour la charge et en série pour la décharge. Mais, comme pendant la charge en parallèle la tension est trop élevée, il faut nécessairement intercaler une résistance, qui absorbe l'excès de tension, tout en donnant passage au courant normal de charge dans les deux demi-batteries (fig. 53). Cette résistance absorbe de l'énergie au détriment du rendement de l'installation, de sorte que le système fonctionne dans de médiocres conditions économiques.

Ce procédé se recommande, néanmoins, par sa simplicité, pour les batteries de faible capacité par rapport à la puissance de l'installation, ainsi que pour les installations génératrices particulières de faible importance

---

(1) Il convient d'observer que les conditions toutes particulières de fonctionnement des survolteurs rendent très délicate la construction de ces machines. En effet, celles-ci sont appelées à débiter, au début de la charge, leur courant maximum sous une tension presque nulle. Il en résulte une forte distorsion du champ magnétique qui provoque l'apparition de fortes étincelles aux balais. Il convient donc de soigner tout particulièrement la commutation dans ce genre de machines, notamment en adoptant une faible tension de réactance.

où l'on ne peut disposer d'un personnel très expérimenté et où l'on cherche, avant tout, l'économie d'établissement et la facilité de manœuvre.

Variantes permettant la suppression de la résistance. — Ces variantes sont basées sur la remarque suivante :

Si U est la tension de distribution en volts, le nombre des éléments de la batterie doit être $n = \dfrac{U}{1,8}$, puis-qu'il est de règle d'arrêter la décharge d'un accumulateur quand sa tension aux bornes est descendue à 1,8 volts. D'autre part, il faut, à la fin de la charge, une tension de 2,5 volts aux

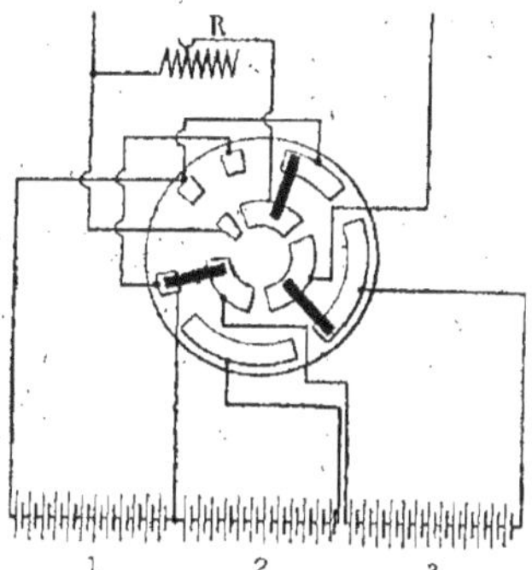

Fig. 54. — Charge par couplage en série des deux tiers des éléments de la batterie.

bornes de chaque élément. Avec la tension U de distribution, on peut donc charger $n' = \dfrac{U}{2,5}$ éléments. De ces deux égalités, on déduit :

$$n' = \frac{2}{3} n.$$

On pourra donc, avec la tension du réseau, charger complètement les deux tiers des éléments de la batterie.

1ᵉʳ Procédé. — La batterie est divisée en trois parties égales A, B, C,

Fig. 55. — Commutateur permettant la charge d'une batterie par couplage en série des deux tiers des éléments.

Fig. 56. — Disposition schématique du commutateur.

(fig. 54) que l'on charge en les combinant deux à deux en série. Par exemple, on chargera d'abord les parties A et B, jusqu'à ce qu'elles aient pris chacune la moitié de l'énergie qu'elles peuvent emmagasiner. Puis, on connectera B et C en série et on opérera une nouvelle charge jusqu'à ce que B soit complètement chargé. On reliera ensuite C et A et une troisième opération complètera la charge de ces deux parties.

Ces diverses manœuvres peuvent être faites au moyen d'un commutateur spécial (fig. 55 et 56), agencé de façon à éviter les erreurs de combinaison.

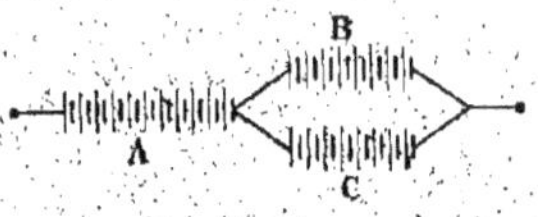

Fig. 57. — Charge d'une batterie en deux étapes.

Ce procédé ne comporte que de faibles pertes d'énergie, mais il entraîne, par contre, des complications. Il nécessite, en outre, pour obtenir une charge uniforme de la batterie, que les trois charges partielles aient été réalisées complètement, ce qui peut nécessiter une prolongation du temps pendant lequel la batterie est inutilisable.

2° Procédé. — On peut réduire le nombre des manœuvres à deux en divisant la batterie en trois parties égales, et en disposant en série, d'une part la portion A, d'autre part les deux portions B et C (fig. 57) reliées en parallèle. On charge à fond la portion A, les portions B et C reçoivent alors chacune la moitié de leur charge ; on retire A et l'on termine en donnant le reste de la charge aux portions B et C, couplées en tension.

Le changement de couplage peut se réaliser simplement au moyen du dispositif ci-contre (fig. 58), qui ne comporte [que deux inverseurs, l'un bipolaire et l'autre unipolaire. Pendant la première partie de la charge (position I),

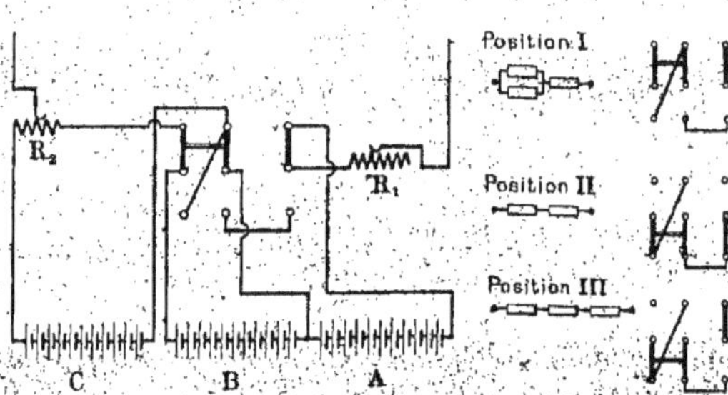

Fig. 58. — Dispositif permettant la charge d'une batterie en deux étapes.

le rhéostat R_4 permet de répartir également la charge entre les groupes B et C. Lors de la décharge (position III), la manette de ce rhéostat est mise sur le plot de court-circuit.

II. DÉCHARGE DES BATTERIES STATIONNAIRES

Nous avons vu que, pendant la décharge, la tension aux bornes d'un accumulateur baissait de 2,1 volts à 1,8 volt environ. Cette variation de tension, qui atteint 20 p. 100 de la tension moyenne, est beaucoup trop forte pour qu'il soit possible d'alimenter, sans réglage convenable, un réseau d'éclairage ou même de force motrice.

Dans les installations industrielles, ce réglage peut être obtenu de trois façons différentes :

1° par l'emploi d'un rhéostat ;

2° par l'emploi d'éléments de réduction ;

3° par l'emploi d'un dévolteur.

Emploi d'un rhéostat. — En intercalant un simple rhéostat en série avec la batterie, on peut modifier, comme il convient, la tension de la batterie. Mais cette méthode est fort couteuse, une certaine quantité d'énergie étant consommée en pure perte dans ce rhéostat. Elle présente, en outre, l'inconvénient, que la tension, pour une position donnée du rhéostat, varie avec le courant absorbé. En particulier, quand le courant est nul, l'effet de la résistance l'est aussi.

Emploi d'éléments de réduction. — Au commencement de la décharge, les éléments ayant une tension de 2,1 volts, la batterie entière donne une tension de $2,1\,n$ volts, d'où un excès de

$$(2,1 - 1,8)\,n = 0,3\,n \text{ volts.}$$

On supprime cet excès de tension, en retirant du circuit un nombre n_1 d'éléments, donné par la relation

$$n_1 = \frac{0,3\,n}{2,1} = 0,143\,n.$$

On remet ensuite, progressivement, ces éléments dans le circuit de décharge, au fur et à mesure que baisse la tension de la batterie.

Ces éléments sont dits *éléments de réduction*. Ils sont toujours placés à une même extrémité de la batterie. Celle-ci comprend, en outre, $n - n_1$ éléments qui constituent le *corps de la batterie*. Un commutateur spécial, portant le nom de *réducteur*, permet de placer plus ou moins d'éléments de

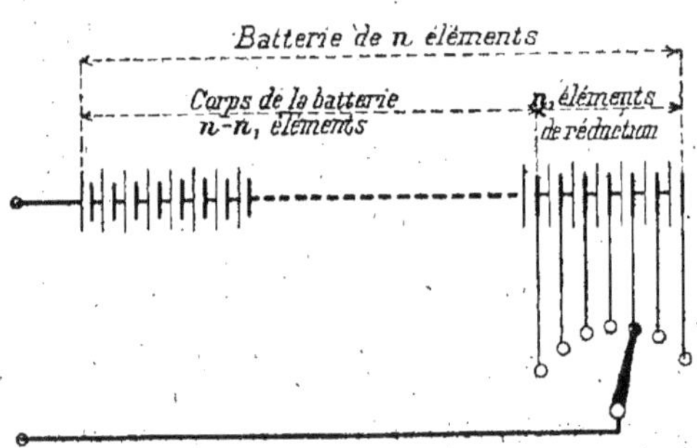

Fig. 59. — Batterie avec éléments de réduction.

réduction en série avec le corps de la batterie (fig. 59), l'intercalation peut se faire, soit élément par élément, soit par groupes d'éléments, suivant la variation de tension admissible pour les appareils d'utilisation.

Dispositif permettant de diminuer le nombre de connexions à établir avec les éléments de réduction. — Le principal inconvénient que présente l'emploi des éléments de réduction est le grand nombre de connexions qu'il est nécessaire d'établir entre les derniers éléments de la batterie et le réducteur.

On peut en réduire le nombre en employant le dispositif suivant. On dispose, à l'une des extrémités de la batterie (celle de droite, par exemple), les groupes de réduction constitués chacun de deux éléments, et on les relie aux différents plots d'un réducteur ordinaire R_1 (fig. 60). A l'autre extrémité de la batterie, on place un élément auxiliaire, que l'on peut ajouter ou retrancher

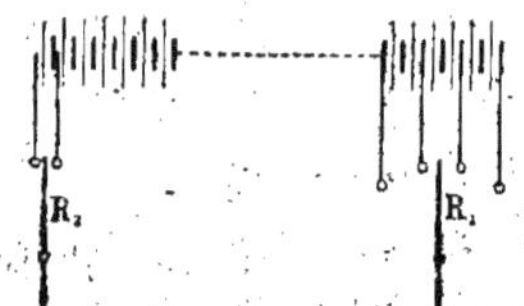

Fig. 60. — Batterie avec éléments de réduction et élément auxiliaire.

suivant les besoins, au moyen d'un deuxième réducteur R_2.

Pour faire varier graduellement la tension de la batterie de 2 en 2 volts, on manœuvre d'abord le réducteur R_2, de façon à insérer l'élément auxiliaire et on ne touche pas au réducteur principal. Pour obtenir une nouvelle augmentation de tension, on passe au plot suivant du réducteur principal et, en même temps, on manœuvre le réducteur R_2 de façon à mettre hors circuit l'élément auxiliaire. Il est évident que les deux manœuvres doivent être exécutées simultanément.

A la charge, pour insérer les éléments un à un, on procède de la manière inverse. Pour éviter toute fausse manœuvre, on peut rendre solidaires les deux réducteurs par un système d'encliquetage.

Ce dispositif permet de réduire de moitié le nombre des conducteurs de liaison entre le réducteur et la batterie. On peut encore diminuer ce nombre en effectuant la mise en circuit des groupes de réduction en plusieurs étapes successives. Si l'on utilise, par exemple, trois éléments auxiliaires, les connexions avec les plots du réducteur principal se feront tous les quatre éléments. Mais les manœuvres sont notablement plus compliquées et l'économie réalisée par la suppression de quelques conducteurs de liaison n'est pas suffisante, généralement, pour justifier l'adoption de dispositifs très complexes, qui ont l'inconvénient de compliquer le service lors de la recharge de la batterie.

Inconvénients des éléments de réduction et des éléments auxiliaires. — Il convient de remarquer que les éléments de réduction étant reliés tardivement au circuit d'utilisation, se déchargent moins que le restant de la batterie. On doit donc avoir soin, pour ne pas les surcharger, de ne les laisser dans le circuit de charge que pendant un temps restreint, ce qui entraîne une certaine complication.

Quand on emploie des éléments auxiliaires, il devient presque impossible de proportionner, au moment de la recharge, l'énergie à fournir à chaque élément à celle qui a été débitée par lui.

Emploi d'un survolteur-dévolteur. — Si l'on veut maintenir pendant la décharge tous les éléments en série dans le circuit, il faut utiliser un survolteur-dévolteur, mis en série avec la batterie et pouvant donner une tension suffisante pour ramener la tension de la batterie à la valeur normale qui doit être maintenue sur le réseau de distribution.

Cette machine survoltera ou dévoltera la batterie, suivant que la tension de celle-ci sera moins élevée, ou plus élevée, que celle existant aux barres de distribution. Dans le premier cas, la machine fonctionnera en génératrice, dans le second cas, en motrice. Pour utiliser l'énergie ainsi récupérée, on entraînera le survolteur-dévolteur au moyen d'une machine électrique branchée sur les barres omnibus.

Cette solution, bien qu'avantageuse au point de vue de la simplicité des manœuvres, n'est guère employée que dans les installations importantes. Elle est, en effet, assez onéreuse, car, pour répondre aux besoins instantanés, il faut prévoir très largement la capacité du groupe survolteur-dévolteur.

III. APPAREILS SPECIAUX
UTILISÉS DANS LES INSTALLATIONS D'ACCUMULATEURS

Toute installation d'accumulateurs exige l'emploi de certains appareils, spécialement adaptés aux manœuvres à exécuter et permettant de parer aux difficultés qui peuvent se présenter pendant la charge et la décharge d'une batterie.

Ces appareils sont les suivants :

1° Interrupteurs automatiques, désignés sous le nom de disjoncteurs ou de conjoncteurs-disjoncteurs ;

2° Réducteurs manœuvrés à la main ou automatiques.

Indépendamment de ces appareils spéciaux, une installation d'accumulateurs comporte également l'emploi d'interrupteurs, de commutateurs, d'instruments de mesure, etc., en un mot tous les appareils indispensables à la marche d'une installation électrique à courant continu.

a) DISJONCTEURS

On appelle disjoncteur, un interrupteur destiné à ouvrir automatiquement un circuit, lorsqu'il y a un inconvénient ou un danger à le maintenir fermé. En particulier, un disjoncteur doit agir dans les cas suivants :

1° Surcharge exagérée (disjoncteur à maxima, à action immédiate ou plus ou moins retardée) ;

2° Arrêt ou inversion du courant (disjoncteur à minima ou à retour de courant) ;

3° Dans les deux cas ci-dessus (disjoncteur à maxima et à minima).

Disjoncteurs à maxima. — Les disjoncteurs à maxima sont destinés à ouvrir un circuit lorsque l'intensité dépasse de quelques centièmes la valeur fixée. Ils protègent donc les installations contre les surcharges et les courts-circuits.

La figure 61 représente le schéma d'un tel disjoncteur. L'électro-aimant B, parcouru par le courant total du circuit (ou par une partie qui lui est proportionnelle), provoque le déclanchement de l'interrupteur en agissant, par son noyau, sur un système d'encliquetage, lorsque l'intensité dépasse une valeur déterminée. Le point de déclanchement de cet électro-aimant peut être réglé à volonté et avec précision. Son action peut aussi être retardée par un système spécial retardateur (disjoncteurs temporisés). Ce retard peut être réglé également (disjoncteurs à action retardée ou à action différée) (1). Il a pour but d'empêcher le déclanchement immédiat pour une surcharge qui ne dure pas.

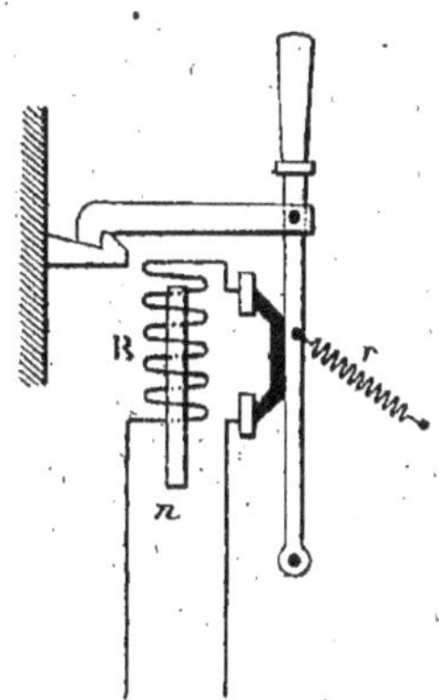

Fig. 61. — Schéma d'un disjoncteur à maxima.

Les disjoncteurs destinés aux courants de grande intensité (fig. 62) doivent être établis dans des conditions spéciales. Pour assurer d'excellents contacts, on emploie des balais à ressort produisant un serrage énergique. L'effort

Retardateur

(1) Ces disjoncteurs comprennent en général trois bobines. La première B est traversée par le courant principal et est réglable à maxima, elle ferme, au moment de la surcharge, le circuit de la bobine C, dont l'armature est munie d'un retardateur. Cette bobine doit fermer à son tour, au bout de la temporisation, le circuit de la bobine de déclanchement D. La durée du retard est réglable soit à l'aide d'une valve pour un retardateur à air, soit à l'aide d'un écrou et d'un contre-écrou pour un retardateur à huile de glycérine.

nécessaire, pour séparer les pièces en contact, étant alors considérable, on a recours à l'action d'un contre-poids, tombant d'une certaine hauteur, sur le levier dont il détermine ainsi l'arrachement.

Fig. 62. — Disjoncteur à maxima avec pare-étincelles. (Brandt et Fouilleret, constructeurs.)

Ces appareils sont généralement établis de telle sorte que l'on ne puisse les maintenir fermés tant que la cause, qui les a fait fonctionner, n'a pas disparu. Les disjoncteurs sont, dans ce cas, dits à réenclanchement empêché.

Les disjoncteurs à maxima coupant le courant en surcharge, il est bon qu'ils soient munis de pare-étincelles destinés à protéger le cuivre des contacts contre l'action destructive des arcs de rupture.

La figure 63 montre un dispositif de pare-étincelles consistant en deux blocs de charbon, facilement remplaçables, entre lesquels se fait la rupture définitive du courant.

Disjoncteur à minima. — Les disjoncteurs à minima sont des appareils qui rompent le circuit lorsque le courant tombe au-dessous d'une intensité déterminée. Ils protégeront, par exemple, une batterie d'accumulateurs contre une charge de trop longue

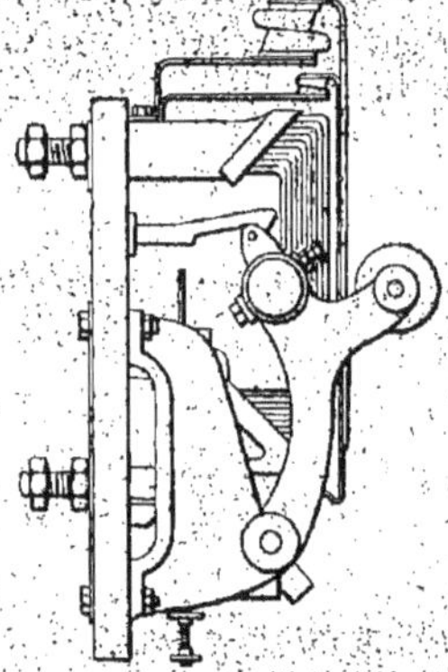

Fig. 63. — Disjoncteur à maxima avec pare-étincelles.

durée avec un courant de faible intensité. Dans ces disjoncteurs, l'armature du noyau est, en temps normal, collée aux pôles de l'électro-aimant et ne s'en détache que lorsque le courant dans le solénoïde devient assez faible pour occasionner le fonctionnement de l'appareil (fig. 64).

Pour de faibles intensités, on réalise très simplement cet appareil en employant des contacts à mercure (fig. 65).

Sous cette forme, l'appareil est peu coûteux, mais il exige une certaine surveillance pour le remplacement du mercure projeté au dehors à chaque manœuvre. Aussi, pour les installations d'une certaine importance, est-il préférable d'employer des disjoncteurs à contacts métalliques. Le fonctionnement des disjoncteurs à minima n'est jamais très sûr. En effet, dans le cas d'une inversion rapide du courant, le disjoncteur peut rester enclanché, malgré le passage à zéro de l'intensité. Ceci provient de ce que les forces attractives ne suivent pas instantanément, par suite du traînage magnétique, les variations de l'intensité du courant qui les produit.

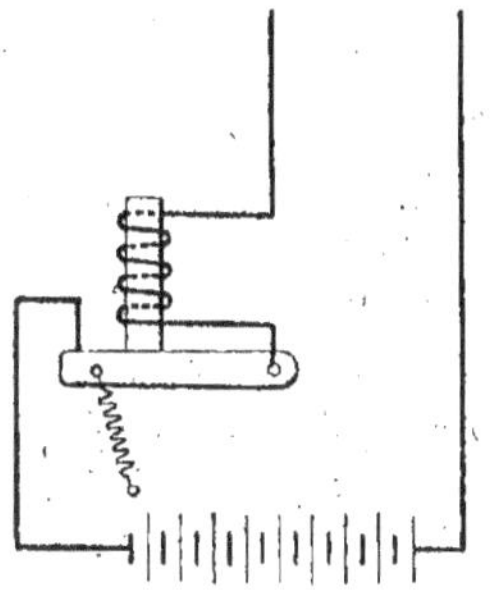

Fig. 64. — Schéma d'un disjoncteur à minima.

Fig. 65. — Disjoncteur à minima à contact de mercure.

Disjoncteur à minima polarisé et inversion de courant. — Ce type de disjoncteur se différencie des précédents en ce que le circuit magnétique n'obéit pas, exclusivement, aux variations des ampères-tours de la bobine et qu'il est influencé par le changement de sens du courant. Cet appareil déclanche, en effet, quand le courant s'est inversé dans le circuit où il est inséré. Placé dans le circuit de charge d'une batterie, il évitera un retour de courant de la batterie sur la dynamo, lorsque la tension de cette dernière se sera abaissée, pour une cause quelconque, au-dessous de la valeur de la force électromotrice de la batterie.

On réalise très simplement un disjoncteur polarisé en constituant l'armature mobile de l'appareil par un morceau d'acier aimanté (fig. 66). Cette armature reste enclanchée si le courant vient à cesser, mais si celui-ci change de sens, le barreau d'acier se désaimante et lorsque son magnétisme devient nul, le disjoncteur déclanche. Ce genre de disjoncteur n'est guère utilisé que pour les faibles intensités. Dans les installations importantes, on emploie, généralement, des disjoncteurs polarisés au moyen d'une bobine auxiliaire, dite de polarisation, alimentée par une tension constante et produisant, par suite, un flux invariable. Cette bobine est concentrique à la bobine placée dans le circuit et elle agit sur le même circuit magnétique. Les enroulements de ces deux solénoïdes sont connectés de telle façon, qu'en fonctionnement normal, les flux produits par ces deux bobines s'ajoutent. En cas d'inversion de courant, le sens du courant dans la bobine en dérivation ne changeant pas, les actions des deux bobines se retranchent, l'effort résultant sur l'armature devient plus faible que celui du ressort antagoniste et les contacts se séparent.

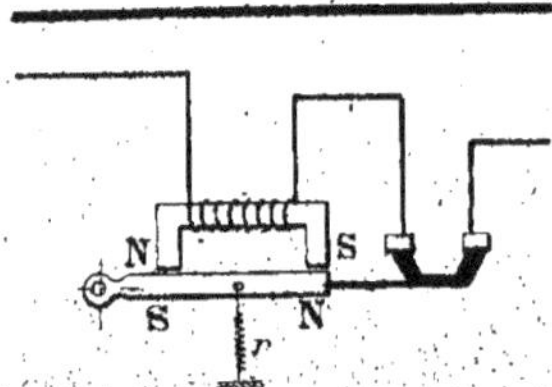

Fig. 66.—Schéma d'un disjoncteur à minima polarisé.

Il est à remarquer que le fonctionnement de l'appareil peut être en défaut dans certains cas. En particulier, il peut arriver que le courant s'inversant très rapidement dans le circuit, l'appareil n'ait pas le temps de déclancher. Par contre, une baisse importante de la tension d'alimentation de l'enroulement de polarisation peut provoquer le fonctionnement intempestif de l'appareil.

Il convient donc de ne placer ces disjoncteurs que dans les circuits où l'on n'a pas à craindre une chute brusque de tension ou une inversion trop rapide du courant.

Disjoncteur à maxima et à retour de courant. — Ce type d'appareil fonctionne à la fois comme disjoncteur à minima et comme disjoncteur à maxima. Dans le premier mode de fonctionnement, il n'a pas l'inconvénient signalé pour les appareils précédents.

Le champ magnétique est encore créé par deux solénoïdes concentriques dont l'un est en série dans le circuit et l'autre en dérivation, mais ces enroulements sont montés de façon que les flux produits soient opposés l'un à l'autre.

L'armature est attirée et l'appareil déclanche dans deux cas :

1° Quand le courant, après s'être inversé, atteint une valeur telle que l'action totale des ampères-tours en dérivation et en série suffit à libérer l'armature (fonctionnement à minima) ;

2° Quand le courant, dans le sens normal, atteint une valeur telle que la différence des ampères-tours en dérivation et en série (qui sont alors de sens inverse) suffisent à attirer l'armature (fonctionnement à maxima).

Le réglage de ces appareils est rendu délicat par le fait que la différence existant entre les deux intensités de déclanchement est constante. Il est, par suite, impossible de régler indépendamment les deux valeurs de l'intensité de déclanchement. Quand on veut régler indépendamment ces deux limites, il est indispensable d'employer un disjoncteur muni de deux organes de déclanchement distincts, l'un à maxima simple, l'autre à retour de courant, agissant sur le même interrupteur.

Conjoncteurs-disjoncteurs. — Ces appareils, utilisés dans le même but que les disjoncteurs, présentent sur ces derniers l'avantage d'effectuer automatiquement la fermeture du circuit de charge, dès que la tension a pris une valeur supérieure à celle de la batterie, tout en rompant automatiquement ce circuit dès que cette valeur devient trop faible. Le schéma de la figure 67 donne le principe d'un conjoncteur-disjoncteur.

Un électro-aimant A, mis en dérivation sur le circuit de charge, ferme, dès que la tension de la dynamo a une valeur suffisante, le circuit de la bobine fil fin du disjoncteur polarisé B. Sous l'action du courant qui passe dans cette bobine, l'armature du disjoncteur est attirée, et le circuit de décharge se trouve fermé.

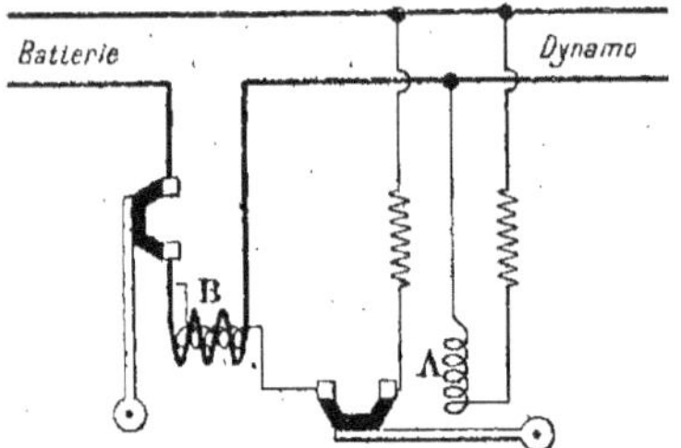

Fig. 67. — Schéma d'un conjoncteur-disjoncteur.

Si la force électromotrice de la dynamo vient à baisser pour une cause quelconque, l'attraction exercée par la bobine fil fin n'est plus suffisante pour retenir l'armature qui, sous l'action d'un contre-poids réglable, tombe et provoque l'interruption du circuit de charge. Dès que la force électromotrice augmente, les choses se rétablissent comme précédemment.

Les conjoncteurs-disjoncteurs ne sont utilisés que dans les petites installations, où il n'est guère possible d'assurer une surveillance de tous les instants. La figure 68 montre l'aspect de ces appareils.

Disjoncteurs à relais. — Dans ces disjoncteurs, l'action du courant, au lieu d'agir directement sur l'électro-aimant de l'interrupteur, agit sur un relais qui, dans des conditions déterminées, ferme le circuit de l'électro de

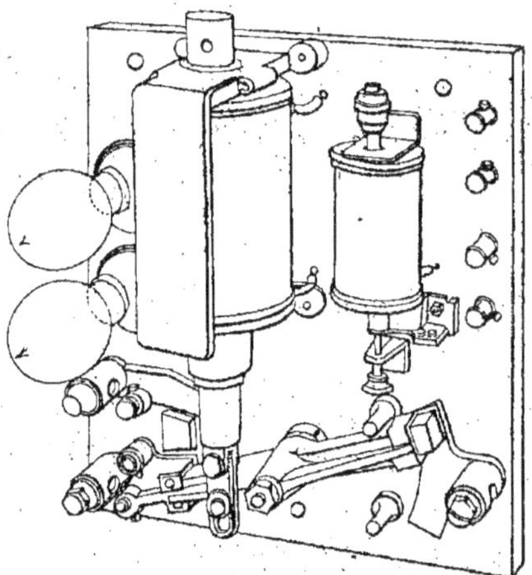

Fig. 68. — Conjoncteur-disjoncteur s'enclanchant à maximum de tension et déclanchant à minimum de tension.

déclanchement, lequel est alors traversé par un courant auxiliaire.

La disposition avec relais est plus compliquée et aussi plus coûteuse que la commande directe, mais elle présente des avantages qui compensent assez bien ces inconvénients.

D'abord, le relais (fig. 69) étant composé d'organes de petites dimensions, possède une grande sensibilité et obéit très rapidement aux variations du courant.

De plus, l'action du relais peut être beaucoup plus énergique que l'action directe sur le déclanchement, car on peut employer dans le circuit de celui-ci toute la puissance nécessaire, fournie par une source auxiliaire ou par le réseau lui-même, pour produire sans retard le déclanchement des

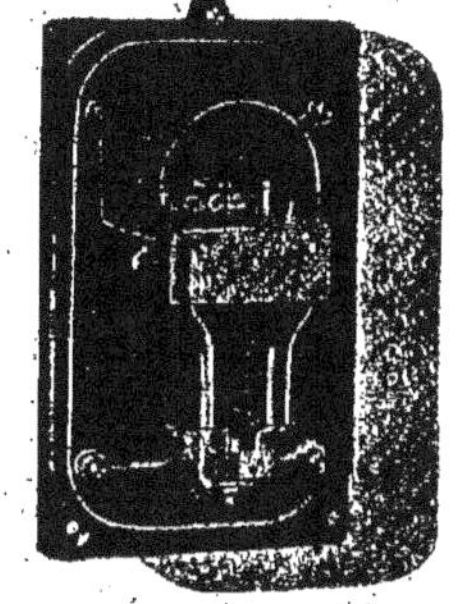

Fig. 69. — Relais de disjoncteur.

mécanismes les plus durs. Enfin, le relais rend possible, avec la plus grande facilité, le déclanchement automatique dans les conditions les plus complexes.

Le schéma de la figure 70 se rapporte à un relais instantané à retour de courant.

Ce relais est composé d'une bobine à fil fin (3), mobile autour d'un axe vertical, et placé entre les pôles d'un aimant permanent (1). Les extrémités de cette bobine sont raccordées, par des connexions souples (5), à un

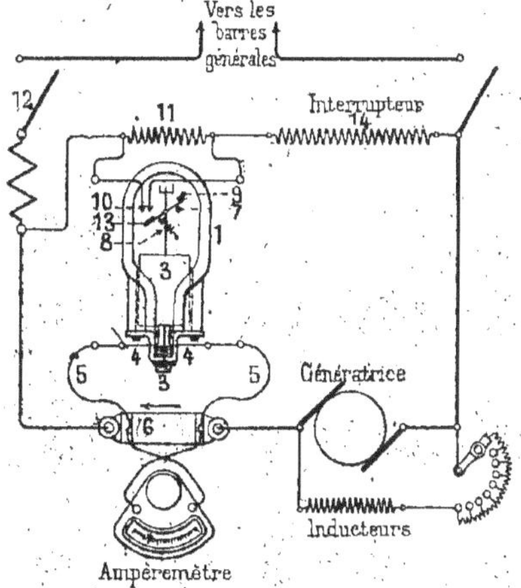

Fig. 70. — Schéma d'un relais instantané à retour de courant.

shunt (6) inséré dans le circuit à protéger. Un bras horizontal (13), calé sur l'axe de cette bobine, porte à l'une de ses extrémités un contact mobile, qui peut venir court-circuiter deux plots fixes (10), raccordés aux extrémités de la bobine à minima de tension du disjoncteur. Quand le courant traverse le shunt dans le sens normal, le couple électro-magnétique, qui s'exerce sur l'équipage mobile, s'ajoute à l'action du ressort (8) qui maintient le levier appuyé contre une butée (9). Dès que le courant s'inverse, le couple changeant de sens, l'équipage tourne jusqu'à ce que le contact mobile vienne toucher les contacts fixes. La bobine à minima étant ainsi mise en court-circuit, le déclanchement du disjoncteur se produit aussitôt.

Il est à remarquer que le déclanchement de l'appareil se produit toujours pour la même intensité, quelle que soit la valeur de la tension restant sur le réseau et que ce déclanchement est assuré, quelle que soit la rapidité avec laquelle le courant s'inverse, chose qui ne se produit pas toujours, comme nous l'avons vu précédemment, avec les disjoncteurs à action directe.

b) RÉDUCTEURS

Les réducteurs sont des appareils qui permettent de faire varier commodément le nombre d'éléments de réduction intercalés dans le circuit de charge ou de décharge d'une batterie.

Réducteurs simples. — Un réducteur simple est constitué par une série de plots, isolés les uns des autres et respectivement reliés aux

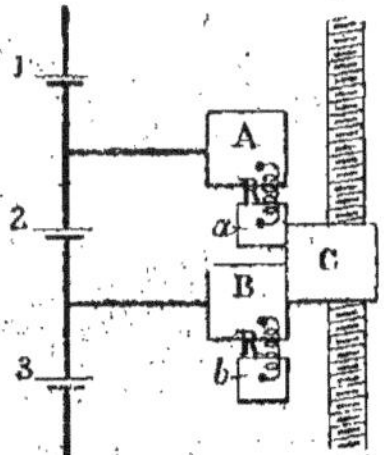

Fig. 71. Schéma d'un réducteur à résistances montées sur plots auxiliaires.

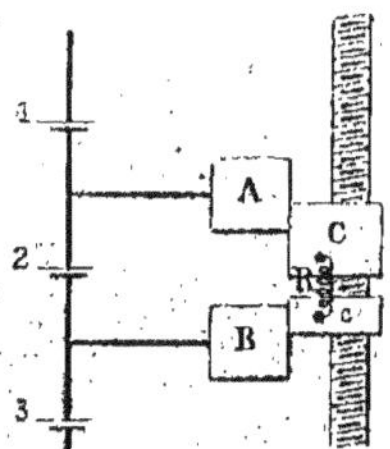

Fig. 72. Schéma d'un réducteur à résistance montée sur le curseur.

divers éléments de réduction ; un curseur, glissant sur ces plots, les met successivement en communication avec une extrémité du circuit, l'autre extrémité étant reliée au pôle opposé de la batterie.

Pour éviter que le curseur, en passant d'un plot à un autre, ne mette
en court-circuit un accumu-
lateur, ou que le circuit de
décharge ne soit interrompu,
ce qui se produirait si le
balai quittait un plot avant
d'atteindre le suivant, on
divise chaque plot du réducteur en deux sections que
l'on réunit au moyen d'une

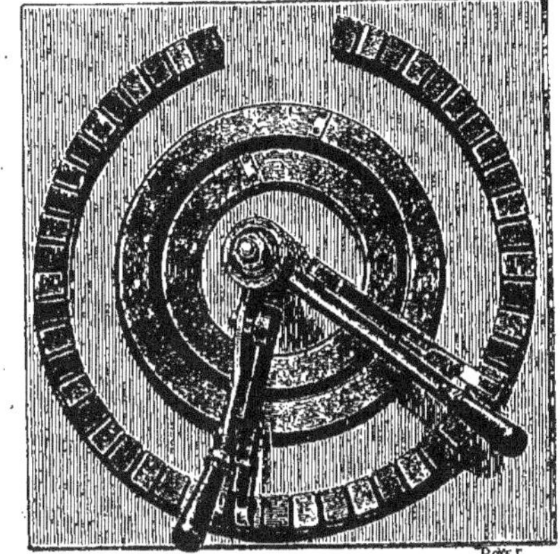

Fig. 73. — Réducteur simple. Forme circulaire.

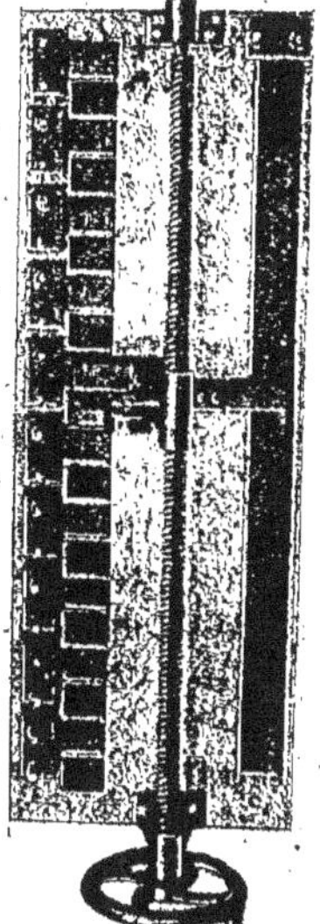

Fig. 74. — Réducteur
simple. Forme rec-
tiligne.

résistance telle que l'intensité du courant qui y est
créé, par l'élément mis en court-circuit, ne dépasse
pas la valeur normale du courant de décharge
(fig. 71).

Avec ce dispositif, il est nécessaire d'avoir autant
de résistances et de plots auxiliaires qu'il y a de
plots actifs, ce qui complique le réducteur et en
augmente notablement le prix. Aussi, est-il préférable de placer la résistance sur le frotteur lui-
même, qui est alors divisé en deux parties comme
l'indique la figure 72.

Les réducteurs employés avec les petites batteries sont généralement circulaires (fig. 73). Les
plots sont rangés circulairement et le frotteur,
monté sur un axe central, est actionné au moyen
d'une manette.

On peut, également, disposer les plots sur une rangée et monter le frotteur sur un chariot se déplaçant parallèlement à la rangée des plots. Ce

chariot est commandé par une tige filetée à pas rapide qu'une manivelle à volant permet d'actionner. Les deux balais constituant le curseur sont reliés entre eux par une résistance disposée sur le curseur lui-même (fig. 74), ou bien entre deux barres métalliques parallèles, sur lesquelles appuie le curseur.

Réducteurs doubles. — Lorsque la charge et la décharge de la batterie n'ont pas lieu simultanément, le même réducteur suffit pour faire varier le nombre des éléments pendant la charge et pour assurer la constance de la différence de potentiel sur le réseau pendant la décharge. Dans le cas contraire, il est indispensable de placer un réducteur sur chacun des circuits de charge et de décharge.

On emploie alors, avantageusement, un réducteur double (fig. 75) portant sur le même bâti deux curseurs se déplaçant sur la même rangée de plots. L'un des curseurs est mis en communication avec le circuit de charge et l'autre avec celui de décharge. Les contacts des curseurs sont doubles, avec une résistance appropriée intercallée entre eux.

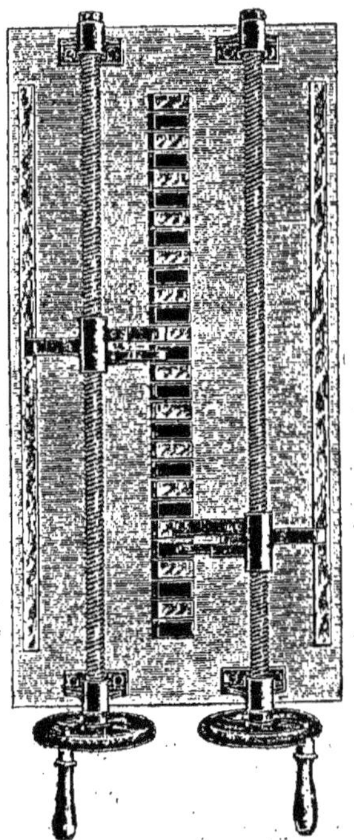

Fig. 75. — Réducteur double.

Réducteurs pour fortes intensités. — Quand l'intensité du courant fourni par la batterie dépasse 200 ampères, il devient nécessaire d'empêcher la détérioration des contacts, sous l'action des étincelles qui se produisent quand le curseur passe d'un plot à l'autre.

Dans ce but, on shunte le curseur par un pare-étincelles, sorte de contacteur qui reste fermé tant que le curseur occupe une position intermédiaire entre deux plots actifs, et qui s'ouvre quand le curseur est en position normale, en face d'un plot actif. Le passage d'un plot à l'autre s'effectue alors sans courant, par conséquent sans étincelles, le « feu de commutation » étant localisé aux contacts du pare-étincelles, faciles à remplacer rapidement et à peu de frais.

La figure 76 montre la disposition schématique d'un réducteur simple, pourvu d'un pare-étincelles commandé par excentriques montés sur la tige de commande du réducteur.

Les mouvements du curseur et ceux du pare-étincelles étant ainsi solidaires, on peut, par un

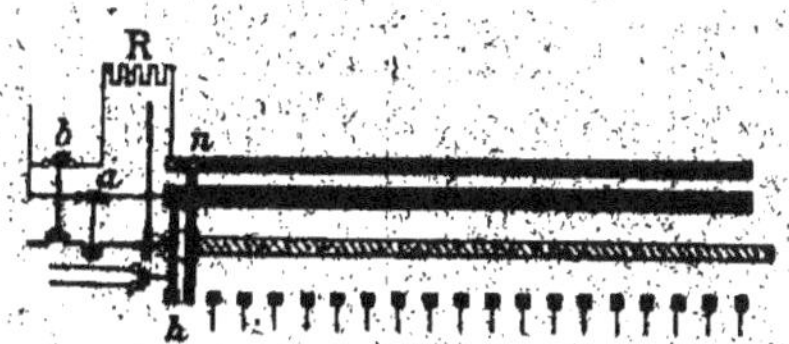

FIG. 76. — Schéma d'un réducteur avec pare-étincelles.

réglage convenable du calage des excentriques, faire en sorte que leur ordre de succession soit tel, que les ruptures de courant, consécutives aux insertions et suppressions successives de la résistance R, se produisent exclusivement aux contacteurs. On transporte ainsi l'étincelle de rupture, des pièces de contact principales, aux pièces secondaires.

On construit aujourd'hui des réducteurs simples et des réducteurs doubles, basés sur ce principe, capables de supporter, d'une façon permanente et sans échauffement excessif, les plus forts débits susceptibles d'être fournis par une batterie d'accumulateurs.

Commande à distance des réducteurs. — Dans les stations centrales où la salle des machines se trouve située à une certaine distance de la salle des accumulateurs, il peut y avoir avantage à placer le réducteur aussi près que possible de la batterie et à le commander à distance au moyen d'une transmission de mouvement.

Cette transmission peut être réalisée par chaînes de Galle ou par arbres et engrenages coniques (fig. 77). Une telle installation est un peu encombrante, mais elle est sûre et donne, en pratique, de bons résultats.

Cependant, quand la distance entre tableau et batterie est un peu considérable, il est préférable d'employer une commande électrique par moteur ou par solénoïde.

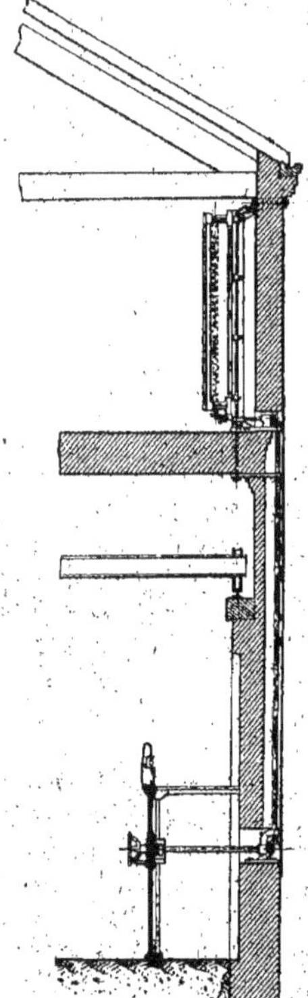

Fig. 77 — Coupe d'une station centrale montrant la disposition d'un réducteur commandé à distance par arbres et engrenages coniques.

La figure 78 représente un réducteur actionné par un moteur dont la commande s'effectue au moyen d'un interrupteur ou d'un bouton de contact placé sur le tableau. L'arrêt du moteur, dès que le curseur est en bonne position, c'est-à-dire lorsqu'il appuie sur un seul des plots de réduction, est obtenu par un dispositif automatique, qui coupe aussitôt le circuit du moteur et met son induit en court-circuit, ce qui détermine un freinage instantané qui arrête le moteur, ainsi que le frotteur du réducteur, exactement dans la position voulue. Pour chaque déplacement d'une touche, il faut, nécessairement, recommencer la manœuvre.

Le mouvement dans les deux sens est réalisé en inversant le courant dans l'induit du moteur au moyen d'un commutateur que l'on ferme dans l'une ou dans l'autre direction, suivant le sens dans lequel on veut faire avancer le frotteur.

Les réducteurs commandés par solénoïdes sont généralement du type circulaire (fig. 79). Ils sont manœuvrés à distance par une émission de courant envoyée dans un solénoïde au moyen d'un interrupteur spécial. Ce solénoïde, en attirant son armature, fait tourner, par l'intermédiaire d'un système d'encliquetage, l'arbre porte-balais du réducteur d'un angle correspondant à l'avancement d'une touche à chaque émission de courant. Le mécanisme comprend en réalité deux solénoïdes, l'un servant à faire tourner le curseur dans un sens, et l'autre en sens inverse. Une

Fig. 78. — Réducteur commandé à distance par moteur (Brandt et Fouilleret, constructeurs).

came polygonale et un ressort servent à assurer les positions du curseur
en face des plots actifs.

Lorsque les réducteurs sont commandés à distance, il est nécessaire que l'agent placé devant le tableau de distribution puisse, à tout instant, connaître le nombre d'éléments mis en circuit. A cet effet, le réducteur est complété par un répétiteur électrique spécial, qui donne, à chaque instant, la position occupée par le chariot porte-balais.

Fig. 79. — Réducteur commandé à distance par solénoïdes (Brandt et Fouilleret, constructeurs.)

Commande automatique des réducteurs. — Les réducteurs peuvent être aussi manœuvrés automatiquement par l'intermédiaire de l'indicateur de tension.

Le principe de cette commande automatique est très simple. Un solénoïde branché aux bornes de la batterie, fonctionnant par conséquent comme appareil de mesure de la tension, agit sur une armature qui, lorsque la tension varie, provoque, par un procédé quelconque, le déplacement du curseur d'une quantité suffisante pour compenser l'écart de tension. L'appareil doit comporter un dispositif spécial, pour obtenir l'arrêt du curseur, dès qu'il est en bonne position, c'est-à-dire lorsqu'il appuie sur un seul plot du réducteur.

Fig. 80. — Réducteur commandé par un régulateur de tension Thury.

La figure 80 représente un réducteur double dont le curseur de décharge est commandé par un régulateur Thury. Ce régulateur comprend un appareil de mesure, à course très réduite, et un mécanisme à déclic destiné à transmettre le mouvement au curseur. Les déplacements de celui-ci correspondent à la denture régulière de la roue dentée qu'entraînent les cliquets du régulateur ; ils se font donc toujours brusquement d'un plot à l'autre et le curseur ne reste jamais dans une position intermédiaire où il toucherait à la fois un plot inactif et un plot de réduction.

Le réducteur de charge est manœuvré à la main, à l'aide d'une manette, par l'agent chargé de la surveillance de la batterie. C'est lui qui est, en effet, le mieux placé pour juger de l'opportunité qu'il peut y avoir à modifier le nombre d'éléments en charge.

Réducteurs pour éléments auxiliaires. — Le réglage de la tension par éléments auxiliaires, dont nous avons indiqué précédemment le principe, exige l'emploi de réducteurs spéciaux permettant d'effectuer commodément les manœuvres assez complexes que ce mode de réglage nécessite.

Quand les éléments auxiliaires sont placés à l'extrémité de la batterie opposée à celle occupée par les éléments de réduction (fig. 81), il suffit, pour insérer et retirer ce groupe du circuit, de le connecter aux plots d'un réducteur auxiliaire dont le curseur est relié rigidement à celui du réducteur principal.

Ce dispositif présente l'avantage de permettre la charge des éléments auxiliaires en série avec la batterie, sans exiger de dispositions particulières. Par contre, il présente l'inconvénient de relier, à deux points voisins du tableau de distribution, les deux pôles de la batterie, ce qui nécessite de prévoir, pour les réducteurs, un isolement très sûr et exige de grandes précautions lors des nettoyages et des réparations. On y remédie en adoptant la solution indiquée sur la figure 82.

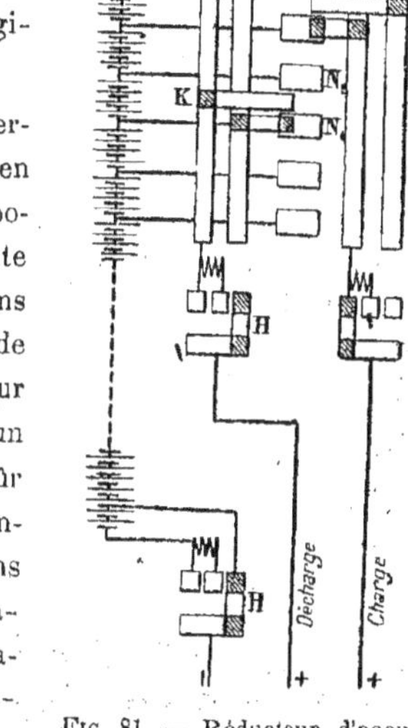

Fig. 81. — Réducteur d'accumulateurs avec éléments auxiliaires placés à l'extrémité de la batterie.

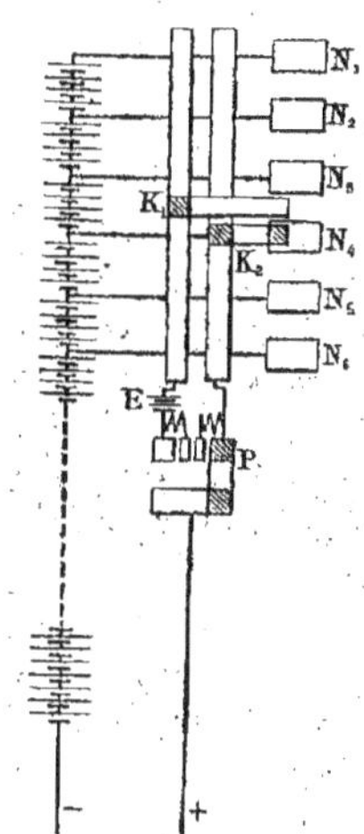

Fig. 82. — Réducteur d'accumulateurs avec élément auxiliaire séparé de la batterie.

Le groupe auxiliaire est séparé de la batterie principale et peut être relié au réseau par le frotteur K_1 du réducteur. Le pare-étincelle P produit, au moment voulu, la manœuvre désirable du groupe auxiliaire. Quand on utilise un réducteur double, on doit disposer, pour charger les éléments auxiliaires, un commutateur spécial dans le circuit de charge du réducteur. Ce dispositif, qui a été appliqué avec succès dans plusieurs installations importantes, permet d'obtenir un réglage convenable de la tension. Cependant, lorsqu'on veut obtenir un réglage très précis, il est préférable d'employer deux groupes d'éléments auxiliaires, qu'un commutateur permet d'introduire alternativement dans les circuits de charge et de décharge (fig. 83).

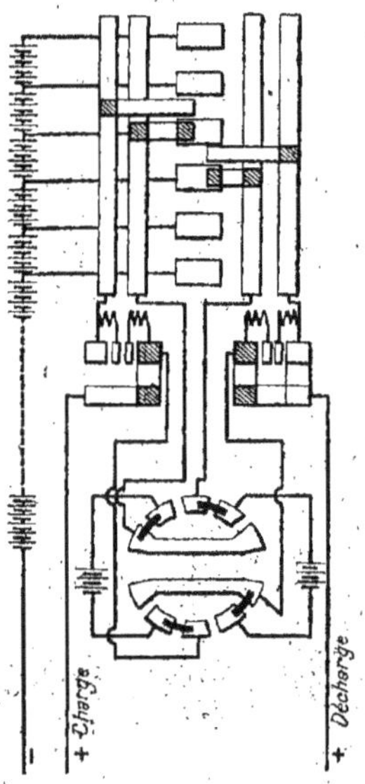

Dans certains cas, on utilise les éléments auxiliaires comme éléments d'opposition.

On peut aussi réaliser la mise en circuit d'un groupe de réduction en trois étapes successives. Mais le réducteur est notablement plus compliqué que les précédents. Par contre, l'économie que procure son emploi, par rapport à celui d'un réducteur ordinaire, n'est guère supérieure à l'économie qui résulte de l'emploi du système à deux étapes.

IV. — INSTALLATION DES CIRCUITS. TABLEAU DE DISTRIBUTION

Nous avons donné plus haut les schémas théoriques des différents montages employés pour réaliser la charge et la décharge des accumulateurs. Nous allons indiquer maintenant l'ensemble des dispositions adoptées, dans les installations industrielles, pour réaliser commodément les différentes manœuvres qu'exigent l'emploi des batteries.

Fig. 83. — Réducteur d'accumulateurs avec commutateur pour éléments auxiliaires.

Disposition générale des circuits. — Dans toute installation comportant une batterie d'accumulateurs, il y a lieu de distinguer trois circuits principaux :

1° Le circuit des génératrices;
2° Le circuit de la batterie;
3° Le circuit d'utilisation.

Ces circuits, constitués par des câbles de section suffisante et parfaitement isolés, sont établis à poste fixe. Ils aboutissent à un tableau de distribution installé dans la salle des machines et sur lequel se trouvent les organes de manœuvres, ainsi que les divers appareils de sécurité et de contrôle nécessaires à la conduite de l'installation. L'ensemble de l'appareillage est ainsi placé sous les yeux et à portée de la main de l'agent chargé du contrôle de l'usine, ce qui simplifie le travail de surveillance et permet d'effectuer, facilement et rapidement, toutes les manœuvres nécessaires, notamment celles qu'exigent la charge et la décharge de la batterie.

Les connexions du tableau de distribution doivent être disposées de manière à pouvoir réaliser, par de simples manœuvres d'interrupteurs, toutes les combinaisons de circuits que nécessitent les exigences du service. En particulier, il est essentiel que l'on puisse assurer :

1° La charge des accumulateurs ;

2° L'alimentation du circuit d'utilisation par les machines ou par les accumulateurs seuls ;

3° L'alimentation du circuit d'utilisation simultanément par les dynamos et par les accumulateurs.

Les dispositions, qui permettent de réaliser ces opérations, sont très variées. Comme nous le verrons plus loin, elles dépendent essentiellement des conditions imposées, dans chaque cas particulier, pour la charge et la décharge de la batterie. Mais elles comportent toujours un système de barres omnibus auxquelles on peut connecter ou déconnecter, suivant les besoins, les circuits de l'installation. Par ce moyen, on réduit au minimum les perturbations causées par la mise en service ou hors service des différents circuits. On assure ainsi leur indépendance dans les meilleures conditions.

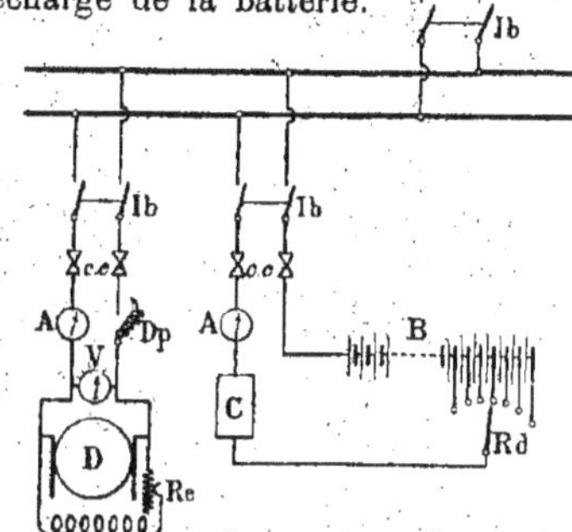

Fig. 84. — Disposition générale des circuits d'une installation comportant une batterie d'accumulateurs.

La figure 84 donne l'ensemble des connexions. Elle indique, en outre, les différents appareils qu'il est nécessaire d'intercaler dans chaque circuit. On remarque :

8

Sur le circuit d'une génératrice. — 1° Un coupe-circuit fusible *c.c* (ou un disjoncteur à maxima), destiné à couper automatiquement le courant si l'intensité vient à dépasser de beaucoup la valeur normale ;

2° Un ampèremètre A, permettant de contrôler à chaque instant l'intensité du courant fourni par la dynamo ;

3° Un voltmètre V, pour vérifier la tension de cette machine ;

4° Un disjoncteur à retour de courant D_p, interrompant le circuit dès que la tension de la dynamo devient inférieure à la force électromotrice de la batterie.

Sur le circuit de la batterie. — 1° Un réducteur R_d, destiné à mettre successivement dans le circuit un nombre convenable d'éléments ;

2° Un ampèremètre polarisé A à double graduation, donnant le sens de l'intensité du courant passant dans la batterie ;

3° Un compteur C totalisant les charges et les décharges successives et par suite faisant connaître, à chaque instant, l'état de charge de la batterie ;

4° Un coupe-circuit fusible *c.c* (ou un disjoncteur à maxima), empêchant qu'un courant exagéré ne détériore les accumulateurs.

Sur le circuit d'utilisation. — 1° Un ampèremètre enregistreur A ;

2° Un voltmètre différentiel V (ou un voltmètre ordinaire avec fils pilotes), donnant la tension à l'extrémité de la ligne d'alimentation ;

3° Un coupe-circuit fusible *c.c* (ou un disjoncteur à maxima), réglé pour jouer sous l'action d'un courant excédant de 30 p. 100 le maximum normal.

Il est bon de compléter l'installation en branchant sur les barres de distribution les appareils accessoires suivants :

1° Un indicateur de tension signalant, par une sonnerie et l'allumage de lampes de couleur, tout écart important de tension ;

2° Un voltmètre enregistreur permettant de contrôler le travail de l'électricien chargé du réglage de la tension ;

3° Un indicateur de terre faisant connaître, par l'éclat relatif de lampes, l'état d'isolement du réseau par rapport à la terre.

Tableau de distribution. — Tous les appareils dont nous venons de faire mention doivent être groupés sur un tableau de distribution.

Celui-ci est généralement constitué par plusieurs panneaux en marbre montés sur une charpente métallique. Les appareils sont placés sur la face avant; les barres de distribution et les conducteurs nécessaires sont fixés sur la face postérieure du tableau.

Généralement, ce tableau prend appui contre un mur. Il faut alors avoir la précaution de laisser un couloir de largeur suffisante entre ce mur et le tableau pour permettre la visite et la réparation des appareils et des connexions.

Quelquefois le tableau est surélevé au-dessus du sol. Il est alors desservi par une passerelle sur laquelle se tient l'électricien de service. Cette disposition est particulièrement avantageuse dans le cas des centrales importantes, parce qu'elle permet à l'électricien de voir l'ensemble de la salle des machines.

Disposition des appareils sur le tableau de distribution. — Les appareils doivent être placés sur le tableau de façon à répondre aux besoins et à faciliter les manœuvres de l'électricien.

Tous les appareils manœuvrés à la main (interrupteurs, commutateurs, réducteurs, etc.), sont situés de façon que leur poignée ou volant de commande se trouve à une hauteur de 1 m. à 1,20 m. Cette distance du sol est très convenable pour la manœuvre, mais elle constitue la hauteur minimum à adopter.

Autant que possible, on évite de placer les appareils de mesure à plus de 1,80 m. Avec une hauteur plus forte, la lecture devient incertaine. Souvent, immédiatement au-dessus de ces appareils, on dispose une lampe avec ou sans réflecteur. Celle-ci ajoute un certain cachet au panneau et est, en même temps, utile pour la lecture.

Les fusibles s'installent généralement à la partie inférieure du tableau. Au contraire, les disjoncteurs se placent toujours à la partie supérieure. Jamais il ne doit être installé d'appareils au-dessus d'eux. En effet, par suite de violents courts-circuits, des arcs intenses peuvent prendre naissance et devenir désastreux pour les appareils supérieurs.

Les manettes des rhéostats du tableau sont à la hauteur de l'interrupteur. Le rhéostat lui-même est placé derrière, soit sur le sol, soit sur un châssis propre. Sa commande peut être effectuée par l'intermédiaire de pignons et de chaînes.

Disposition des panneaux d'un tableau de distribution. — Chaque panneau de distribution doit avoir un rôle déterminé unique. Par conséquent, la batterie, chaque génératrice, chaque départ, aura son panneau.

Dans les installations importantes, on dispose aussi, généralement, un panneau pour le contrôle général et un autre pour les services intérieurs de l'usine.

Les panneaux desservant des circuits de même espèce voisinent, et cela dans l'ordre suivant : génératrices, batterie, contrôle, service de l'usine, départs.

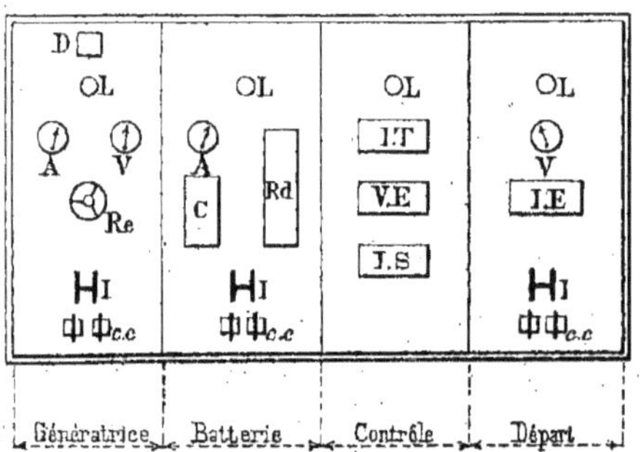

Fig. 85. — Disposition des appareils sur le tableau de distribution.

Les panneaux sont tous de même hauteur. On leur donne également, autant que possible, la même largeur, du moins à ceux de même catégorie. Il est utile d'indiquer par des plaques portant des mentions convenables, la nature des circuits desservis. La figure 85 représente le tableau de distribution correspondant au schéma d'installation que nous avons donné précédemment comme exemple.

A gauche, se trouve le panneau de la génératrice. Sur ce panneau on remarque : un disjoncteur à inversion D, une lampe L, un ampèremètre A, un voltmètre V, un rhéostat d'excitation R_e, un interrupteur double I, un coupe-circuit bipolaire c.c.

Sur le deuxième panneau, relatif à la batterie, se trouvent : une lampe L, un réducteur R_d, un ampèremètre à double graduation A, un compteur C, un interrupteur double I, un coupe-circuit bipolaire c.c.

Sur le troisième panneau, affecté au contrôle de l'installation, on a disposé : une lampe L, un indicateur de tension IT, un voltmètre enregistreur VE, un indicateur de terre I S.

Le panneau de départ, placé à droite, comprend : une lampe L, un voltmètre V, un ampèremètre enregistreur IE, un interrupteur double I, un coupe-circuit bipolaire *c.c.*

V. EXEMPLES D'INSTALLATIONS

Nous avons déjà dit que l'adoption de batteries d'accumulateurs dans les stations génératrices donnait lieu à des combinaisons de circuits très différentes suivant les conditions imposées pour la charge et la décharge de ces batteries. Sans entrer dans tous les détails que comportent ces installations, nous allons indiquer, à titre d'exemples, l'ensemble des connexions qu'il convient d'établir dans les principaux cas qui se rencontrent en pratique, pour pouvoir réaliser les conditions de marche que nous avons précédemment indiquées.

1er *Exemple.* — **Usine centrale avec batterie et génératrices à tension variable.** — La fig. 86 présente le schéma de l'installation. Les machines génératrices peuvent être branchées, soit sur le réseau (barres I,II), soit sur la batterie (barres II,III), au moyen d'un interrupteur inverseur I_c. Ces ma-

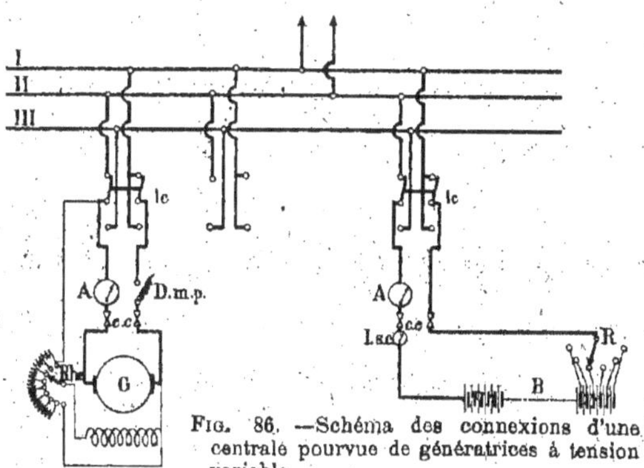

FIG. 86. —Schéma des connexions d'une centrale pourvue de génératrices à tension variable.

G Génératrice. — B Batterie. — A Ampèremètre. — V Voltmètre. — I_c Interrupteur-inverseur. — *c.c* Coupe-circuit. — D*mp* Disjoncteur à minima polarisé. — *Isc* Indicateur de sens de courant. — R Réducteur.

chines sont protégées contre les surintensités par un jeu de fusibles et contre tout retour de courant de la batterie par un disjoncteur à minima polarisé D_{mp}. Le réglage de la tension se fait par la simple manœuvre du rhéostat d'excitation R_{he}.

La batterie peut être reliée aux barres de charge ou aux barres de décharge au moyen d'un interrupteur-inverseur semblable à ceux des génératrices. Elle est pourvue d'un réducteur simple, ce qui suppose qu'il n'est pas nécessaire d'alimenter le réseau aux heures de charge de la batterie. Dans le cas contraire, on placerait un réducteur double (fig. 87) de façon à pouvoir alimenter le réseau par la batterie pendant la charge de cette dernière.

L'installation doit être complétée par les appareils de mesure et de contrôle indiqués sur le schéma.

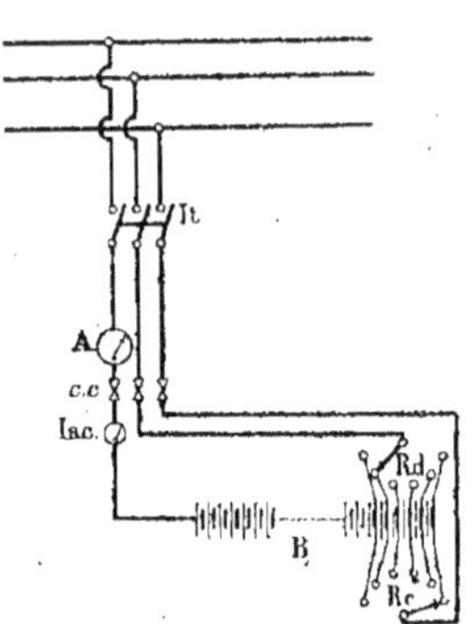

Fig. 87. — Variante de montage. Le réseau peut être alimenté par la batterie pendant la charge de cette dernière.

2° Exemple. — **Usine centrale avec génératrice à tension constante et batterie divisée en deux sections pour la charge.** — La figure 88, montre

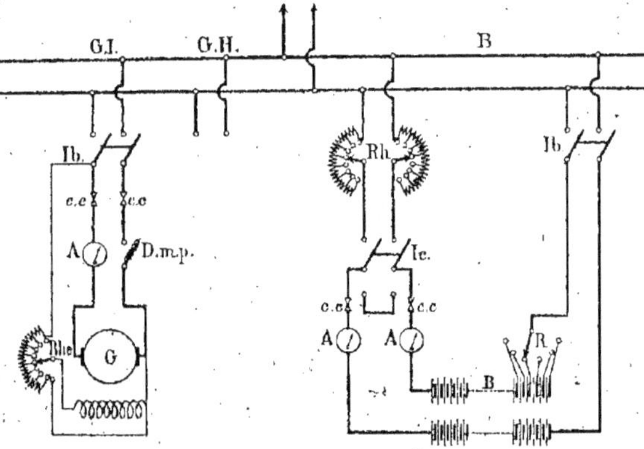

Fig. 88. — Schéma des connexions d'une centrale pourvue de génératrices à tension constante. Batterie divisée en deux sections pour la charge.

G₁ Génératrice n° 1. — G₂ Génératrice n° 2. — B Batterie. — A Ampèremètre. — V Voltmètre. — c.c Coupe-circuit. — Ib Interrupteur bipolaire. — Ic Interrupteur-inverseur. — Rhe Rhéostat d'excitation. — Rh Rhéostat de réglage. — R Réducteur.

la disposition de la batterie divisée en deux sections, comprenant chacune la moitié des éléments, placées dans deux circuits distincts, en dérivation sur les barres omnibus. Chacun de ces circuits comporte un rhéostat destiné au réglage de l'intensité de charge. Pour l'alimentation du réseau par la batterie, l'interrupteur-inverseur I_c est placé sur les plots inférieurs, les deux parties de la batterie sont alors connectées en série et les rhéostats sont hors-circuit. Un réducteur simple suffit pour la charge et la décharge de la batterie, puisque celle-ci ne peut assurer aucun service pendant sa charge.

Ce dispositif permet d'utiliser une génératrice à tension constante qui, tout en assurant la charge de la batterie, peut alimenter le réseau. Mais il peut arriver que la puissance de cette machine ne soit pas suffisante pour permettre la charge simultanée des deux demi-batteries. On peut alors charger celles-ci successivement en

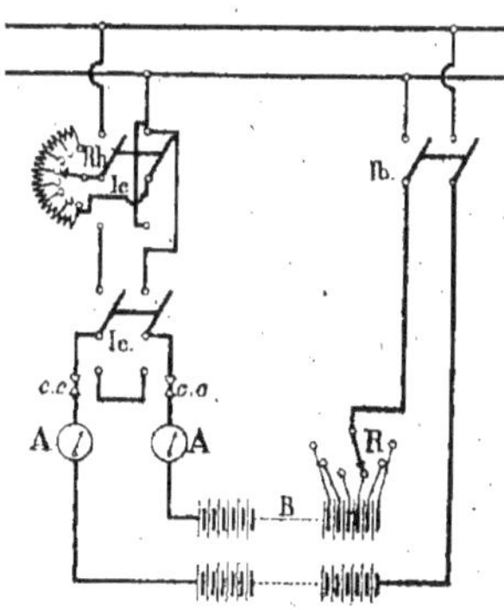

Fig. 89. — Variante de montage. Les deux parties de la batterie peuvent être chargées successivement.

adoptant le schéma de la figure 89, où il n'est prévu qu'un seul rhéostat de charge qui peut être introduit dans le circuit de l'une ou de l'autre partie de la batterie. La manœuvre est alors un peu plus compliquée puisqu'il faut agir sur deux interrupteurs-inverseurs, l'un mettant, comme dans le cas précédent, la batterie dans la position de charge ou de décharge et l'autre introduisant le rhéostat dans le circuit de la demi-batterie qui doit être chargée.

3° Exemple. — **Usine centrale avec génératrices à tension constante et batterie avec survolteur pour la charge.** — La figure 90 donne la vue d'ensemble des dispositions adoptées. La génératrice shunt G maintient la tension constante aux barres de distribution. Le survolteur S, monté en série avec la génératrice dans le circuit de charge de la batterie, produit l'accroissement de tension nécessaire pour charger complètement les accumulateurs. Ce survolteur est actionné par un moteur électrique et son excitation est alimentée à tension constante, de façon à faciliter le réglage du courant de charge. L'interrupteur commandant le survolteur est tripolaire ; il agit en même temps sur le circuit du moteur

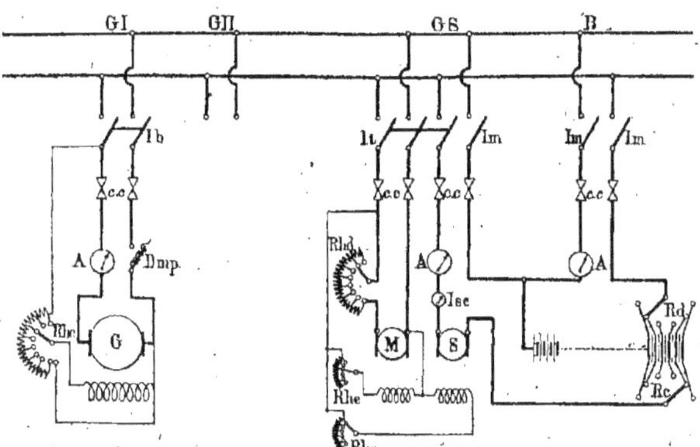

Fıg. 90. — Schéma des connexions d'une centrale pourvue de génératrices à tension constante. La charge de la batterie se fait avec un survolteur.

(G$_1$ Génératrice n° 1. — G$_2$ Génératrice n° 2. — GS Groupe survolteur. — M Moteur du survolteur. — S Survolteur. — B Batterie. — A Ampèremètre. — V Voltmètre. — Rhd Rhéostat de démarrage. — Rhe Rhéostat d'excitation. — c.c Coupe-circuit. — Im Interrupteur monopolaire. — Ib Interrupteur bipolaire. — It Interrupteur tripolaire. — Isc Indicateur de sens de courant. — Dmp Disjoncteur à minima polarisé. — Rd Réducteur de décharge. — Re Réducteur de charge).

et sur celui du survolteur. Par ce moyen, on évite que le survolteur ne reste en circuit quand le moteur est arrêté.

Un réducteur double permet d'effectuer simultanément la charge et la décharge de la batterie.

4ᵉ *exemple*. — Usine centrale avec génératrices à tension constante et batterie avec survolteur-dévolteur. — Le montage est analogue au précédent, à cela près toutefois que les éléments de réduction n'étant plus nécessaires, le réducteur peut-être supprimé. Le survolteur fournit l'appoint de tension nécessaire pendant la décharge. Cette machine peut être à excitation shunt ou auto-excitatrice (voir survolteurs-dévolteurs pour batteries-tampon), ce qui assure le réglage automatique de la tension aux bornes du survolteur.

5ᵉ exemple. — **Usine centrale alimentant une distribution à trois fils.** — Le schéma de la figure 91 donne l'ensemble des connexions d'une installation à trois fils comprenant deux génératrices shunt, un groupe compensateur et une batterie avec survolteur pour la charge.

La batterie est prévue pour alimenter simultanément les deux ponts.

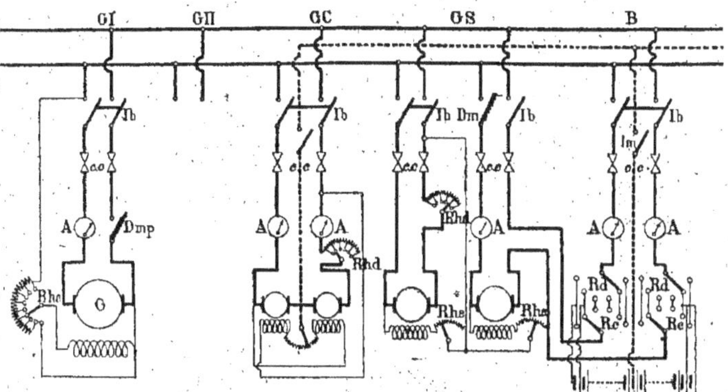

Fig. 91. — Schéma des connexions d'une centrale alimentant une distribution à trois fils.

(G₁ Génératrice nº 1. — G₂ Génératrice nº 2. — GC Groupe compensateur. — GS Groupe survolteur. — B Batterie. — A Ampèremètre. — V Voltmètre. — Rhd Rhéostat de démarrage. — Rhe Rhéostat d'excitation. — c.c Coupe-circuit. — Im Interrupteur monopolaire. — Ib Interrupteur bipolaire. — Dm Disjoncteur à minima. — Dmp Disjoncteur à minima polarisé. — Rd Réducteur de décharge. — Rc Réducteur de charge).

Pour la charge, le fil neutre n'entre pas en jeu. La batterie est alors branchée en série avec le survolteur entre les fils extrêmes, comme le montre le schéma.

Ce survolteur est, généralement, entraîné par un moteur électrique branché sur les extrêmes. Cependant, dans certaines installations, il est monté sur l'arbre du groupe compensateur ; il est alors entraîné par celle des deux machines qui fonctionnent en moteur ou par les deux en même temps si la charge est également répartie sur les ponts.

VI. EMPLOI DES BATTERIES DANS LES INSTALLATIONS A COURANTS ALTERNATIFS

Emploi des accumulateurs dans les usines génératrices. — Dans une usine génératrice à courants alternatifs, une batterie d'accumulateurs, disposée en parallèle avec les excitatrices, permet d'assurer le service d'excitation en cas d'arrêt de ces machines. Branchée aux barres des services auxiliaires (éclairage de l'usine, moteurs de pompes, ponts roulants, ateliers, etc.), elle peut assurer la marche de ces services en cas d'avarie aux groupes générateurs.

La charge de la batterie se fait alors au moyen d'une machine shunt à tension variable ou d'un survolteur. Un réducteur doit être placé dans le circuit de décharge.

Emploi des accumulateurs dans les sous-stations de transformation. — Dans les sous-stations transformant le courant alternatif en courant continu, une batterie d'accumulateurs offre les mêmes avantages que dans les installations ordinaires à courant continu. La batterie donne une plus grande sécurité de marche au secteur et fournit l'appoint pendant les heures de surcharge du réseau (1). Elle permet, en outre, d'interrompre périodiquement l'alimentation de la sous-station, et d'assurer ainsi, dans de bonnes conditions, l'entretien des lignes à haute tension.

Si la sous-station ne fait que transformer le courant alternatif haute tension en courant alternatif basse tension, la batterie peut trouver son emploi pour parer aux arrêts de courte durée et assurer la continuité du service lorsqu'une interruption peut avoir de graves inconvénients (éclairage public, tramways, éclairage et service des gares, éclairage de salles de réunion publique). La batterie d'accumulateurs donne un secours immédiat, ce qui ne peut être obtenu avec une usine à vapeur de réserve, à moins de maintenir celle-ci constamment sous pression et même en marche à vide, ce qui est extrêmement coûteux en personnel et en combustible.

---

(1) La charge de la batterie peut se faire aux heures de faible consommation du réseau alternatif. Il y a là une forme intéressante de l'utilisation du courant de nuit.

La batterie est, dans ce cas, raccordée au réseau alternatif par l'intermédiaire d'un groupe réversible (moteur synchrone-dynamo shunt). Le groupe étant en marche, il suffit d'agir sur l'excitation de la génératrice pour faire charger ou décharger la batterie. En augmentant l'excitation, la batterie se charge ; en la diminuant, la batterie se décharge dans la dynamo qui marche alors en moteur et entraîne le moteur synchrone qui fonctionne, dans ce cas, en alternateur.

Pour que l'intervention de la batterie se fasse automatiquement, il suffit que le réglage de l'excitation de la dynamo soit commandé automatiquement par le courant de la ligne à haute tension. A cet effet, on peut faire usage de relais

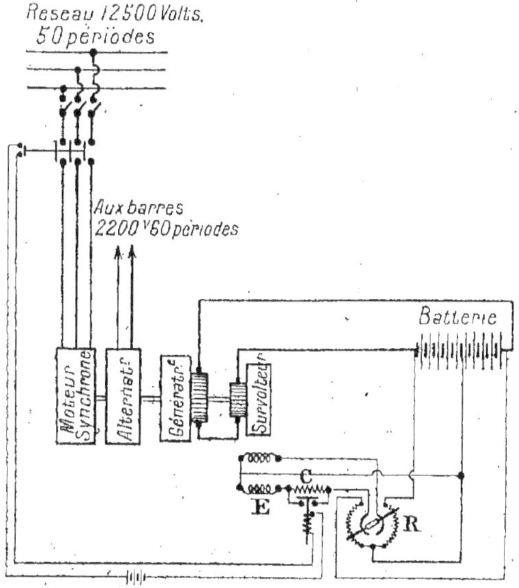

Fig. 92. — Utilisation d'une batterie d'accumulateurs
sur un réseau à courant alternatif.

commandé par le courant alternatif principal et agissant sur la commande d'un rhéostat intercalé dans le circuit d'excitation de la dynamo, cette excitation étant prise aux bornes de la batterie.

Comme exemple d'une installation de ce genre, nous citerons l'usine de Porchefontaine qui assure, dans la ville de Versailles, l'alimentation d'un réseau d'éclairage et de force motrice à courant alternatif monophasé (2.200 volts, 60 périodes). Cette sous-station, qui reçoit l'énergie d'un réseau aérien triphasé sous la tension de 12.500 volts, possède trois groupes transformateurs (moteur synchrone-alternateur monophasé). Pour assurer, en toute sécurité, le service de lumière et de force motrice et mettre le réseau de distribution à l'abri des arrêts, assez fréquents sur le réseau primaire aérien, chacun des groupes transformateurs a été accouplé, directement, avec un groupe de secours constitué par une génératrice à courant continu et un survolteur monté sur le même arbre (fig. 92). Ces deux dernières machines sont connectées en série et branchées aux bornes d'une batterie d'accumulateurs. Le survolteur est muni d'une excitation différentielle E, dont les enroulements sont branchés sur deux rhéostats potentiométriques R, conjugués et agissant en sens inverse. En marche normale, c'est-à-dire quand le moteur synchrone entraîne le groupe, l'excitation du survolteur est réglée de façon que la force électromotrice développée dans la génératrice et le survolteur équilibre exactement la force électromotrice de la batterie. Dans ces conditions, la batterie ne produit ni ne reçoit aucun courant.

Si l'alimentation du moteur synchrone vient à faire défaut ou si ce moteur décroche, une résistance additive C, insérée dans l'un des deux enroulements d'excitation du survolteur, se trouve court-circuitée par l'intermédiaire d'un relai que commande l'interrupteur du moteur synchrone.

La suppression de cette résistance établit, dans l'excitation différentielle, le déséquilibre nécessaire pour rendre la dynamo motrice.

Il est intéressant de noter qu'une résistance unique, convenablement choisie, suffit à maintenir, dans tous les cas, la vitesse normale à 3 p. 100 près, de sorte qu'après le rétablissement du courant à haute tension, on peut accrocher à nouveau, sans difficulté, le moteur synchrone sur le réseau.

Le dispositif des deux rhéostats potentiométriques, conjugués et agissant en sens contraire, permet de régler la force électromotrice du survolteur à une valeur de sens quelconque, d'une façon parfaitement continue, sans qu'il soit nécessaire d'interrompre, ni d'inverser le courant d'excitation.

Notons enfin que le survolteur est à deux collecteurs, normalement en parallèle, mais que l'on peut mettre en série pour charger à fond la batterie.

CHAPITRE VII

Batteries-Tampon.

Les accumulateurs sont souvent employés comme appareils de régu -
lation dans les usines où les machines sont soumises à des à-coups trop
subits pour qu'il soit possible de les compenser par un réglage à la main

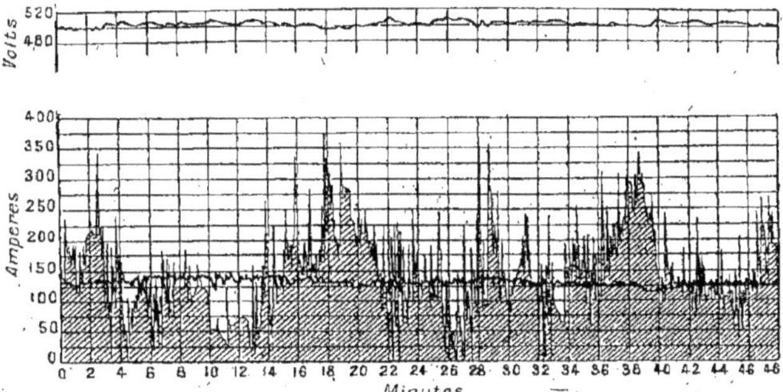

FIG. 93. — Courbes de débit d'une usine génératrice alimentant
un réseau de traction.

C'est principalement le cas des centrales qui alimentent un réseau de
traction. On sait, en effet, qu'un tel réseau subit, à de courts intervalles,
des variations très importantes de débit que provoquent les démarrages
et tous les changements de régime des voitures. Reportées sur les seules
génératrices, ces variations irrégulières se traduiraient par des conditions
de fonctionnement défectueuses et surtout par une marche peu économique
des moteurs thermiques.

L'adjonction d'une batterie, montée en parallèle avec les génératrices, permet de réduire considérablement l'amplitude de ces variations. Cette batterie peut, en effet, moyennant certains artifices de montage que nous verrons dans la suite, absorber l'excès d'énergie disponible quand la demande de puissance est faible et débiter, au contraire, le surplus de courant nécessaire lorsque le circuit d'utilisation exige une charge supérieure à celle que peuvent fournir les génératrices. La batterie supporte ainsi, automatiquement, tous les à-coups positifs et négatifs et rend presque constant le débit des génératrices. De plus, son action régulatrice se fait sentir également sur la tension du réseau qui devient sensiblement constante, comme le montre, d'une manière particulièrement nette, le graphique de la figure 93.

La batterie, ainsi employée en parallèle d'une manière permanente avec les dynamos et assurant une marche sensiblement régulière à celles-ci et au réseau une tension pratiquement constante, est désignée sous le nom de *batterie-volant* ou *batterie-tampon*.

Avantages économiques de l'emploi d'une batterie-tampon. — Dans une installation à charge variable, l'emploi d'une batterie-tampon procure les avantages économiques suivants :

1° Possibilité de calculer les machines pour le débit moyen et non pour le débit maximum. L'économie, réalisée de ce chef sur les dynamos, machines à vapeur, chaudières, etc., compense, en général très largement, le prix d'achat de la batterie.

2° Économie de combustible (suffisante, dans bien des cas à elle seule, pour compenser les frais annuels d'amortissement et d'entretien de la batterie et de ses accessoires).

3° Diminution du temps de marche des machines par l'alimentation directe du réseau par la batterie pendant les heures de faible consommation.

4° Diminution de l'usure des machines par suite d'une plus grande uniformité de la charge.

5° Sécurité d'exploitation plus grande, la batterie pouvant assurer seule le service lors d'un accident de machines.

Notons enfin qu'une batterie-tampon permet de tirer le meilleur parti d'un contrat forfaitaire avec une société fournissant l'énergie.

Principe du fonctionnement d'une batterie-tampon considérée comme régulateur de débit. — Soit une batterie B, disposée en parallèle avec une dynamo shunt G, entraînée par un moteur tournant à vitesse constante (fig. 94). Désignons par E_b la force électromotrice de la batterie, que nous supposerons provisoirement constante.

En réglant convenablement l'excitation de la génératrice, on peut faire en sorte que, pour la charge moyenne I_o (intensité de base), la tension U de cette machine soit égale à la force électromotrice E_b de la batterie (fig. 95).

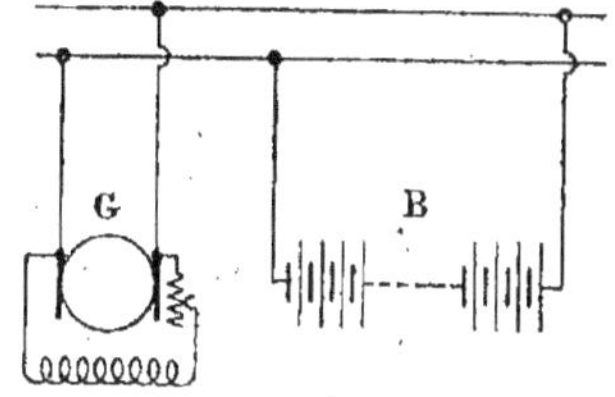

Fig. 94. — Batterie-tampon.

Cette condition étant réalisée, trois cas peuvent se présenter suivant la valeur de l'intensité I_e du courant exigé par le circuit extérieur.

1er cas. — $I_e < I_o$. La tension aux bornes de la génératrice est plus grande que la force électromotrice de la batterie ; celle-ci se charge et on a

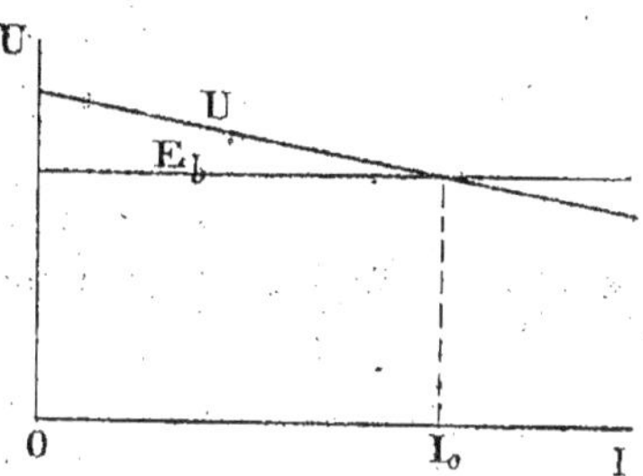

Fig. 95. — Principe du fonctionnement d'une batterie-tampon mise en parallèle avec une dynamo shunt.

$$I_b = \frac{U - E_b}{R_b},$$

et

$$I_e = I_g - I_b.$$

2me cas. — $I_e = I_o$. Il y a égalité entre la force électromotrice de la batterie et la tension aux bornes, on a donc

$$I_b = 0,$$
$$I_e = I_g = I_o.$$

3me cas. — $I_e > I_o$. La tension aux bornes de la dynamo devient plus faible que la force électromotrice de la batterie ; celle-ci débite alors un courant

$$I_b = \frac{E_b - U}{R_b} = -\frac{U - E_b}{R_b},$$

et on a

$$I_e = I_g + I_b.$$

On voit que le courant de la batterie, qui est nul pour l'intensité moyenne I_o, s'ajoute au courant fourni par la génératrice ou s'en retranche, suivant que le courant exigé par le réseau est supérieur ou inférieur à l'intensité de base I_o. La charge de la machine se trouve, de ce fait, sensiblement uniformisée, toutes les fluctuations du débit étant amorties par les accumuleurs placés en dérivation.

Remarque. — L'examen des formules précédentes montre qu'en considérant comme positifs les courants de décharge et comme négatifs les courants de charge, on a, d'une façon générale :

$$I_b = \frac{E_b - U}{R_b},$$

$$I_e = I_g + I_b.$$

Caractéristiques d'une batterie d'accumulateurs. — La relation

$$U = E_b - R_b I_b,$$

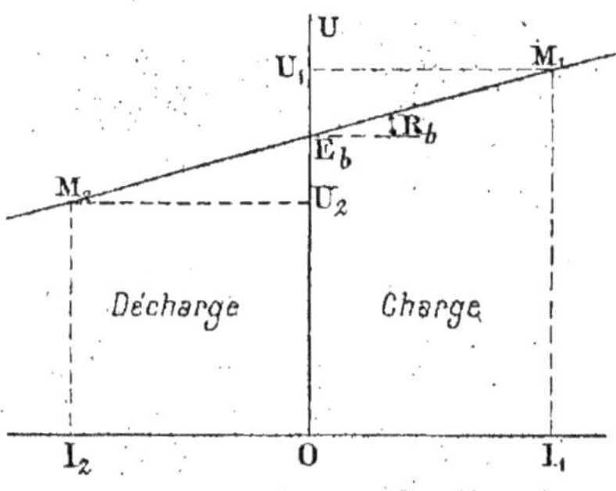

Fig. 96. — Caractéristique d'une batterie d'accumulateurs.

qui lie la différence de potentiel aux bornes d'une batterie à l'intensité du courant qui traverse cette batterie, peut se représenter, comme dans le cas des machines dynamos, par une courbe que l'on peut appeler la caractéristique de la batterie considérée.

Si l'on suppose que la résistance R_b est indépendante de l'intensité I_b, la courbe représentant l'équation précédente sera une droite ayant pour coefficient angulaire R_b et pour ordonnée à l'origine E_b (fig. 96). La partie de cette droite située à droite de l'axe des ordonnées se rapporte à la charge, et la partie à gauche à la décharge. Cette caractéristique indique que pour une différence de potentiel égale à U_1 (point M_1) la batterie se charge avec une intensité égale à I_1 et que, pour la différence de potentiel U_2 (point M_2), elle se décharge à l'intensité I_2.

Répartition de la charge entre la dynamo et la batterie. — Traçons sur le même graphique la caractéristique de la dynamo (D) et celle de la batterie (B), ces deux caractéristiques étant rapportées aux points de connexions aux barres du tableau (fig. 97). En considérant, sur ces caractéristiques, les points qui correspondent à la même tension U, on obtiendra, en abscisses, les courants débités, sous cette tension, par chaque générateur.

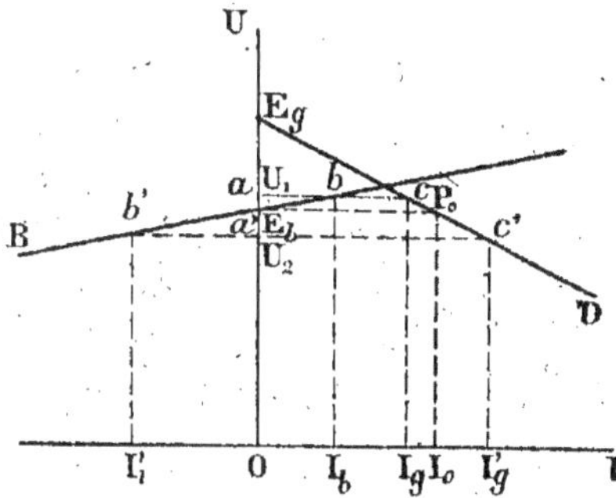

Fig. 97. Répartition de la charge entre la dynamo et la batterie-tampon.

On voit que, pour la différence de potentiel $U = E_b$, la dynamo débite le courant I_o entièrement utilisé dans le circuit extérieur, la batterie étant au repos. Pour une tension plus grande $(U > E_b)$, la batterie se charge (pour la tension U_1, la génératrice débite un courant $I_g = ac$, dont une partie $ab = I_b$ charge la batterie et l'autre partie bc est absorbée par le réseau). Pour une tension plus faible que E_b $(U_2 < E_b)$, la batterie débite concurremment avec la dynamo $(I'_g = a'c'$ et $I'_b = a'b'$ s'ajoutent pour constituer le courant extérieur).

Coefficient d'irrégularité. — Supposons que le courant demandé par le réseau soit I_c $(I_c > I_o$, par exemple). Ce courant sera fourni, en partie par la dynamo $(I_g = OA)$ et en partie par la batterie $(I_b = OB)$ (fig. 98). Si la demande du réseau vient à s'accroître momentanément de ΔI_c, le courant de la génératrice augmentera de ΔI_g et celui de la batterie de ΔI_b et l'on aura

$$R_g \, \Delta I_g = R_b \, \Delta I_b \, ,$$

et comme

$$\Delta I_c = \Delta I_g + \Delta I_b \, ,$$

on en déduit

$$\frac{\Delta I_g}{\Delta I_c} = \frac{R_b}{R_g + R_b} = \frac{1}{1 + \dfrac{R_g}{R_b}} \, .$$

Ce rapport, qui fixe le tantième pour lequel la dynamo est appelée à participer aux variations de la demande du réseau, porte le nom de *coefficient d'irrégularité.*

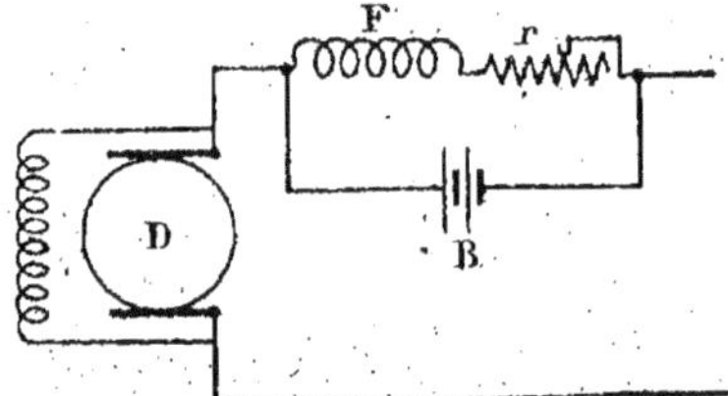

Fig. 98. Détermination du coefficient d'irrégularité.

Le fonctionnement de la batterie-tampon est d'autant plus parfait que ce coefficient est plus petit. On voit immédiatement que cette condition exige que R_g soit grand (caractéristique de la dynamo fortement inclinée) et R_i petit (caractéristique de la batterie presque horizontale).

Remarque I. — La nécessité d'avoir une caractéristique de machine dynamo fortement tombante exclut la possibilité d'employer, avec une batterie-tampon, des génératrices autres que les dynamos shunt. Avec une dynamo compound $(R_g = 0)$ on aurait $\dfrac{\Delta I_g}{\Delta I_e} = 1$, c'est-à-dire que toutes les variations du courant du réseau seraient supportées entièrement par la génératrice. La batterie ne participerait pas, dans ce cas, aux à-coups (1).

---

(1) On peut modifier favorablement les conditions de marche d'une batterie-tampon en présence de dynamos compound en donnant à ces dernières une caractéristique tombante par l'artifice suivant : L'enroulement gros fil F est mis en série avec un rhéostat r, réglé de telle sorte qu'une batterie B à faible tension (2 à 4 volts), placée en parallèle avec l'enroulement, ne se charge ni ne se décharge pour l'intensité normale.

Si le courant augmente, le produit $(F + r)\, I_g$ devient plus grand que la force électromotrice de la batterie qui se charge. Si le courant diminue, $(F + r)\, I_g$ devient, au contraire, plus petit que la force électromotrice de la batterie et celle-ci se décharge.

Le graphique de la figure ci-contre met en évidence l'effet régulateur des éléments B. On voit, en effet, qu'à la droite OA, représentant la chute de tension dans l'enrou-

Remarque II. — Les batteries-tampon, sont, le plus souvent, placées à l'usine génératrice. Cependant, si l'usine est éloignée des centres de grande consommation, il est souvent intéressant de placer la batterie à ces centres mêmes. En procédant ainsi, on substitue à la caractéristique peu. tombante de la génératrice, celle beaucoup plus inclinée de l'ensemble dynamo-feeder, ce qui augmente l'action régulatrice de la batterie (1).

Caractéristiques de l'ensemble dynamo-batterie. — Éliminons entre les équations

$$U = E_b - R_b I_b, \quad (1)$$

$$U = E_g - R_g I_g, \quad (2)$$

$$I_c = I_b + I_g, \quad (3)$$

les intensités I_b et I_g ; on obtient

$$U = - \frac{R_g R_b}{R_g + R_b} I_c + \frac{E_b R_g + E_g R_b}{R_g + R_b} \cdot \quad (4)$$

Cette équation nous montre que la caractéristique $U(I_e)$ est une droite moins inclinée que la caractéristique de la génératrice.

---

lement série, on substitue, en mettant la batterie de caractéristique BC en parallèle avec cet enroulement, la droite DE qui est beaucoup moins inclinée sur l'horizontale.

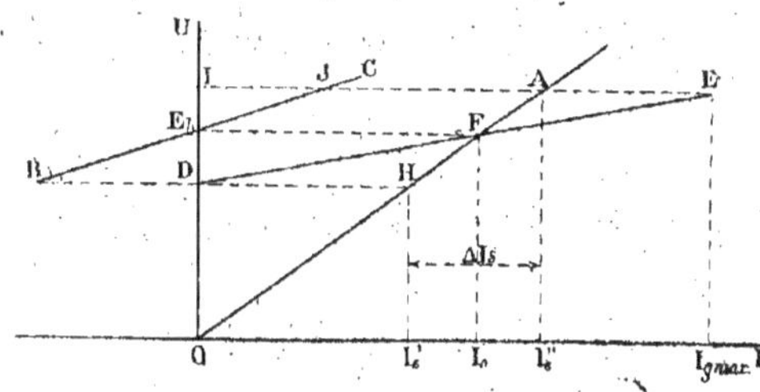

Dans ces conditions, lorsque l'intensité I_g passe de zéro à sa valeur maxima, le courant d'excitation I_s ne varie qu'entre les valeurs très voisines I'_s et I''_s.

On peut donc considérer le courant passant dans l'enroulement série de la génératrice comme pratiquement constant et l'excitation complémentaire égale à la valeur qu'elle doit posséder pour le courant normal. La caractéristique de la machine reste donc semblable à celle d'une machine shunt; elle se trouve simplement exhaussée de la tension correspondant aux ampères-tours série.

(1) Il y a lieu de remarquer également qu'en disposant les accumulateurs aux centres de distribution, les feeders du réseau peuvent avoir une section moindre, puisqu'ils n'ont pas à supporter les fortes surcharges du réseau, une partie de celles-ci étant fournie directement par les accumulateurs.

La présence d'une batterie-tampon a donc pour effet de diminuer la chute de tension qui se produit aux barres, quand la charge passe de zéro à la valeur maxima.

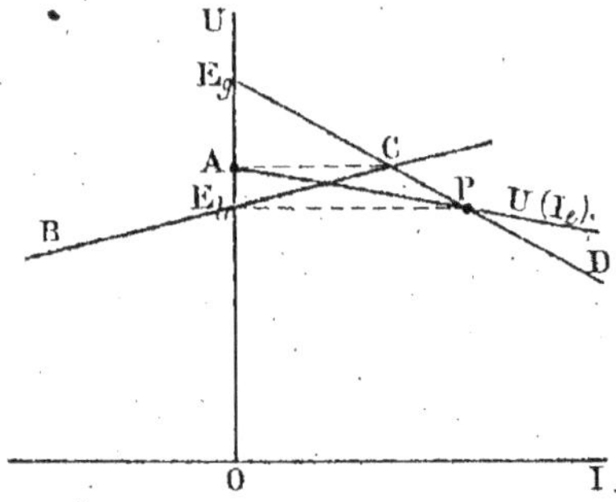

FIG. 99. — Détermination de la caractéristique de l'ensemble dynamo-batterie.

Remarque. — On peut déterminer très facilement la position de la caractéristique U (I_e) en remarquant que cette caractéristique passe par le point A de l'axe OU (fig. 99) de même ordonnée que le point C (intersection de la caractéristique de la dynamo avec celle de la batterie) et par le point P d'ordonnée $U = E_b$ de la caractéristique de la dynamo.

Coefficient de régulation. — Une variation ΔI_e du courant demandé par le réseau provoque une variation de tension

$$\Delta U = - \frac{R_g R_b}{R_g + R_b} \Delta I_e \, ;$$

soit une variation relative

$$\frac{\Delta U}{\Delta I_e} = - \frac{R_g R_b}{R_g + R_b} \cdot \quad (5)$$

En l'absence de la batterie (R_b infini), on aurait

$$\frac{\Delta U}{\Delta I_e} = - R_g \cdot$$

valeur évidemment plus grande, la résistance d'une batterie d'accumulateurs étant d'un ordre de grandeur beaucoup plus faible que celui de la résistance intérieure d'une dynamo.

Influence d'une variation de la f. e. m. de la batterie ou de la dynamo sur la caractéristique $U(I_e)$.—On remarquera sur l'équation (4) qu'une modification de la f. e. m. de la batterie ou de la dynamo modifie l'ordonnée à l'origine de la caractéristique.

Il s'ensuit que la caractéristique $U(I_e)$ se déplace parallèlement à elle-même quand E_g ou E_b varient (fig. 100).

En différentiant l'équation (4), on obtient facilement le déplacement correspondant à une variation de

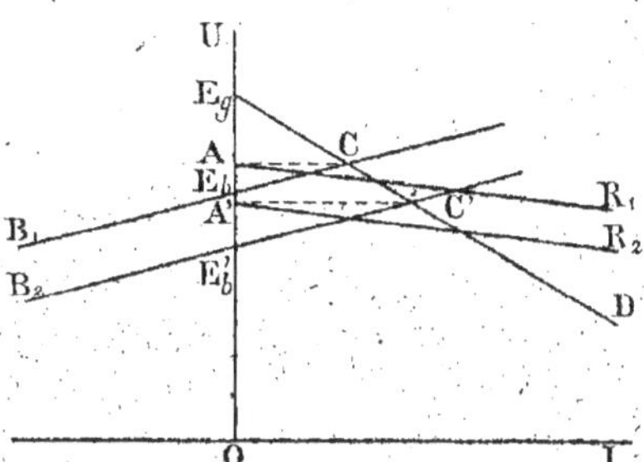

Fig. 100. — Influence d'une variation de la f. e. m. de la batterie sur la caractéristique $U(I_e)$.

force électromotrice déterminée. On a

$$\Delta U = \frac{R_g}{R_g + R_b}\,\Delta E_b\,, \qquad \Delta U = \frac{R_b}{R_g + R_b}\,\Delta E_g.$$

Comme, en général, R_g est plus grand que R_b, une variation de force électromotrice d'amplitude déterminée, produira, sur la tension aux barres du tableau, un effet plus accentué quand cette variation de force électromotrice se produira sur la batterie.

Coefficient d'instabilité. — Une faible variation de la force électromotrice de la batterie ou de la génératrice est susceptible de provoquer une modification très appréciable des conditions de fonctionnement de l'ensemble.

Supposons, par exemple, que la force électromotrice de la batterie augmente de la quantité ΔE_b. La caractéristique de la batterie passe, de ce fait, de la position B_1 à la position B_2 (fig. 101). Le courant I_{g1}, débité par la dynamo, diminue de ΔI_g, tandis que le courant I_{b1}, débité par la batterie, augmente de ΔI_b. L'intensité du courant pris par le réseau n'ayant pas changé, on a :

$$\Delta I_g = -\Delta I_b.$$

Or, dans le triangle AFC, on a :

$$\Delta I_b (R_g + R_b) = \Delta E_{b_r}$$

il s'ensuit que

$$\frac{\Delta I_g}{\Delta E_g} = -\frac{1}{R + R_b} \quad (6)$$

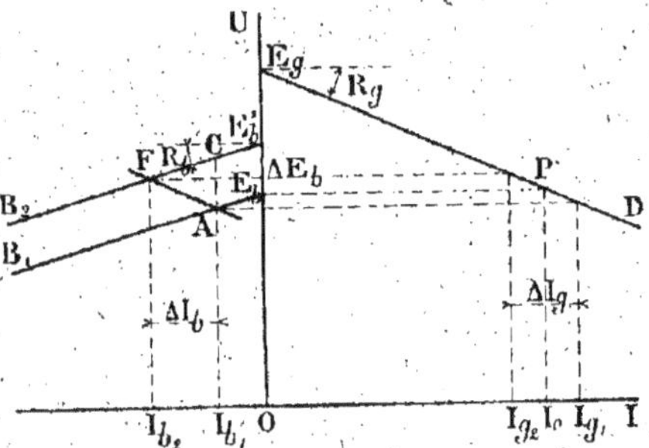

Fig. 101. — Influence d'une variation de la f. e. m. de la batterie sur l'intensité du courant débité par la génératrice.

Cette relation montre que la variation relative du courant débité par la génératrice est d'autant plus faible, que la caractérisque externe de la dynamo est plus tombante.

En considérant une variation de la force électromotrice de la machine dynamo (variation qui pourrait être provoquée par une modification de la vitesse de rotation de la machine), on trouverait de la même façon,

$$\frac{\Delta I_g}{\Delta E} = \frac{1}{R_g + R_b} \quad (6 \, bis)$$

Déplacement de la caractéristique de la batterie. — Nous avons vu (1) que la force électromotrice d'un accumulateur, mis alternativement en charge et en décharge à de courts intervalles, varie par suite des modifications de l'acidité de l'électrolyte imprégnant les pores de la matière active. Ces variations, qui sont d'autant plus accentuées que l'intensité du courant de charge et de décharge est plus considérable, se traduisent graphiquement par un déplacement de la caractéristique de la batterie. Cette caractéristique s'élève, tout en restant parrallèle à elle-même (résistance R inchangée), quand la batterie se charge ; elle s'abaisse quand elle se décharge. Si l'on connaît la courbe $E_b(t)$ au régime de charge ou de

____
(1) Voir page 84.

décharge considéré, il est facile de déterminer, à chaque instant, la
position de la caractéristique de la batterie. La figure ci-contre (fig. 102)
indique cette déter-
mination dans le
cas d'une décharge.

**Répartition
d'un à-coup entre
la génératrice et
la batterie.** —
Soient D la carac-
téristique de la dy-
namo et B_0 de la
batterie-tampon (fig. 103). Supposons qu'avant l'à-coup la charge du

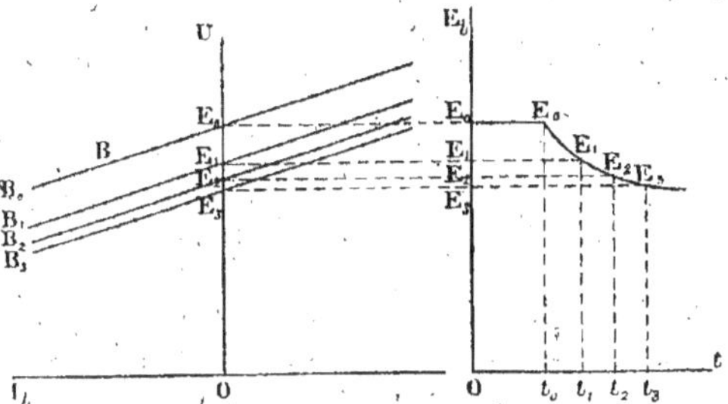

Fig. 102. — Déplacement de la caractéristique de la
batterie pendant une décharge.

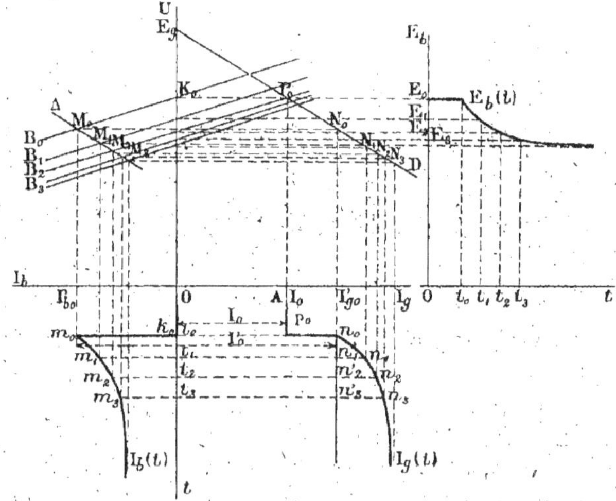

Fig. 103. — Détermination des courbes I_g (t) et I_b (t) (cas d'une décharge).

réseau soit égale à la valeur moyenne I_0. Tout le courant est alors fourni
par la génératrice et la batterie est, par suite, inactive. Ce régime est

défini par les points P_0 et K_0 des caractéristiques D et B_0. A l'instant t_0, substituons brusquement le régime $I_c = I_0'$ au régime $I_c = I_0$. Les points figuratifs se déplacent sur les caractéristiques D et B_0 et viennent en N_0 et M_0. La dynamo fournit alors le courant I'_{g0} et la batterie le courant I'_{b0}.

Mais cette répartition ne subsiste que pendant quelques instants. Dès que la batterie débite, sa force électromotrice diminue et sa caractéristique occupe successivement les positions B_1, B_2, B_3... Si la charge du réseau reste constante, le point figuratif du régime de la dynamo passe en N_1, N_2, N_3..., et le point figuratif du régime de la batterie en M_1, M_2, M_3... Ces derniers points sont évidemment situés sur la parallèle Δ menée par le point M_0 à la caractéristique de la dynamo.

En relevant sur le graphique l'intensité des courants respectivement fournis par la dynamo et par la batterie aux instants t_0, t_1, t_2, t_3... etc., on obtient facilement les courbes I_g (t) (soit $A p_0 n_0 n_1 n_2 n_3$...), et I_b (t) (soit $O k_0 m_0 m_1 m_2 m_3$...).

Ces courbes montrent que la surcharge du réseau, qui est d'abord largement supportée par la batterie, affecte de plus en plus la dynamo si elle se maintient pendant un certain temps.

Influence du coefficient d'irrégularité et du coefficient d'instabilité sur le régime de la dynamo. — Le coefficient d'irrégularité caractérise la surcharge de la dynamo à l'instant où se produit l'à-coup. On déduit des courbes I_g (t) et I_b (t)

$$\frac{\Delta I_g}{\Delta I_c} = \frac{p_0 n_0}{p_0 n_0 + k_0 m_0}.$$

Si le coefficient d'irrégularité était nul, on aurait $p_0 n_0 = 0$ et l'à-coup serait entièrement supporté par la batterie. Cette condition nécessiterait que la caractéristique de la batterie fût horizontale.

Le coefficient d'instabilité tient compte de l'influence d'une variation de la force électromotrice de la batterie sur le courant débité par la dynamo. Il a donc pour expression :

$$\frac{\Delta I_g}{\Delta E_b} = \frac{n'_1 n_1}{E_0 - E_1} = \frac{n'_2 n_2}{E_0 - E_2} = \frac{n'_3 n_3}{E_0 - E_3}.$$

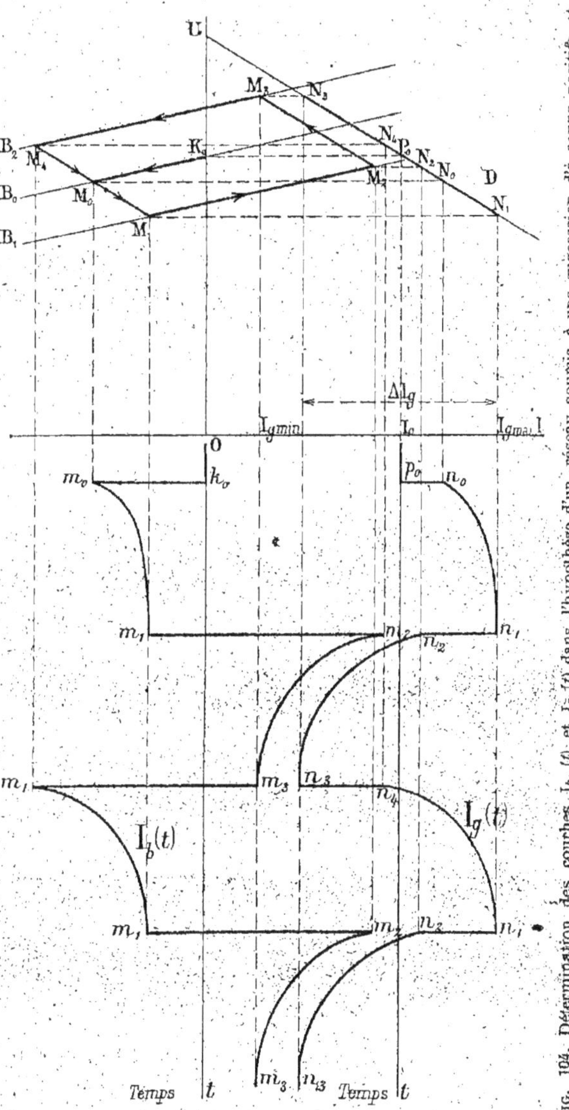

Fig. 104. Détermination des courbes $I_b(t)$ et $I_g(t)$ dans l'hypothèse d'un réseau soumis à une succession d'à-coups positifs et négatifs ($\pm \Delta I_c$). (Cas d'une batterie-tampon fonctionnant sans survolteur).

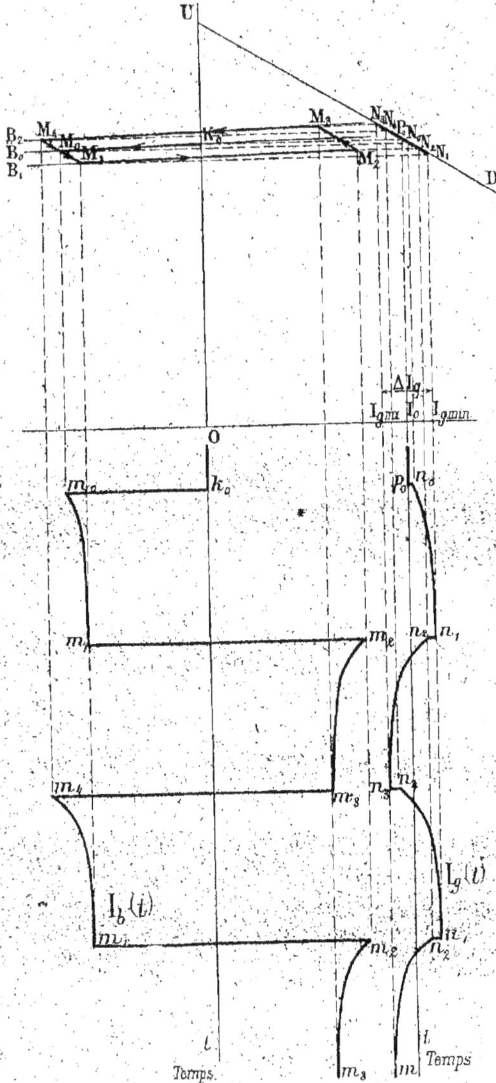

Fig. 105. Détermination des courbes $I_b(t)$ et $I_g(t)$ dans l'hypothèse d'un réseau soumis à une succession d'à-coups positifs et négatifs $\pm \Delta'e$. (Cas d'une batterie-tampon fonctionnant avec survolteur.)

Avec un coefficient d'instabilité nul, le courant débité par la dynamo serait indépendant des variations de la force électromotrice de la batterie. Ce courant resterait donc constant pendant toute la durée de la surcharge et la courbe I (t) se confondrait avec la droite $n'_1\ n'_2\ n'_2\ n'_3$.

Amélioration des conditions de marche d'une batterie-tampon par l'emploi d'un survolteur-dévolteur automatique. — Les deux conditions

$$\frac{\Delta I_g}{\Delta I_c} = 0 \quad \text{et} \quad \frac{\Delta I_g}{\Delta E_b} = 0,$$

qui définissent, théoriquement, la marche parfaite d'une batterie-tampon, ne peuvent être réalisées en pratique, même en adoptant des éléments de grandes dimensions.

Il faut adjoindre à la batterie un *survolteur-dévolteur automatique* combiné de façon à compenser :

1° la chute de tension due à la résistance de la batterie ;

2° les variations de la force électromotrice de la batterie.

Ceci revient à remplacer, dans nos graphiques, la caractéristique de la batterie par la caractéristique de l'ensemble batterie-survolteur, qui est moins inclinée et dont la position est moins modifiée par les variations de la force électromotrice de la batterie.

La comparaison des courbes I_g (t) des figures 104 et 105 montre les avantages de cette substitution.

CHAPITRE VIII

Fonctionnement des batteries-tampon combinées avec des survolteurs-dévolteurs automatiques

Nous avons vu que pour qu'une batterie-tampon remplisse exactement la fonction qui lui est confiée, il faudrait qu'elle n'eût pas de résistance intérieure et que sa force électromotrice fût constante.

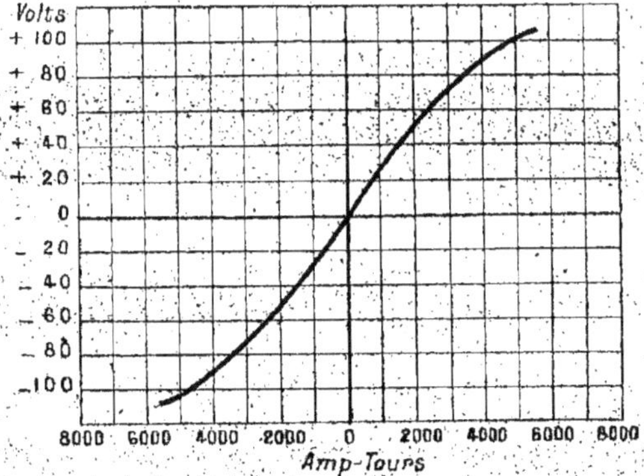

Fig. 106. Caractéristique U (AT) d'un survolteur-dévolteur pour batterie-tampon.

Ces conditions ne sont pas réalisables en pratique. On adjoint donc à la batterie un survolteur-dévolteur qui compense automatiquement toute variation de tension de la batterie. L'ensemble batterie et survolteur joue ainsi le rôle d'une source parfaite.

Il est bien évident que le survolteur ne peut assurer une bonne compensation à toutes charges que s'il fonctionne dans la partie rectiligne de sa caractéristique (fig. 106).

En désignant par U la tension produite et par I le courant inducteur, on peut donc toujours écrire

$$U = KI.$$

K est la constante du survolteur.

A. SURVOLTEURS A EXCITATION SERIE

Le circuit d'excitation d'un survolteur série peut être inséré :
1° dans le circuit de la batterie;
2° dans le circuit extérieur;
3° dans le circuit de la génératrice.

Nous allons étudier le fonctionnement du survolteur dans chacun de ces trois cas.

1° Survolteur série-batterie.

L'induit et l'inducteur du survolteur sont placés dans le circuit de la batterie comme l'indique la figure 107.

L'inducteur du survolteur est parcouru par le courant de charge ou de décharge dé la batterie et la f. e. m. engendrée dans l'induit ne dépend, par suite, que de la grandeur et du sens de ce courant. Cette f. e. m., nulle pour la charge moyenne du réseau ($I_b = 0$), devient d'autant plus grande que l'intensité du courant de la batterie est plus considérable; elle s'ajoute à la f. e. m. de la batterie pour une charge plus grande que I_o (décharge de la batterie) et s'en retranche pour une charge plus faible (charge de la batterie).

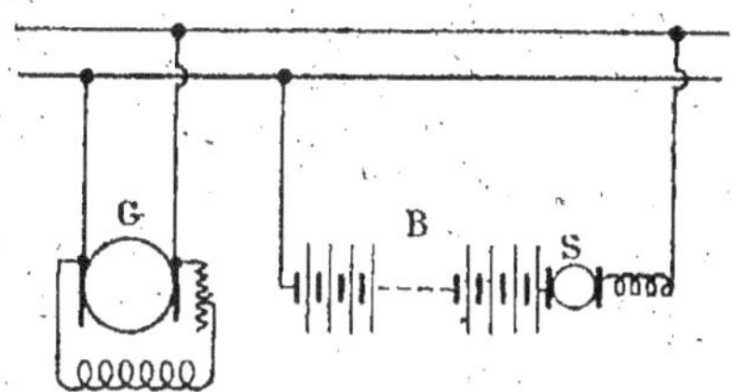

Fig. 107. — Batterie-tampon avec survolteur série-batterie.

Caractéristique du groupe batterie-survolteur. — La tension aux bornes de la batterie est donnée par la relation

$$U = E_b - R_b I_b + K_4 I_b,$$
$$= E_b - (R_b - K_4) I_b. \quad (7)$$

K_4 désignant la constante du survolteur.

On voit que la caractéristique du groupe batterie-survolteur est une droite (BS) ayant même ordonnée à l'origine que la caractéristique (B) de la batterie et moins inclinée que cette dernière sur l'axe des intensités (fig. 108).

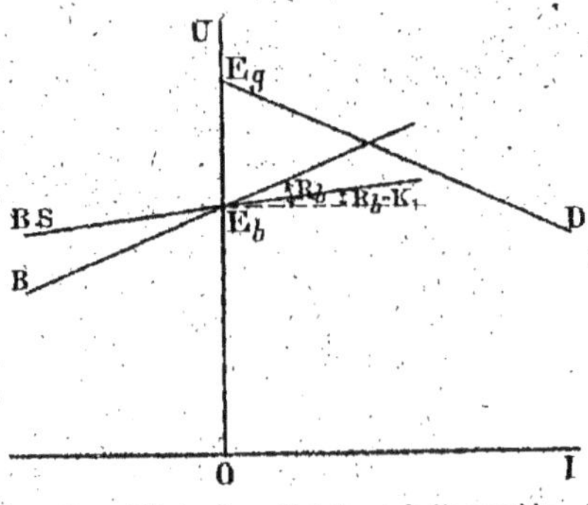

Fig. 108. — Caractéristique de l'ensemble batterie-survolteur.

Le survolteur série-batterie a donc pour seule action de réduire l'effet de la résistance de la batterie. Tout se passe comme si la batterie avait une résistante fictive $R_b - K_4$.

Intensité de base. — Des équations

$$U = E_b - (R_b - K_4) I_b,$$
$$U = E_g - R_g I_g, \quad (8)$$

on déduit, pour $I_b = 0$

$$U = E_b \quad \text{et} \quad I_g = \frac{E_g - E_b}{R_g} = I_o$$

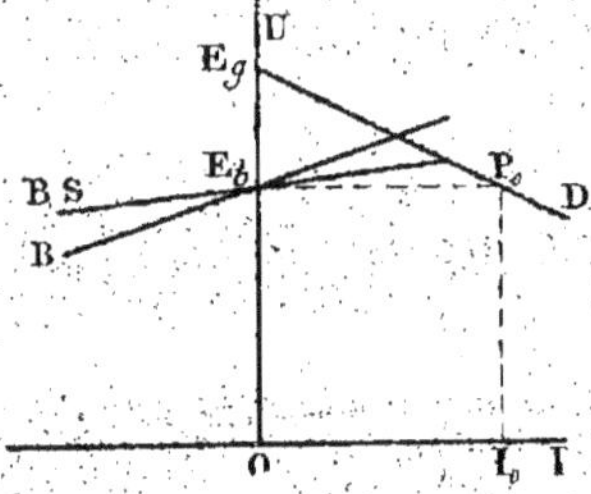

Fig. 109. — Intensité de base obtenue avec un survolteur série-batterie.

L'intensité de base I_o a donc même valeur que s'il n'y avait pas de survolteur (fig. 109).

Ce résultat pouvait être prévu puisque le survolteur est inactif pour $I_b = 0$.

Variation de l'intensité de base. — Une variation ΔE_b de la f. e. m. de la batterie entraîne une variation ΔI_0 du courant de base, telle que

$$\frac{\Delta I_0}{\Delta E_b} = -\frac{1}{R_g}.$$

De même, à une variation ΔE_g de la f. e. m. de la génératrice correspond une variation ΔI_0 du courant de base défini par

$$\frac{\Delta I_0}{\Delta E_g} = \frac{1}{R_g}.$$

Ces résultats sont identiques à ceux que l'on obtiendrait avec une batterie-tampon fonctionnant sans survolteur.

Coefficients d'instabilité. — Formons le rapport $\dfrac{\Delta I_g}{\Delta E_b}$. En différentiant les équations (7) et (8), il vient

$$\Delta U = \Delta E_b - (R_b - K_1)\,\Delta I_b,$$
$$\Delta U = - R_g \,\Delta I_g.$$

D'où

$$- R_g \,\Delta I_g = \Delta E_b - (R_b - K_1)\,\Delta I_b.$$

Et comme

$$\Delta I_g = - \Delta I_b,$$

puisque le courant du réseau est supposé constant, on obtient

$$\frac{\Delta I_g}{\Delta E_b} = \frac{-1}{R_b + R_g - K_1} \cdot \quad (9)$$

On trouverait, de même, pour coefficient d'instabilité relatif à la dynamo

$$\frac{\Delta I}{\Delta E_g} = \frac{1}{R_b + R_g - K_1} \cdot \quad (9\,bis)$$

Ces relations montrent que la présence d'un survolteur série-batterie rend la stabilité plus précaire, c'est-à-dire qu'à une variation déterminée de la f. e. m. correspond une variation du courant de la dynamo plus importante que lorsque la batterie fonctionne sans survolteur.

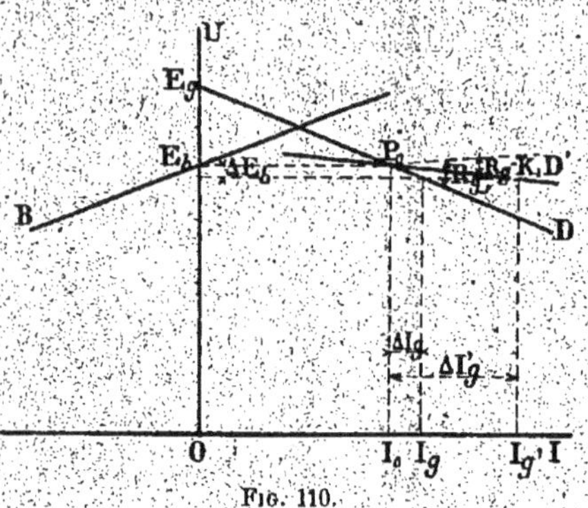

Fig. 110.

Tout se passe, en effet, au point de vue de la stabilité, comme si l'on substituait à la caractéristique réelle D de la dynamo, une caractéristique fictive D' d'inclinaison $R_g - K_1$ (fig 110).

Coefficient d'irrégularité. — En supposant que l'intensité du courant fourni au réseau varie de ΔI_e, les courants de la génératrice et de la batterie varient respectivement de ΔI_g et de ΔI_b.

On aura donc, en différentiant les équations (8) et (9).

$$\Delta U = - (R_b - K_1) \Delta I_b,$$

$$\Delta U = - R_g \Delta I_g.$$

d'où

$$- R_g \Delta I_g = - R_b \Delta I_b + K_1 \Delta I_g.$$

Et comme

$$\Delta I_e = \Delta I_g + \Delta I_b,$$

on en déduit

$$\frac{\Delta I_g}{\Delta I_e} = \frac{R_b - K_1}{R_g + R_b - K_1}, \qquad (10)$$

Cette expression, rapprochée de celle obtenue pour une batterie sans survolteur, établit que les variations du courant de la dynamo sont réduites par l'emploi d'un survolteur série-batterie.

Coefficient de régulation. — En éliminant, entre les équations précédentes, les quantités ΔI_b et ΔI_g, on obtient

$$\frac{\Delta U}{\Delta I_e} = -\frac{R_g (R - K_1)}{R_g + R_b - K_1}. \quad (11)$$

Ce coefficient est plus petit que celui que nous avons obtenu dans le cas de la batterie simple. Il s'ensuit que la régulation de la tension est sensiblement améliorée.

2° **Survolteur série-réseau.**

L'enroulement inducteur de ce survolteur est dans le circuit du réseau (fig. 111). La f. e. m. du survolteur est proportionnelle à l'intensité du courant pris par le réseau et toujours opposée à celle de la génératrice ; elle tend, par suite, à décharger la batterie. Quand l'intensité extérieure est faible, la batterie peut se charger ; elle se décharge au contraire quand, l'intensité extérieure augmentant, le survolteur élève la tension du circuit de la batterie.

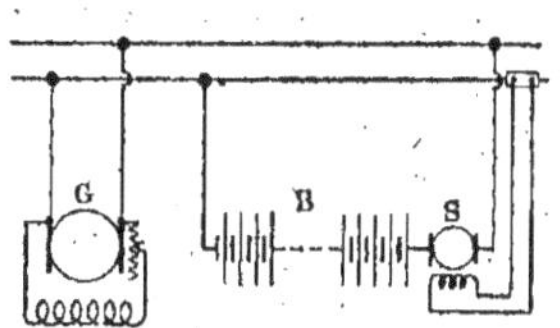

Fig. 111. — Batterie-tampon avec survolteur série-réseau.

Caractéristique du groupe batterie-survolteur. — En désignant par K_2 la constante du survolteur, nous pouvons écrire les relations

$$U = E_b - R_b I_b + K_2 I_e, \quad (12)$$

$$U = E_g - R_g I_g, \quad (13)$$

$$I_e = I_b + I_g. \quad (14)$$

En éliminant I_g et I_e entre ces équations, on obtient

$$U = - \frac{R_g\,(R_b - K_2)}{R_g + K_2}\,I_b + \frac{E_b\,R_g + E_g\,K_2}{R_g + K_2} \; . \quad (15)$$

Cette équation représente la caractéristique du groupe batterie-survolteur. On reconnaît facilement que cette caractéristique passe par le point A, intersection de la caractéristique de la dynamo avec la caractéristique de la batterie (fig. 112). Le survolteur est, en effet, inactif en ce point puisque le courant du réseau est nul, le courant de la génératrice étant absorbé en totalité par la batterie.

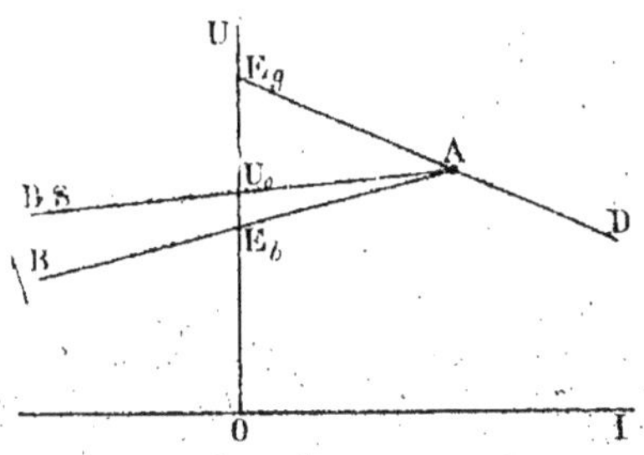

Fig. 112. — Caractéristique de la batterie avec survolteur série-réseau.

Il convient, en outre, de remarquer que la caractéristique du groupe batterie-survolteur est moins inclinée sur l'axe des intensités que la caractéristique de la batterie puisque le coefficient angulaire de la première caractéristique a pour valeur

$$- \frac{R_g\,(R_b - K_2)}{R_g + K_2} = R_b - \frac{R_g + R}{1 + \dfrac{R_g}{K_2}} \; .$$

En augmentant la constante K_2, on diminue l'inclinaison de la caractéristique du groupe batterie-survolteur qui pivote autour du point A. Cette caractéristique devient horizontale pour

$$K_2 = R_b.$$

La constante K_2 est donc limitée, comme pour le survolteur série réseau, à la valeur, relativement faible, de la résistance de la batterie.

On peut cependant remarquer que, pour toutes les valeurs de K_2 différentes de R_b, l'inclinaison de la caractéristique B S est plus petite que celle que l'on obtiendrait avec un survolteur série-batterie de même constante. Il s'ensuit que pour avoir une inclinaison de caractéristique déterminée, il suffira d'une constante K_2 plus petite, dans le cas d'un survolteur série-réseau, que dans celui d'un survolteur série-batterie.

Intensité de base. — Faisons dans les équations (12), (13) et (14).

$$I_b = 0, \quad I_\varrho = I_o.$$

On en déduit

$$I_o = \frac{E_\varrho - E_b}{R_g + K_2} \quad (15)$$

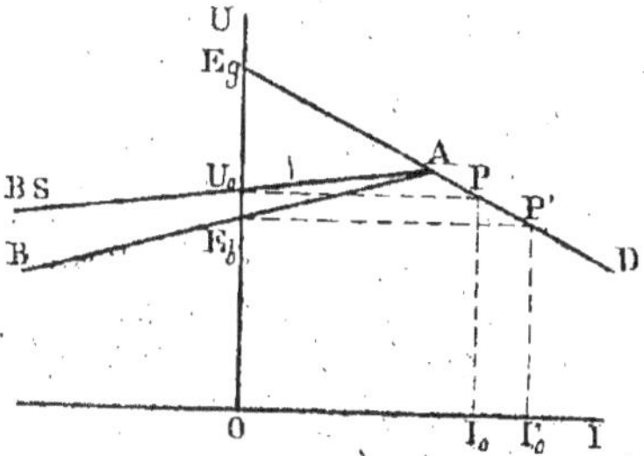

Fig. 113. — Intensité de base obtenue avec un survolteur série-réseau.

L'intensité de base est donc plus faible que dans le cas d'une batterie sans survolteur.

La figure 113 rend bien compte de ce résultat.

Variation de l'intensité de base. — En différentiant l'expression précédente, il vient

$$\Delta I_o = \frac{\Delta E_\varrho}{R_g + K_2},$$

$$\Delta I_o = \frac{-\Delta E_b}{R_g + K_2},$$

d'où

$$\frac{\Delta I_o}{\Delta E_\varrho} = \frac{1}{R_g + K_2},$$

$$\frac{\Delta I_o}{\Delta E_b} = \frac{-1}{R_g + K_2}.$$

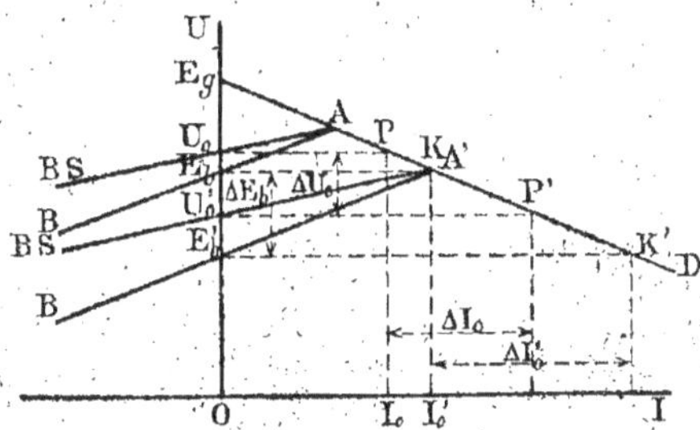

Fig. 114. — Influence d'un survolteur série-réseau sur les variations de l'intensité de base.

On voit que les variations de l'intensité de base sont sensiblement diminuées par l'action du survolteur série-réseau. Cette propriété est mise nettement en évidence sur la figure 114.

Force électromotrice du survolteur pour la charge moyenne du réseau. — Pour $I_b = 0$, l'équation de la caractéristique $U(I_b)$ donne

$$U_o = \frac{E_b\,R_g + E_g\,K_2}{R_g + K_2} = E_b + K_2\,\frac{E_g - E_b}{R_g + K_2}.$$

D'où

$$U_o - E_b = K_2\,\frac{E_g - E_b}{R_g + K_2}.$$

C'est la valeur de la force électromotrice engendrée dans le survolteur pour la puissance moyenne du réseau.

Détermination de la constante K_2. — De la relation précédente, on tire

$$K_2 = \frac{U_o - E_b}{\dfrac{E_g - U_o}{R_g}}.$$

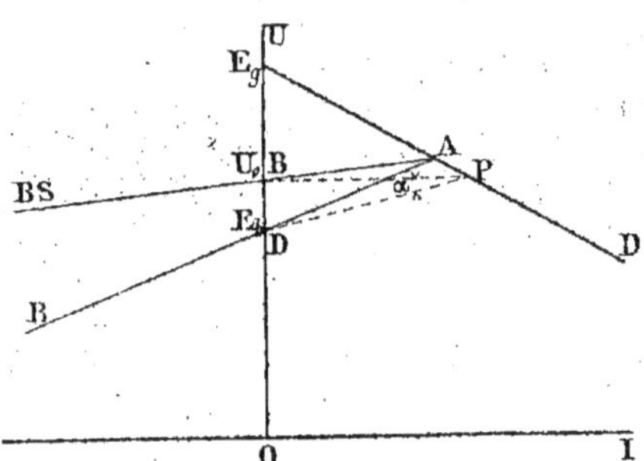

Fig. 115. — Détermination de la constante K_2.

En remarquant que, sur la figure 115, on a

$$U_o - E_b = BD$$

et

$$\frac{E_g - U_o}{R_g} = BP$$

on en déduit

$$K_2 = \frac{BD}{BP} = tg\,\alpha.$$

Coefficients d'instabilité. — En différentiant les équations (12) (13) et (14) (I_c étant supposé constant), il vient

$$\frac{\Delta I_g}{\Delta E_b} = \frac{-1}{R_g + R_b}, \quad (16) \qquad \frac{\Delta I_g}{\Delta E_g} = \frac{1}{R_g + R_b}. \quad (16\,bis)$$

La stabilité n'est donc pas améliorée par l'adjonction d'un survolteur série-réseau. Ce résultat pouvait d'ailleurs être prévu à priori, le survolteur série-réseau n'étant actif qu'autant que le courant I_e varie. Or, dans le cas considéré, nous supposons ce courant constant.

En pratique, la stabilité sera médiocre et le courant débité par la génératrice sera fortement influencé par les variations de la f. e. m. de la batterie, sauf cependant si R_g est grand (cas d'une génératrice à caractéristique très inclinée).

Coefficient d'irrégularité. — Formons le rapport $\dfrac{\Delta I_g}{\Delta I_e}$. En différentiant les équations (12), (13) et (14), il vient

$$\frac{\Delta I_g}{\Delta I_e} = \frac{R_b - K_2}{R_g + R_b}, \quad (17)$$

Ce coefficient est plus petit que celui relatif au survolteur série-batterie. Les variations du courant I_g sont donc atténuées par la présence du survolteur série-réseau.

3° Survolteur série-dynamo.

L'enroulement inducteur du survolteur est placé dans le circuit de la génératrice (fig. 116). Le courant passant dans ce circuit conservant le même sens, la f. e. m. du survolteur s'ajoute toujours à la f. e. m. de la batterie quelle que soit la charge du réseau. Le survolteur est réglé de façon que, pour la charge moyenne du réseau, la f. e. m. de l'ensemble batterie-survolteur équilibre la tension de la génératrice.

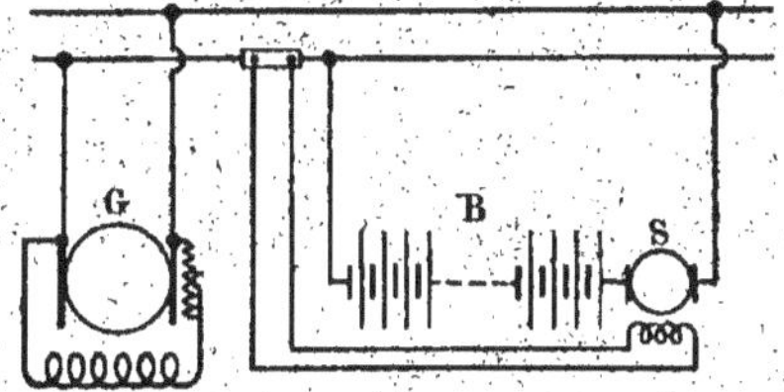

Fig. 116. — Batterie-tampon avec survolteur série-dynamo.

Si le courant de la génératrice était absolument constant, le survolteur donnerait une tension rigoureusement constante. Mais ce courant suit les variations de la charge. Quand l'intensité croît dans le réseau extérieur, le courant de la dynamo augmente sensiblement, d'où production par le survolteur d'une f. e. m. additionnelle, qui accentue la décharge de la batterie. L'inverse se produit quand le courant du réseau — et par suite celui de la génératrice — a tendance à baisser.

Caractéristique du groupe batterie-survolteur. — En désignant par K_3 la constante du survolteur, on peut écrire les équations :

$$U = E_b - R_b I_b + K_3 I_g , \quad (18)$$

$$U = E_g - R_g I_g , \quad (19)$$

$$I_e = I_b + I_g . \quad (20)$$

En éliminant entre ces équations I_g et I_e, on obtient l'équation de l'ensemble batterie-survolteur.

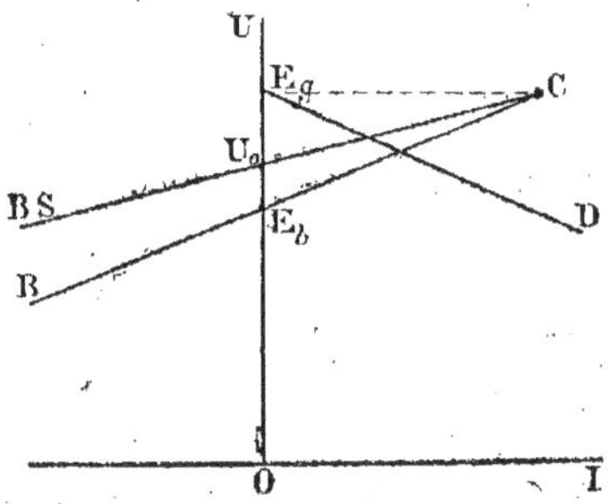

Fig. 117. — Caractéristique de l'ensemble batterie survolteur série-dynamo.

$$U = - \frac{R_g R_b}{R_g + K_3} I_b + \frac{E_b R_g + E_g K_3}{R_g + K_3} , \quad (20)$$

On peut remarquer que cette caractéristique passe par le point C, intersection de la caractéristique de la batterie avec l'horizontale d'ordonnée E_g (fig. 117). Pour ce point, en effet, le courant de la génératrice est nul et le survolteur est, par conséquent, sans action. Il est d'ailleurs facile de voir que les coordonnées de ce point sont indépendantes du facteur K_3. On a, en effet, pour $U = E_g$:

$$I_b = \frac{E_g - E_b}{R_g} .$$

Toutes les caractéristiques, qui ne diffèrent que par la valeur du coefficient K_3, passent donc par ce point.

L'action du survolteur se traduit, graphiquement, par une rotation de la caractéristique de la batterie autour du point C.

Les caractéristiques se rapprochent d'autant plus de la position horizontale que le coefficient K_3 est plus grand.

Intensité de base. — Pour $I_{\varphi} = 0$, les équations (18), (19) et (20) donnent

$$J_{g} = J_{\varphi} = \frac{E_{g} - E_{b}}{R_{g} + K_{3}} \quad (21)$$

Cette expression est analogue à celle que nous avons déjà trouvée dans le cas d'un survolteur série-réseau.

Variation de l'intensité de base. — En différentiant l'expression précédente, on obtient

$$\frac{\Delta I_{g}}{\Delta E_{b}} = \frac{-1}{R_{g} + K_{3}}, \quad \frac{\Delta J_{\varphi}}{\Delta E_{g}} = \frac{1}{R_{g} + K_{3}}.$$

Remarque — Le coefficient angulaire de la caractéristique BS étant indépendant de E_{b} et de E_{g}, cette caractéristique doit se déplacer parallèlement à elle-même en suivant les déplacements du point C.

C'est ainsi qu'une diminution ΔE_{b} de la f.e.m. de la batterie, amenant le point C en C', fait passer la caractéristique de la position BS_{1} à la position BS_{2} (fig. 118).

De même, une augmentation ΔE_{g} de la force électromotrice de la génératrice fait passer le point C en C',

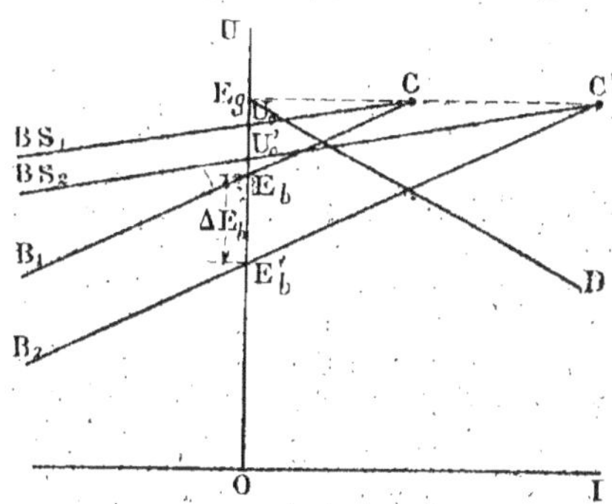

Fig. 118. — Déplacement de la caractéristique de l'ensemble batterie-survolteur sous l'influence d'une variation de la f.e.m. de la batterie.

(fig. 119) et la caractéristique du groupe batterie-survolteur de la position BS_{1} à la position BS_{2}.

Force électromotrice du survolteur pour la charge moyenne du réseau. — La caractéristique du groupe batterie-survolteur rencontre l'axe des U au point $I_b = 0$ et l'on a, pour ce point

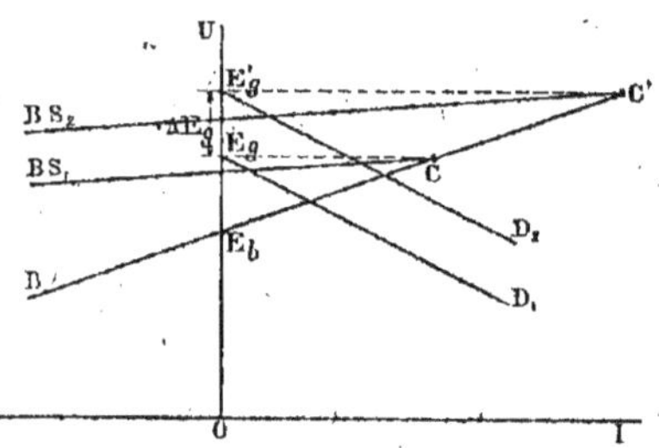

$$U_o = \frac{E_b R_g + E_g K_3}{R_g + K_3}.$$

On en déduit

$$U_o - E_b = K_3 \frac{E_g - E_b}{R_g + K_3}.$$

Fig. 119. — Déplacement de la caractéristique de l'ensemble batterie-survolteur sous l'influence d'une variation de la f.c.m. de la génératrice.

C'est la valeur de la f. e. m. produite par le survolteur pour la charge moyenne du réseau.

Détermination de la constante K_3. — On déduit de la relation précédente

$$K_3 = \frac{U_o - E_b}{\dfrac{E_g - U_o}{R_g}}$$

Et comme on a (fig. 120)

$$U_o - E_b = BD ;$$

$$\frac{E_g - U_o}{R_g} = BP ;$$

il vient

$$K_3 = \frac{BD}{BP} = tg\ \alpha.$$

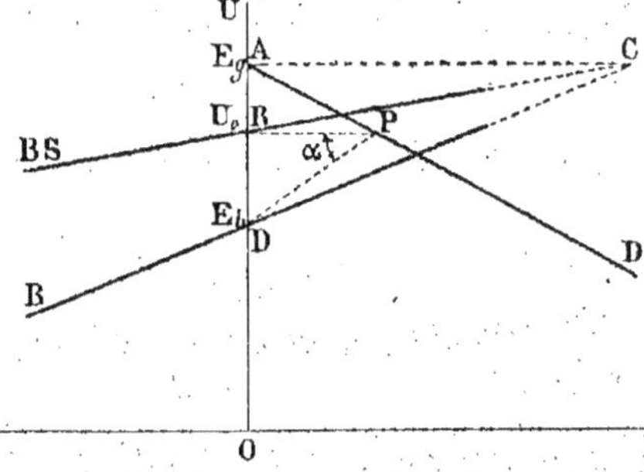

Fig. 120. — Détermination de la constante K_3.

Remarque. — En rapprochant l'expression de U_o, que nous venons de trouver, de celle que nous avons obtenue dans le cas d'un survolteur série-réseau, on constate que pour $K_2 = K_3$, la valeur de U_o est la même pour les deux modes de fonctionnement du survolteur.

Il en résulte que la f. e. m. produite par un survolteur série, pour la
puissance moyenne du ré-
seau, est indépendante du
mode de branchement de
son inducteur série. Celui-ci
peut être placé, soit dans le
circuit du réseau, soit dans le
circuit de la génératrice,
sans qu'il en résulte un
changement de la valeur
de la f. e. m. produite pour
la charge moyenne.

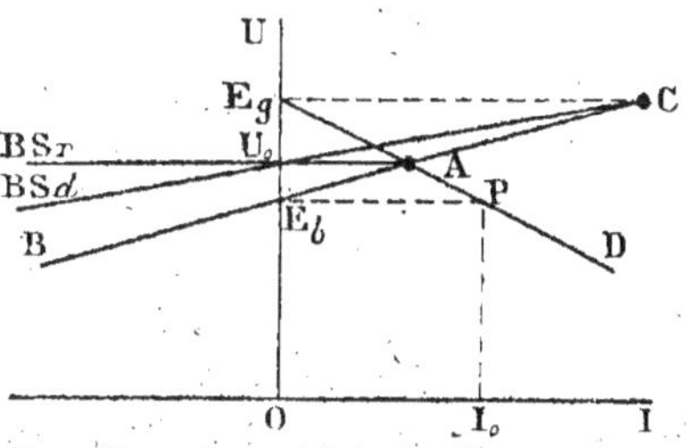

Fig. 121. — Caractéristiques d'un survolteur-
série, fonctionnant en série-réseau et en série-
dynamo.

La figure 121 montre les caractéristiques d'un même survolteur série
fonctionnant en série-réseau (caractéristique BS$_r$) et en série-dynamo
(caractéristique BS$_d$).

Coefficient d'irrégularité. — En différentiant les équations (18), (19)
et (20), on trouve

$$\frac{\Delta I_g}{\Delta I_c} = \frac{R_b}{R_g + R_b + K_3} \quad (23)$$

On voit que ce coefficient est très diminué par la présence du facteur
K_3 au dénominateur. Les variations du courant débité par la génératrice
seront donc faibles, même si la caractéristique de cette machine est peu
tombante (R_g faible).

**Comparaison des survolteurs série-réseau et série-dynamo au
point de vue de l'irrégularité.** — D'une façon générale, le coefficient
d'irrégularité d'un survolteur série est plus petit, quand ce survolteur
fonctionne en série-réseau, que lorsqu'il marche en série-dynamo.

En posant

$$K_2 = K_3 = K,$$

il est, en effet, facile de vérifier l'inégalité

$$\frac{R_b - K}{R_g + R_b} < \frac{R_b}{R_g + R_b + K}.$$

La figure 122 met d'ailleurs en évidence cette propriété. Du fait de la moindre inclinaison de la caractéristique du survolteur série-réseau,

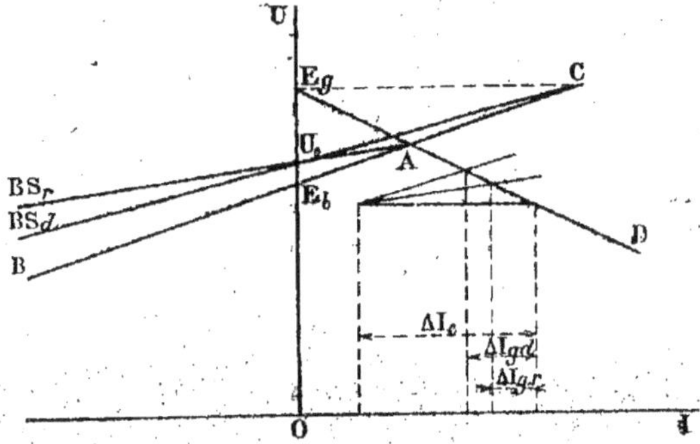

Fig. 122. — Comparaison d'un survolteur série-dynamo
avec un survolteur série-réseau de même constante.

une même augmentation ΔI_c du courant du réseau, provoque une augmentation ΔI_g, plus grande, dans le cas d'un survolteur série-dynamo, que dans celui d'un survolteur série-réseau.

Pour qu'un survolteur série-réseau ait le même coefficient d'irrégularité qu'un survolteur série-dynamo, il faut que l'on ait

$$\frac{R_b - K_2}{R_g + R_b} = \frac{R_b}{R_g + R_b + K_3}.$$

D'où l'on déduit

$$K_3 = K_2 \frac{R_b + R_g}{R_b - K_2}.$$

Les caractéristiques des deux survolteurs sont alors parallèles (fig. 123).

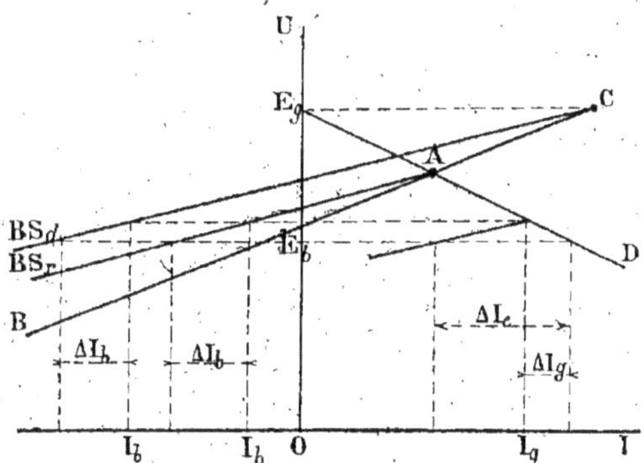

FIG. 123. — Comparaison d'un survolteur série-dynamo
avec un survolteur série-réseau de même coefficient
d'irrégularité.

Coefficients d'instabilité. — En différentiant les équations (18), (19) et (20), on trouve

$$\frac{\Delta I_g}{\Delta E_b} = \frac{-1}{R_b + R_g + K_3}, \quad (24) \qquad \frac{\Delta I_g}{\Delta E_g} = \frac{1}{R_b + R_g + K_3}. \quad (24\ bis)$$

On voit que la stabilité est notablement améliorée par la présence du survolteur série-dynamo.

On peut mettre les coefficients d'instabilité sous une forme différente en remplaçant la constante K_3 par sa valeur précédemment trouvée. On a :

$$\frac{\Delta I_g}{\Delta E_b} = \frac{-1}{R_b + R_g + R_g \dfrac{U_o - E_b}{E_g - U_o}},$$

$$= \frac{-1}{R_b + \dfrac{\dfrac{E_g - E_b}{E_g - U_n}}{R_g}}.$$

En remarquant que

$$\frac{E_g - U_0}{R_g} = J_0 \; ;$$

Il vient

$$\frac{\Delta I_g}{\Delta E_b} = \frac{-1}{R_b + \dfrac{E_g - E_b}{I_0}} \cdot$$

Nous pouvons poser

$$\frac{E_g - E_b}{I_0} = R'_g \cdot$$

De sorte que l'on a finalement

$$\frac{\Delta I_g}{\Delta E_b} = \frac{-1}{R_b + R'_g} \cdot$$

Tout se passe donc, au point de vue de la stabilité, comme si la batterie était seule en présence d'une dynamo de résistance intérieure R'_g.

Comparaison, au point de vue de la stabilité, des survolteurs série-réseau et série-dynamo de même coefficient d'irrégularité. — Soit K_2 la constante du survolteur série-réseau. La constante du survolteur série-dynamo, de même coefficient d'irrégularité, sera

$$K_3 = K_2 \frac{R_b + R_g}{R_b - K_2},$$

et le coefficient d'instabilité de ce dernier survolteur aura, par suite, pour expression

$$\frac{\Delta I_g}{\Delta E_b} = \frac{-1}{R_b + R_g + K_2 \dfrac{R_b + R_g}{R_b - K_2}},$$

c'est-à-dire, après simplifications

$$\frac{\Delta I_g}{\Delta E_b} = - \frac{1}{R_b + R_g} + \frac{K_3}{R_b(R_b + R_g)}$$

A égalité de coefficient d'irrégularité, le coefficient d'instabilité est donc plus grand, pour le survolteur série-réseau, que pour le survolteur série-dynamo.

Influence d'une variation de la f. e. m. de la batterie ou de la génératrice sur la tension de base U_o. — Nous avons trouvé précédemment

$$U_o = \frac{E_b R_g + E_g K_3}{R_g + K_3} .$$

En différentiant cette expression, respectivement par rapport à E_g et E_b, on a

$$\frac{\Delta U_o}{\Delta E_g} = \frac{K_3}{R_g + K_3} ,$$

$$\frac{\Delta U_o}{\Delta E_b} = \frac{R_g}{R_g + K_3} .$$

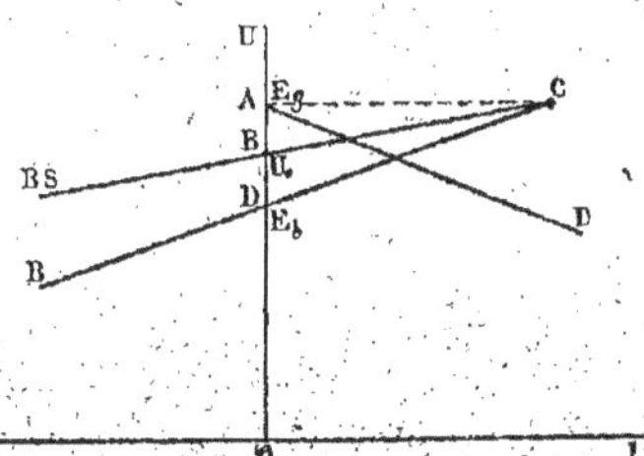

Fig. 124. — Caractéristique du groupe batterie survolteur série-réseau.

En remplaçant K_3 par sa valeur, on déduit

$$\frac{\Delta U_o}{\Delta E_g} = \frac{R_g \dfrac{U_o - E_b}{E_b - U_o}}{R_g + R_b \dfrac{U_o - E_b}{E_g - U_o}} = \frac{U_o - E_b}{E_g - E_b} = \frac{BD}{AD}$$

$$\frac{\Delta U_o}{\Delta E_b} = \frac{R_g}{R_g + R_b \dfrac{U_o - E_b}{E_g - U_o}} = \frac{E_g - U_o}{E_g - E_b} = \frac{AB}{AD}$$

On voit que pour atténuer les variations de U_o, dues aux variations de la force électromotrice de la batterie, il faut réduire, le plus possible, la distance AB (fig. 124).

Coefficient de régulation. — En différentiant les équations par rapport à I_c, on obtient, après simplifications

$$\frac{\Delta U}{\Delta I_c} = \frac{- R_b R_g}{R_g + R_b + K_3} . \quad (25)$$

En remplaçant, dans cette expression, la constante K_3 par sa valeur, on obtient

$$\frac{\Delta U}{\Delta I_c} = \frac{- R_b R_g}{R_g + R_b + R_g \dfrac{U_o - E_b}{E_g - U_o}},$$

$$= \frac{-1}{\dfrac{1}{R_g} + \dfrac{1}{R_b} \left[\dfrac{E_g - E_b}{E_g - U_o}\right]} .$$

Tout se passe donc comme si nous avions une batterie de résistance

$$R_b \frac{E_g - U_o}{E_g - E_b} .$$

B. — Survolteurs différentiels.

Nous distinguerons trois types de survolteurs différentiels :
1° Le survolteur différentiel à deux enroulements (Mailloux-Pirani),
2° Le survolteur différentiel à trois enroulements (Entz),
3° Le survolteur différentiel à quatre enroulements (Lancashire).

1. SURVOLTEUR DIFFÉRENTIEL A DEUX ENROULEMENTS

La figure 125 représente le schéma d'un survolteur à deux enroulements (système Mailloux-Pirani). Dans ce survolteur, l'excitation F_1, en fil fin, est alimentée sous tension constante, tandis que l'enroulement F_2, en gros fil, est traversé par le courant total du réseau.

Ces enroulements agissent en sens contraire et ils sont réglés de façon que, lorsque la demande du réseau correspond à la puissance moyenne de l'installation, leurs effets s'annulent. Dans ce cas, le survolteur a une tension nulle et la batterie d'accumulateurs ne reçoit ni ne donne de courant.

Si la demande du réseau dépasse la puissance moyenne, l'enroulement F_2 l'emporte ; la tension produite par le survolteur doit avoir un sens tel qu'elle détermine la décharge de la batterie, de façon que cette dernière fournisse le maximum de courant.

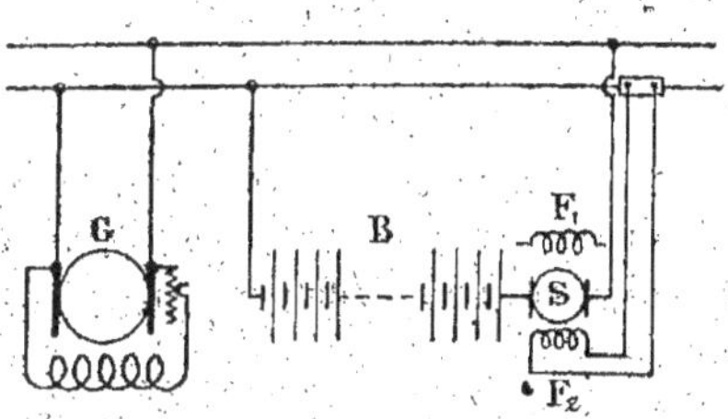

Fig. 125. — Batterie-tampon avec survolteur différentiel à deux enroulements (Mailloux-Pirani).

Si, au contraire, la demande du réseau est inférieure à la puissance moyenne, c'est l'enroulement F_1 qui l'emporte, la batterie d'accumulateurs se charge.

Caractéristique du groupe batterie-survolteur. — En désignant par u la tension constante produite par l'enroulement shunt et par K_2 la constante de l'enroulement série, on peut écrire

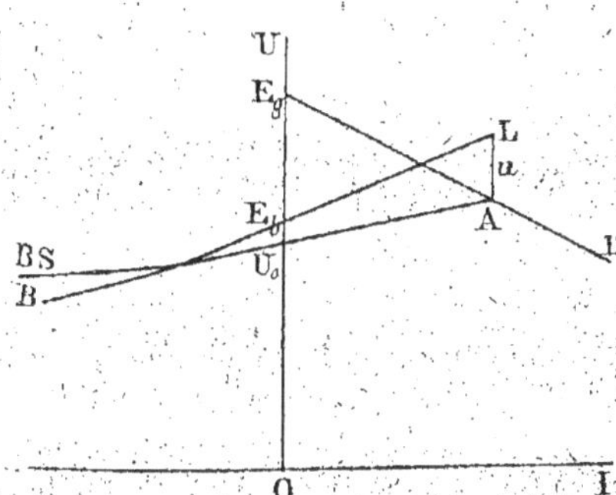

Fig. 126. — Caractéristique de l'ensemble batterie-survolteur différentiel (Mailloux-Pirani).

$$U = E_b - R_b I_b + K_2 I_e - u, \quad (26)$$

$$U = E_g - R_g I_g, \quad (27)$$

$$I_e = I_g + I_b. \quad (28)$$

En éliminant I_g et I_e entre ces équations, on obtient

$$U = -\frac{R_g (R_b - K_2)}{R_g + K_2} I_b + \frac{R_g (E_b - u) + K_2 E_g}{R_g + K_2}. \quad (29)$$

Il est facile de voir que cette caractéristique passe par le point A de coordonnées

$$I_g = - I_b,$$

$$U = \frac{E_g R_b + (E_b - u) R_g}{R_g + R_b}.$$

En ce point, le courant de la dynamo est égal au courant de charge de la batterie et le courant du réseau est, par suite, nul. L'enroulement shunt assure donc seul l'excitation du survolteur. Celui-ci dévolte la batterie de $LA = u$.

Valeur du coefficient K_2. — Désignons par U_o la tension aux bornes de l'ensemble batterie-survolteur quand celui-ci n'est traversé par aucun courant $(I_b = 0)$. On déduit de l'équation (29) :

$$U_o = \frac{R_g (E_b - u) + K_2 E_g}{R_g + K_2}.$$

D'où l'on tire

$$K_2 = \frac{U_o - (E_b - u)}{\dfrac{E_g - U_o}{R_g}},$$

relation qui permet de déterminer le coefficient K_2 en fonction de quantités connues.

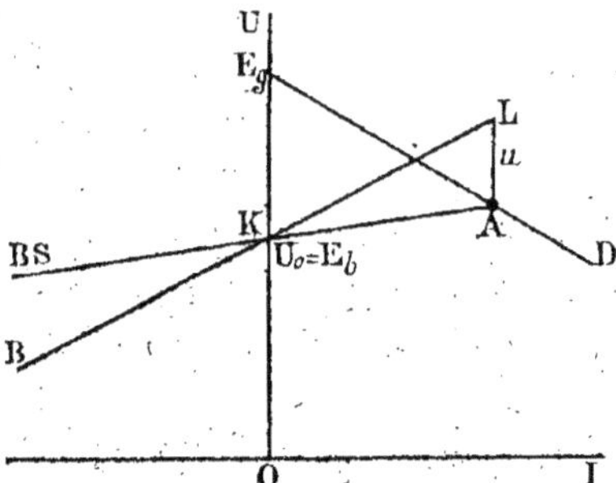

Fig. 127. — Caractéristique de l'ensemble batterie survolteur différentiel (Mailloux-Pirani). Le survolteur est réglé pour donner une tension nulle pour $I_b = 0$.

Cas particulier. — Pour que le survolteur soit inactif pour $I = 0$, il faut que l'on ait :

$$U_o = E_b = \frac{R_g (E_b - u) + K_2 E_g}{R_g + K_2}.$$

D'où l'on déduit :

$$K_2 = \frac{u}{\dfrac{E_g - E_b}{R_g}}.$$

La caractéristique du groupe batterie-survolteur est alors représentée par la droite BS passant par le point K d'ordonnée E_b (fig. 127).

Influence de la constante K_2. — Les coordonnées du point A sont indépendantes de la constante K_2. Il s'ensuit que lorsque ce coefficient varie, la caractéristique passe toujours par le point A, seule son inclinaison change. Elle devient horizontale pour

$$\frac{R_g (R_b - K_2)}{R_g + K_2} = 0$$

c'est-à-dire pour

$$R_b = K_2.$$

Cette valeur limite est la même que celle que nous avons trouvée dans le cas d'un survolteur série-réseau.

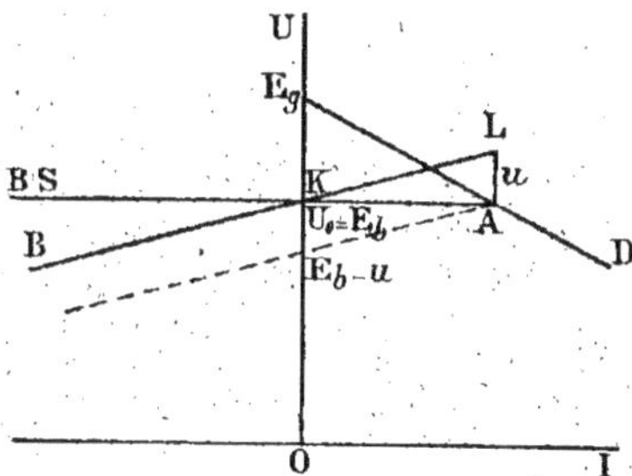

Fig. 128. — Comparaison d'un survolteur différentiel (Mailloux–Pirani), avec un survolteur série-réseau de même constance K_2, fonctionnant avec une batterie de f. e. m. $E_b - u$.

Remarque I.— En comparant les équations (15) et (29), on remarque que la caractéristique du groupe batterie-survolteur différentiel est identique à celle qu'aurait un survolteur série-réseau de constante K_2, fonctionnant avec une batterie de force électromotrice $E_b - u$ (fig. 128).

Remarque II. — Si l'on supprimait l'action de l'enroulement fil fin, le survolteur fonctionnerait en survolteur série-réseau et la caractéristique correspondant à ce nouveau mode de fonctionnement serait parallèle à l'ancienne (coefficient angulaire indépendant de u) et passerait par le point de rencontre des caractéristiques de la dynamo et de la batterie.

Coefficient d'irrégularité. — On le calcule facilement en différentiant les équations (26), (27) et (28). On trouve

$$\frac{\Delta I_g}{\Delta I_e} = \frac{R_b - K_2}{R_b + R_g}. \tag{30}$$

Ce coefficient a la même valeur que celui d'un survolteur série-réseau.

11

Coefficients d'instabilité. — Les coefficients d'instabilité ont respectivement pour valeur

$$\frac{\Delta I_{\eta}}{\Delta E_b} = \frac{-1}{R_b + R_{\eta}} \, , \ (31) \qquad \frac{\Delta I_{\eta}}{\Delta E_{\eta}} = \frac{1}{R_b + R_{\eta}} \cdot \ (31 \ bis)$$

Résultats identiques à ceux trouvés pour le survolteur série-réseau.

Déplacement de la caractéristique U (I_b) sous l'action d'une variation de E_b. — Supposons que la force électromotrice de la batterie diminue

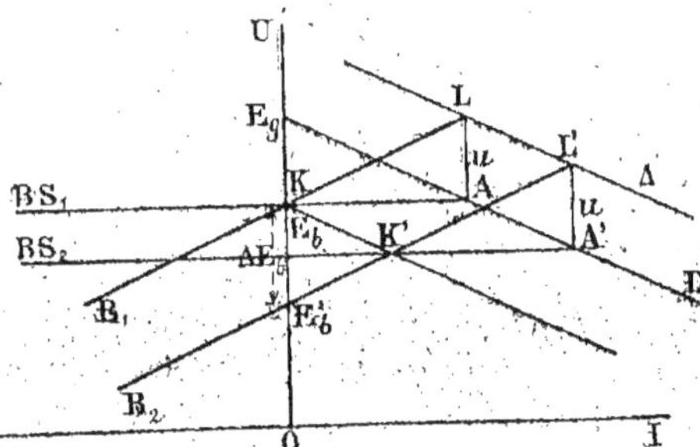

de ΔE_b. La caractéristique de la batterie passe de la position B_1 à la position B_2 (fig. 129). La tension u restant constante, le point L se déplace sur la parallèle Δ à la caractéristique de la dynamo et vient en L'. On en déduit facilement le point A' et, par suite, la nouvelle position de la caractéristique du groupe batterie-survolteur.

Fig. 129. — Déplacement de la caractéristique de l'ensemble batterie-survolteur sous l'influence d'une variation de la f. e. m. de la batterie.

Il est à remarquer que le triangle ALK reste, dans ce déplacement, égal à lui-même. Il en résulte que le point K se déplace sur une parallèle à la caractéristique de la dynamo.

Remarquons, en outre, que le déplacement vertical de la caractéristique BS a une amplitude moindre que celui de la caractéristique de la batterie.

On a, en effet

$$\frac{\Delta U_{\eta}}{\Delta E_b} = \frac{R_{\eta}}{R_{\eta} + R_2}$$

Déplacement de la caractéristique $U(I_b)$ sous l'action d'une variation de E_g. — Supposons de même que la force électromotrice de la génératrice varie de ΔE_g. La tension u étant constante, le point A se déplace sur une parallèle Δ à la caractéristique de la batterie et vient en A', déterminant ainsi la nouvelle position de la caractéristique du groupe survolteur-batterie (fig. 130).

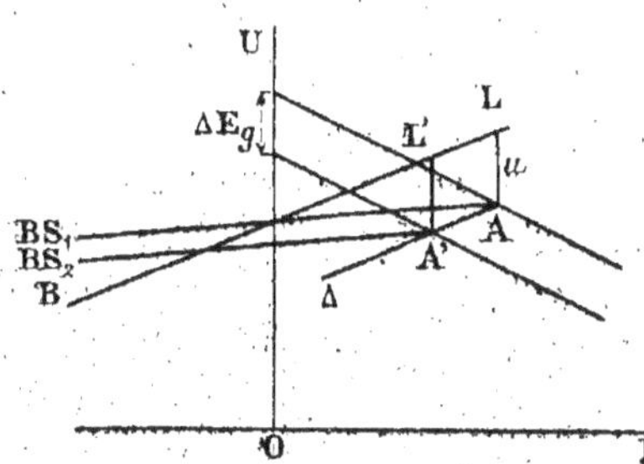

Fig. 130. — Déplacement de la caractéristique de l'ensemble batterie-survolteur sous l'influence d'une variation de la f. e. m. de la génératrice.

L'écart vertical des caractéristiques est défini par le rapport

$$\frac{\Delta U_o}{\Delta E_g} = \frac{K_2}{R_g + K_2} .$$

Coefficient de régulation. — Il est défini par le rapport

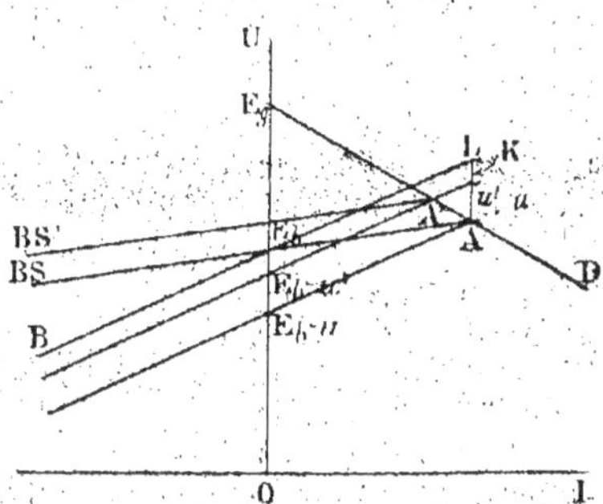

Fig. 131. — Influence d'une modification de la tension u sur la position de la caractéristique du groupe batterie-survolteur.

$$\frac{\Delta U}{\Delta I_c} = -\frac{R_b - K_2}{1 + \dfrac{R_b}{R_g}} . \qquad (32)$$

Ce coefficient est identique à celui d'un survolteur série-réseau.

Influence d'une modification de la tension u sur la position de la caractéristique du groupe batterie-survolteur. — Nous avons vu précédemment, que la caractéristique BS peut être considérée comme étant celle d'un survolteur série-réseau mis en série avec une batterie de force électromotrice $E_b - u$ (fig. 131).

Si la tension u prend la valeur u', la force électromotrice fictive de la batterie devient $E_b - u'$ et la caractéristique passe de la position BS à la position BS', le point A' étant déterminé par l'intersection de la caractéristique de la batterie de force électromotrice $E_b - u'$ avec la caractéristique D de la dynamo.

On voit donc que pour déterminer la nouvelle caractéristique, il suffira de mener par le point K une parallèle à la caractéristique B. Cette droite rencontre en A' la caractéristique de la dynamo. La nouvelle caractéristique BS' passe par ce point et est parallèle à l'ancienne.

L'enroulement fil fin du survolteur est branché aux bornes de la batterie. — Quand le fil fin du survolteur est branché aux bornes de la batterie, comme cela est réalisé dans la plupart des installations, la tension u n'est pas constante, elle dépend de la tension actuelle aux bornes de la batterie. On peut donc écrire :

$$u = K (E_b - R_b I_b).$$

On a, par suite :

$$U = E_b - R_b I_b + K_2 I_c - K (E_b - R_b I_b),$$

et l'équation de la caractéristique de l'ensemble batterie-survolteur devient :

$$U = - \frac{R_g [R_b (1 - K) - K_2]}{R_g + K_2} I_b + \frac{R_g [E_b - K E_b] + K_2 E_g}{R_g + K_2}.$$

Cette équation montre que le survolteur se comporte comme s'il fonctionnait avec une batterie de force électromotrice E_b et de résistance intérieure $R_b (1 - K)$. La tension produite par l'enroulement fil fin du survolteur a pour valeur $K E_b$.

La figure 132 donne la position de la caractéristique de l'ensemble batterie-survolteur.

Remarque I. — La constante K, qui est égale au quotient $\dfrac{u}{E_b - R_b I_b}$, a une valeur généralement faible. Ainsi, par exemple, pour : $u = 50$ volts, $E_b - R_b I_b = 500$ volts, on a :

$$K = \frac{50}{500} = \frac{1}{10}.$$

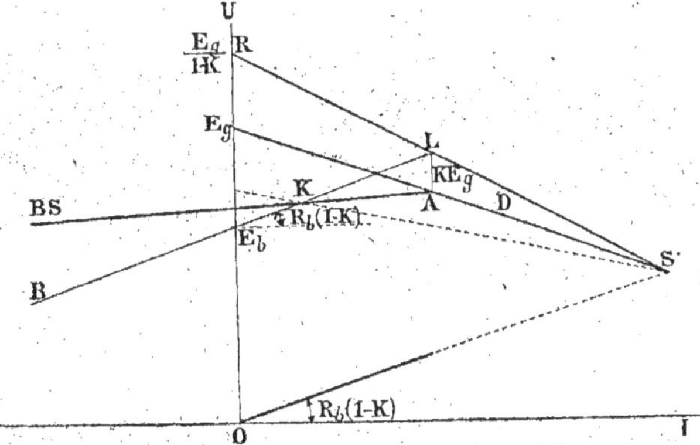

Fig. 132. — Caractéristique de l'ensemble batterie-survolteur Pirani, le fil fin du survolteur étant branché aux bornes de la batterie.

REMARQUE II. — Quand la force électromotrice de la batterie varie, le point L ne se déplace plus sur une parallèle à la caractéristique de la dynamo, comme dans le cas précédent, mais sur une droite inclinée sur cette caractéristique, passant par les points R et S.

Pour $E_b = 0$, on a, en effet, $u = 0$ (point S).

D'autre part, pour $U = E_b$, on peut écrire :

$$E_g + KE_b = E_b,$$

d'où l'on tire :

$$E_b = \frac{E_g}{1 - K} \quad \text{(point R)}.$$

On remarquera également que le point K se déplace sur la droite KS.

Coefficient d'irrégularité. — Ce coefficient a pour expression :

$$\frac{\Delta I_g}{\Delta I_c} = \frac{R_b(1 - K) - K_2}{R_b(1 - K) + R_g}.$$

Il est donc sensiblement plus petit que dans le cas où le courant d'excitation shunt est constant. Cependant, étant donnée la valeur de K, l'influence de ce facteur est trop faible pour produire un effet appréciable.

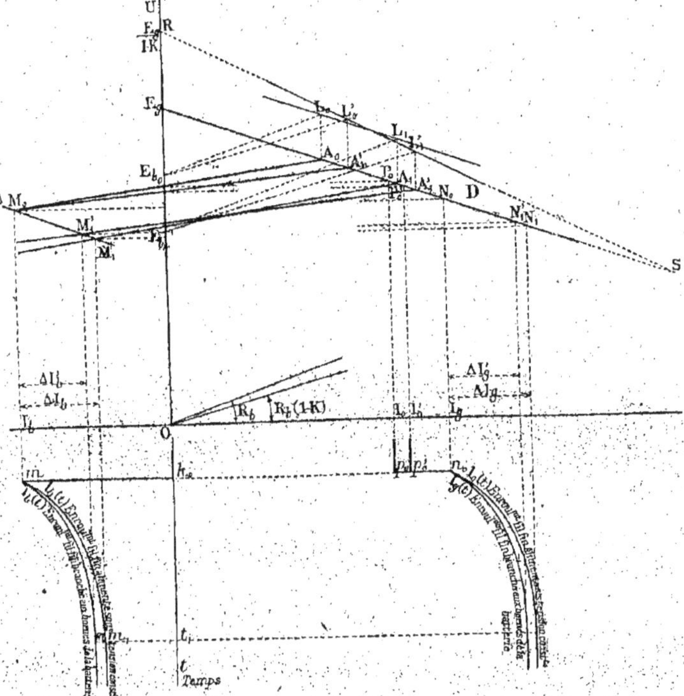

Fig. 133. — Influence du mode de branchement du fil fin du survolteur différentiel sur la répartition d'une surcharge. Tracé des courbes I_g (t) et I_b (t) pendant la durée de la surcharge.

Ainsi donc, le montage Pirani ne suffit pas pour assurer complètement une charge constante à la dynamo principale.

Coefficient d'instabilité. — On a :

$$\frac{\Delta I_g}{\Delta E_b} = \frac{1}{\dfrac{R_g}{1-K} + R_b}$$

La stabilité relative à la batterie, bien que légèrement améliorée, est encore insuffisante, et le survolteur ne pourra être utilisé qu'avec des machines à forte chute de tension.

La figure 133 montre l'allure des courbes $I_g(t)$ et $I_i(t)$ quand le réseau est soumis à une surcharge, dans l'hypothèse où le fil fin du survolteur est alimenté à tension constante et dans celle où il est branché aux bornes de la batterie.

On remarquera que, dans les deux hypothèses, les courbes correspondantes sont très voisines et que l'effet correctif, dû à l'affaiblissement du courant inducteur, qui se produit quand le fil fin est branché aux bornes de la batterie, est tout à fait insuffisant.

II. SURVOLTEUR DIFFÉRENTIEL A TROIS ENROULEMENTS

L'excitation du survolteur est assurée par trois enroulements (fig. 134):

1° Un enroulement F_1 en fil fin, alimenté sous tension constante et traversé, par suite, par un courant constant ;

2° Un enroulement F_2 à gros fil, traversé par le courant total absorbé par le réseau ;

3° Un enroulement F_3 également à gros fil, traversé par le courant de la dynamo.

L'enroulement F_1 tend à décharger la batterie. Au contraire, les deux enroulements F_4 et F_2 tendent à charger la batterie.

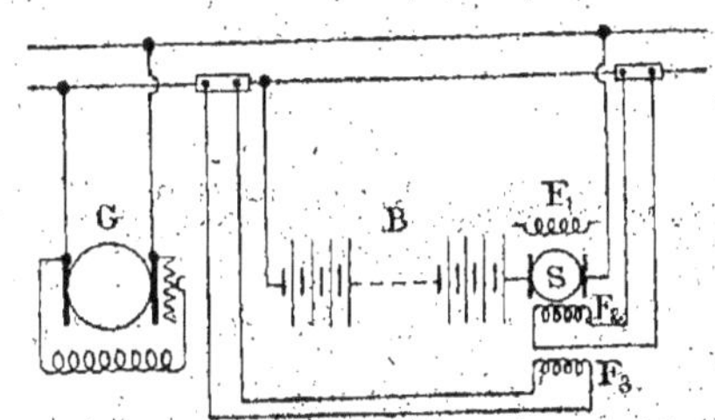

Fig. 134. — Batterie-tampon combinée avec un survolteur différentiel à trois enroulements (Entz).

Ce montage ne diffère du précédent que par la présence de l'enroulement F_3. Nous avons vu que les enroulements F_1 et F_2 peuvent être choisis de manière que le courant débité par la dynamo soit indépendant du courant du circuit total, l'enroulement F_3 ne change rien à ce résultat, mais il donne de la stabilité.

Caractéristique du groupe batterie-survolteur. — Désignons par
u, la tension produite par l'enroulement shunt;
K_2, la constante de l'enroulement série-réseau;
K_3, la constante de l'enroulement série-dynamo.
On peut écrire les équations :

$$U = E_b - R_b I_b + K_2 I_c + K_3 I_g - u, \quad (33)$$

$$U = E_g - R_g I_g, \quad (34)$$

$$I_e = I_b + I_g. \quad (35)$$

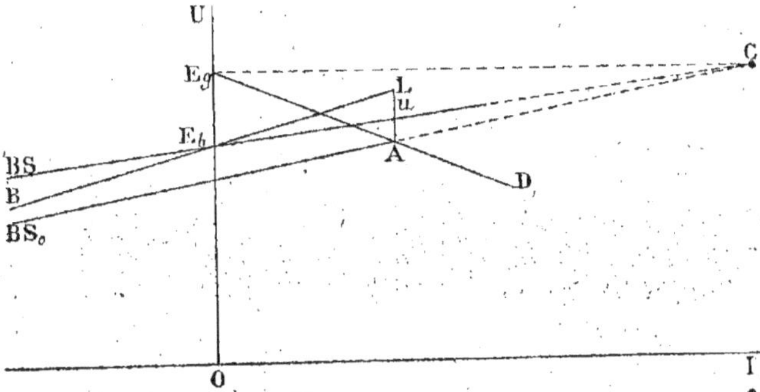

Fig. 135. — Caractéristique de l'ensemble batterie-survolteur.

D'où l'on déduit facilement l'équation de la caractéristique du groupe
batterie-survolteur :

$$U = - \frac{R_g (R_b - K_2)}{R_g + K_2 + K_3} I_b + \frac{R_g (E_b - u) + E_g (K_2 + K_3)}{R_g + K_2 + K_3}. \quad (36)$$

Cette équation ne diffère de celle du survolteur Mailloux-Pirani, que
par la présence de la constante K_3. L'inclinaison de la caractéristique
(fig. 135) est

$$\frac{R_g (R_b - K_2)}{R_g + K_2 + K_3},$$

au lieu d'être

$$\frac{R_g\,(R_b - K_2)}{R_g + K_2},$$

comme elle le serait dans le cas d'un survolteur Mailloux-Pirani ordinaire.

Le coefficient angulaire de la caractéristique dépend de la constante K_3. Cette constante a pour effet de faire pivoter la caractéristique BS autour du point C, de coordonnées

$$U = E_g,$$

$$I_b = -\frac{E_g - (E_b - u)}{R_b - K_2},$$

pour lequel l'enroulement série-réseau est inactif.

Remarquons que le point C se trouve à l'intersection de la caractéristique BS_o, pour laquelle $K_3 = 0$ (fonctionnement du survolteur en (Mailloux-Pirani), avec l'horizontale de cote E_g.

Intensité de base. — On établit facilement que l'intensité de base est donnée par la relation

$$I_o = \frac{E_g - (E_b - u)}{R_g + K_2 + K_3}.$$

La tension, qui correspond à cette intensité, est définie par la relation :

$$U_o = \frac{R_g\,(E_b - u) + (K_2 + K_3)\,E_g}{R_g + K_2 + K_3}. \qquad (37)$$

D'où l'on tire

$$K_2 + K_3 = \frac{R_g\,[U_o - (E_b - u)]}{E_g - U_o}.$$

On a, d'autre part

$$\frac{\Delta I_o}{\Delta E_g} = \frac{1}{R_g + K_2 + K_3},$$

et

$$\frac{\Delta I_g}{\Delta E_b} = \frac{-1}{R_g + K_2 + K_3}.$$

On voit que tout se passe, au point de vue des variations de l'intensité base, comme si l'on substituait, à la caractéristique de la génératrice, une caractéristique d'inclinaison $R_g + K_2 + K_3$.

Influence d'une variation de la force électromotrice de la batterie ou de la génératrice. — En différentiant l'équation (37) il vient :

$$\frac{\Delta U_o}{\Delta E_b} = \frac{R_g}{R_g + K_2 + K_3}$$

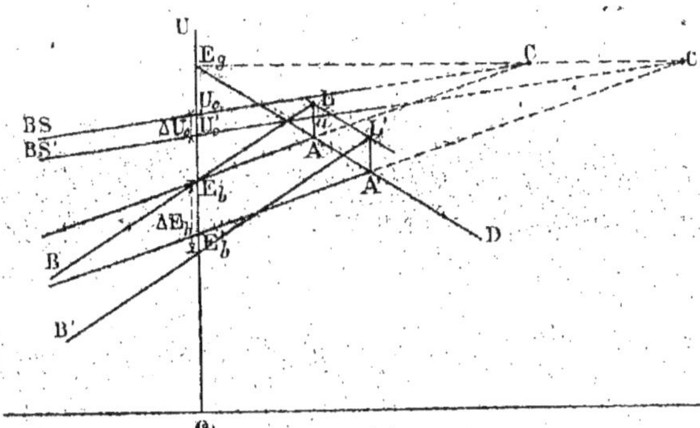

Fig. 136. — Influence d'une variation de la f. e. m. de la batterie sur la tension de base U_o.

Ce qu'on peut encore écrire

$$\frac{\Delta U_o}{\Delta E_b} = \frac{R_g}{R_g + \dfrac{R_g[U_o' - (E_b - u)]}{E_g - U_o}} = \frac{E_g - U_o}{E_g - (E_b - u)}.$$

De même, on a

$$\frac{\Delta U_o}{\Delta E_g} = \frac{K_2 + K_3}{R_g + K_2 + K_3},$$

ou encore

$$\frac{\Delta U_o}{\Delta E_g} = \frac{\dfrac{R_b\,[U_o - (E_b - u)]}{E_g - U_o}}{R_g + \dfrac{R_g\,[U_o - (E_b - u)]}{E_g - U_o}} = \frac{U_o - (E_b - u)}{E_g - (E_b - u)} \; .$$

On voit que $\dfrac{\Delta U_o}{\Delta E_b}$ est beaucoup plus faible que $\dfrac{\Delta U_o}{\Delta E_g}$.

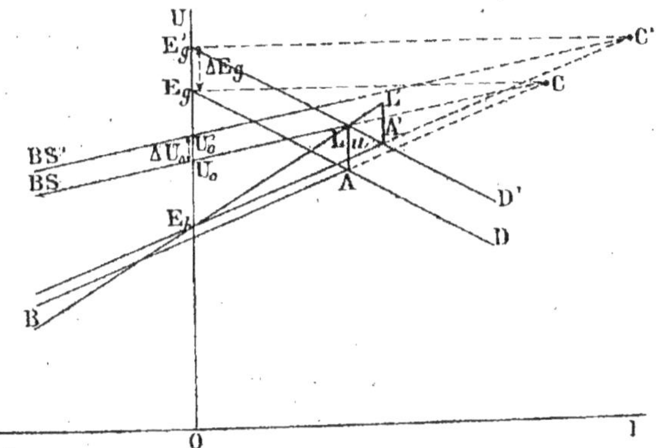

Fig. 137. — Influence d'une variation de la f. e. m. de la génératrice
sur la tension de base U_o.

Les variations de la force électromotrice de la génératrice ont donc une
action plus importante sur la tension U_o que les variations de la force
électromotrice de la batterie.

Cette propriété ressort, du reste clairement, sur les figures 136 et 137.

Coefficient d'irrégularité. — On obtient facilement

$$\frac{\Delta I_g}{\Delta I_c} = \frac{R_b - K_2}{R_g + R_b + K_3} \; . \qquad (38)$$

En donnant à la constante K_3 une valeur convenable, on peut rendre le coefficient d'irrégularité petit, même si R_g est très faible, le survolteur est donc capable d'assurer une grande régularité de charge aux génératrices à caractéristique peu tombante.

Coefficient d'instabilité. — De même, on calcule

$$\frac{\Delta I_g}{\Delta E_b} = \frac{-1}{R_g + R_b + K_3},\qquad(39)$$

$$\frac{\Delta I_g}{\Delta E_g} = \frac{1}{R_g + R_b + K_3}.\qquad(39\ bis)$$

Ces coefficients sont petits si K_3 est grand. Le survolteur assurera, dans ce cas, une grande stabilité. Il rendra possible l'emploi de machines compound ou de commutatrices dont le fonctionnement en parallèle avec une batterie-tampon est, comme nous l'avons déjà vu, impossible.

Coefficient de régulation. — On déduit de l'équation (33) :

$$\frac{\Delta U}{\Delta I_c} = \frac{R_g (R_b - K_2)}{R_g + R_b + K_3}.\qquad(40)$$

Ce coefficient est plus petit que le coefficient de régulation du survolteur Mailloux-Pirani. Les variations de tension seront donc très réduites dans le cas qui nous occupe.

III. SURVOLTEUR DIFFÉRENTIEL A QUATRE ENROULEMENTS

Ce survolteur, construit par la Lancashire Dynamo and Motor C° (1), a ses enroulements inducteurs disposés de la façon suivante :

____

(1) La Lancashire Dynamo and Motor C°, à Lancashire, a établi, pour les stations centrales des chemins de fer électriques du Yorkshire et de Manchester, des groupes survolteurs-dévolteurs remarquables par leur puissance et la régularité de leur fonctionnement.

1° L'enroulement F_1 (fig. 138) est branché en dérivation aux barres de distribution. Cet enroulement assure donc au survolteur une excitation constante, réglable à volonté.

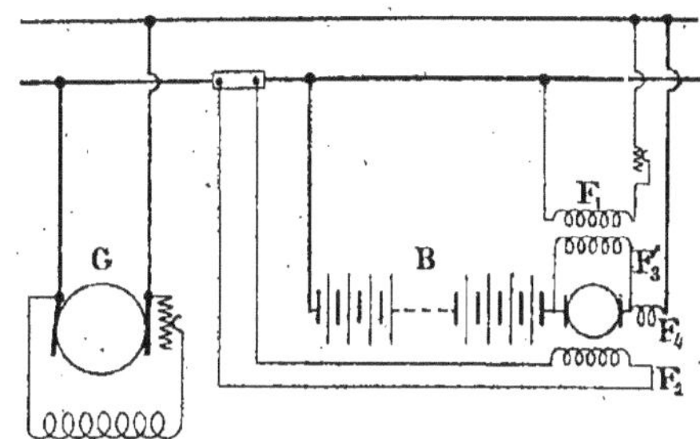

Fig. 138. — Batterie-tampon avec survolteur différentiel à quatre enroulements (Lancashire).

2° L'enroulement F_2, dont l'influence peut être graduée par un shunt, est en série avec la dynamo et élève la tension du survolteur dans le sens de la décharge.

3° L'enroulement F_3 est branché aux bornes de l'induit du survolteur; il est donc excité dans un sens ou dans l'autre, suivant que la tension de la batterie est inférieure ou supérieure à celle de la machine.

4° L'enroulement F_4 est mis en série avec la batterie. Son action est opposée à celle de l'enroulement F_3.

Caractéristique du groupe batterie-survolteur. — Nous désignerons par :

K_1, la constante de l'enroulement série-batterie;

K_3, la constante de l'enroulement série-dynamo;

K_4, la constante de l'enroulement branché aux bornes de l'induit du survolteur;

u la tension produite par l'enroulement shunt.

On peut écrire :

$$U = E_b - (R_b + K_1) I_b + K_3 I_g + K [U - (E_b - R_b I_b)] - u. \quad (41)$$

En tenant compte des équations :

$$U = E_g - R_g I_g, \quad (42)$$
$$I_c = I_b + I_g. \quad (43)$$

On obtient, pour équation de la caractéristique du groupe batterie-survolteur :

$$U = -\frac{R_g\left(R_b + \dfrac{K_1}{1-K_4}\right)}{R_g + \dfrac{K_3}{1-K_4}}\, I_b + \frac{R_g\left(E_b - \dfrac{u}{1-K_4}\right) + E_g\dfrac{K_3}{1-K_4}}{R_g + \dfrac{K_3}{1-K_4}}$$

ou bien encore :

$$U = -\frac{R_g(R_b + K'_1)}{R_g + K'_3}\, I_b + \frac{R_g(E_b - u') + E_g K'_3}{R_g + K'_3} \tag{44}$$

en posant :

$$\frac{K_1}{1-K_4} = K'_1, \qquad \frac{K_3}{1-K_4} = K'_3, \qquad \frac{u}{1-K_4} = u'.$$

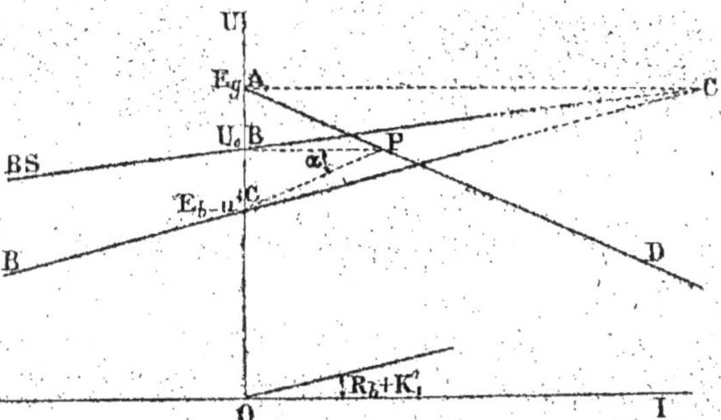

Fig. 139. — Caractéristique du groupe batterie-survolteur.
Détermination de la constante K'₂.

L'enroulement branché aux bornes de l'induit a donc pour effet de multiplier les constantes K_1, K_3 et u par le facteur $\dfrac{1}{1-K_4}$.

Déterminons la droite représentée par l'équation (44).

Faisons, pour cela, $K'_3 = 0$. Il vient :

$$U = -(R_b + K'_1)\,I_b + E - u'.$$

Cette droite passe par le point C (fig. 139) de coordonnées

$$I_b = 0, \qquad U = E_b - u'.$$

et a pour coefficient angulaire $R_b + K'_1$.

Elle est donc parallèle à la caractéristique de la batterie, modifiée par l'enroulement série-batterie du survolteur.

Cette droite rencontre l'horizontale d'ordonnée E_g au point C d'abscisse :

$$I_b = -\frac{E_g - (E_b - u')}{R_b + K'_1}.$$

Pour ce point, le courant fourni par la génératrice est nul. Il s'ensuit que toutes les caractéristiques BS, qui ne diffèrent que par la valeur de la constante K'_3, passent par le point C.

Détermination de la constante K'_3. — Quand le courant de la batterie est nul, la tension U_0 aux bornes de l'ensemble batterie-survolteur a pour valeur :

$$U_0 = \frac{E_g\,K'_3 + R_g\,(E_b - u')}{R_g + K'_3}.$$

D'où l'on déduit :

$$K'_3 = \frac{U_0 - (E_b - u)}{\dfrac{E_g - U_0}{R_g}}.$$

Remarquons que, sur la figure 139, on a :

$$U_o - (E_b - u') = BC$$

et :

$$\frac{E_g - U}{R_g} = BP.$$

On a donc :

$$K'_3 = \frac{BC}{BP} = tg\alpha$$

Coefficient d'irrégularité. — En différentiant les équations (41), (42) et (43) on obtient :

$$\frac{\Delta I_g}{\Delta I_e} = \frac{1}{1 + \dfrac{R_g + K'_3}{R_b + K'_1}} \tag{45}$$

En donnant à la constante K'_3 une valeur convenable, le coefficient d'irrégularité pourra être rendu assez petit, même pour de très faibles valeurs de R_g. Le survolteur maintiendra, dans ces conditions, le courant de la génératrice sensiblement constant.

Coefficients d'instabilité. — Ces coefficients ont pour valeur :

$$\frac{\Delta I_g}{\Delta E_b} = -\frac{1}{R_g + K'_3 + R_b + K'_1}, \tag{46}$$

$$\frac{\Delta I_g}{\Delta E_g} = \frac{1}{R_g + K'_3 + R_b + K'_1}. \tag{46 bis}$$

Ces relations montrent que les variations de I_{g} dues à une variation de E_b ou de E_g, sont faibles, si la constante K'_3 a une valeur suffisante. La stabilité de fonctionnement est donc assurée par ce survolteur, qui peut être utilisé avantageusement lorsque les génératrices ont une très faible chute de tension (dynamos compound, commutatrices).

Survolteurs à excitation shunt.

Dans ces survolteurs, le courant d'excitation est dérivé sur les barres omnibus ou sur la batterie. Le réglage de l'intensité de ce courant est obtenu, soit au moyen de dispositifs spéciaux (survolteur Highfield), soit par l'emploi de régulateurs automatiques agissant sur un rhéostat placé dans le circuit d'excitation.

SURVOLTEUR HIGHFIELD

La figure 140 donne le schéma de ce survolteur. L'induit est placé dans le circuit de la batterie et l'inducteur dans un circuit dérivé, qui

renferme une petite dynamo D, à excitation shunt, donnant une tension pratiquement constante. Cette machine est réglée de façon qu'elle équilibre la tension de la batterie lorsque aucun courant ne traverse cette dernière. Quand la batterie se charge ou se décharge, les tensions ne s'équilibrent plus et un courant, de sens convenable pour faciliter le fonctionnement de la batterie, circule dans l'enroulement inducteur.

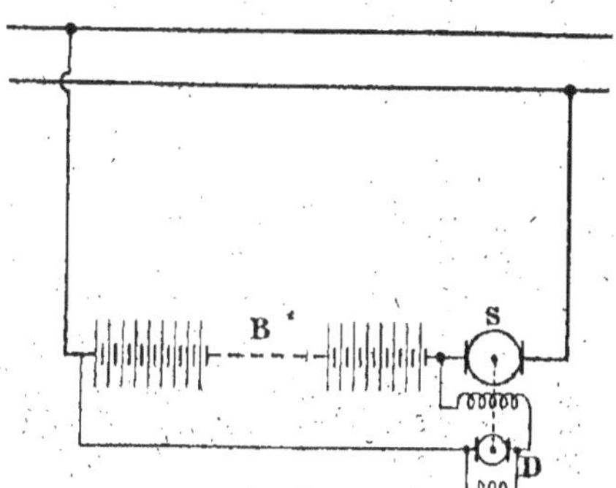

Fig. 140. — Batterie-tampon montée avec un survolteur Highfield.

Équation de la caractéristique de l'ensemble batterie-survolteur. — Désignons par E_0 la force électromotrice de la machine auxiliaire et par K la constante du survolteur. La tension aux bornes de ce dernier a pour valeur :

$$K\,[E_0 - (E_b - R_b I_b)].$$

On a donc :

$$U = E_b - R_b I_b + K \left[E_o - (E_b - R_b I_b) \right],$$

d'où l'on déduit :

$$U = - R_b (1 - K) I_b + E_b + K (E_o - E_b). \qquad (47)$$

La caractéristique $U(I_b)$ est donc une droite moins inclinée sur l'axe des abscisses que la caractéristique de la batterie (fig. 141).

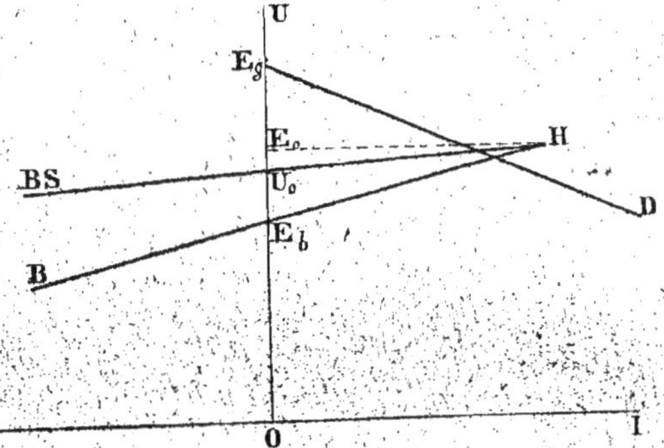

FIG. 141. — Caractéristique du groupe batterie-survolteur Highfield.

Cette caractéristique passe par le point H de coordonnées

$$U = E_o, \qquad I_b = \frac{E_o - E_b}{R_b}.$$

Ce point est commun à toutes les caractéristiques.

Le survolteur a, pour effet de rapprocher la caractéristique du point E_0. Pour $K = 1$, cette caractéristique serait horizontale et passerait par le point E_0.

Détermination de la constante K. — Faisons $I_b = 0$ dans l'équation (47), il vient :

$$U_o = E_b + K (E_o - E_b)$$

d'où l'on tire :

$$K = \frac{U_o - E_b}{E_o - E_b}.$$

Coefficient d'irrégularité. — On le calcule facilement. On trouve :

$$\frac{\Delta I_g}{\Delta I_e} = \frac{R_b}{R_b + \dfrac{R_g}{1 - K}}$$

Tout se passe donc, avec ce survolteur, comme si le coefficient angulaire de la caractéristique de la dynamo était multiplié par le facteur

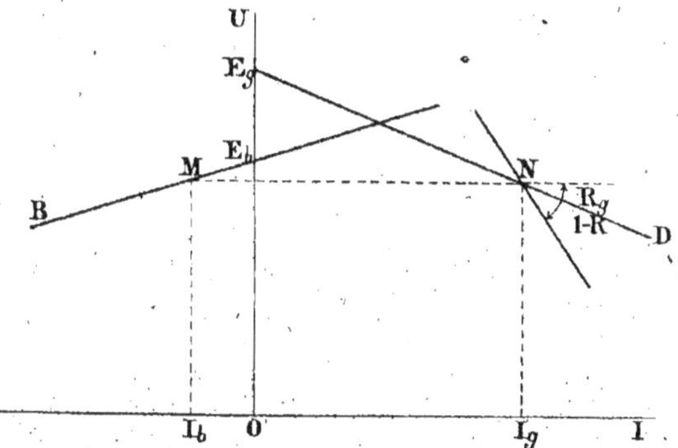

Fig. 142. — Modification apparente de la caractéristique
de la machine dynamo.

$\dfrac{1}{1 - K}$ (fig. 142), dont la valeur numérique peut être assez grande. Il s'ensuit que le survolteur améliore très sensiblement la régularité de marche des machines dynamos.

Coefficients d'instabilité. — En calculant ces coefficients, on trouve :

$$\frac{\Delta I_g}{\Delta E_g} = - \frac{1}{R_b + \dfrac{R_g}{1 - K}}, \tag{48}$$

et :

$$\frac{\Delta I_g}{\Delta E_b} = \frac{1}{R_g + (1 - K)\,R_b}, \qquad (48\ bis)$$

Le premier coefficient montre que la stabilité relative à la batterie est notablement améliorée. La caractéristique BS se déplace, en effet, assez peu, même pour de fortes variations de la force électromotrice de la batterie (fig. 143).

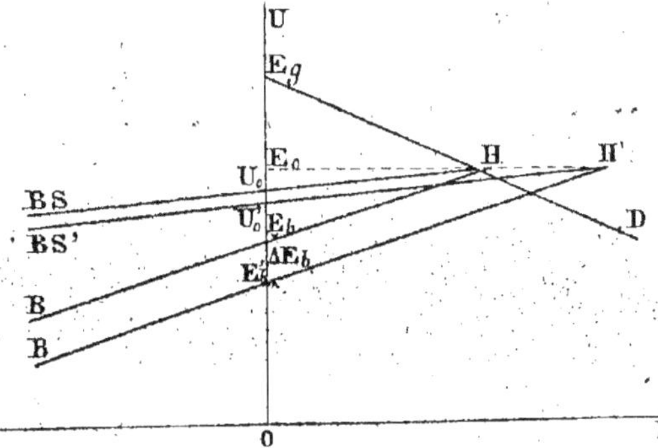

Fig. 143. — Influence d'une variation de la f. e. m. de la batterie sur la position de la caractéristique du groupe batterie-survolteur.

Par contre, le deuxième coefficient met en évidence une diminution de la stabilité relative à la dynamo.

Une faible variation de la force électromotrice de la dynamo suffit pour provoquer une variation importante du courant débité par la machine, principalement si celle-ci a une faible chute de tension.

C'est pour cette raison que le survolteur Highfield ne peut assurer un fonctionnement satisfaisant avec les machines compound et les commutatrices.

SURVOLTEUR RÉGLE PAR REGULATEUR AUTOMATIQUE

Un régulateur automatique agit, dans ce cas, sur le curseur d'un rhéostat, placé dans le circuit inducteur du survolteur, de façon à maintenir sensiblement constant le courant de la dynamo.

La figure 144 représente schématiquement un tel régulateur. Les bobines A et B agissent en sens contraire sur un noyau qui commande le curseur du rhéostat P. La bobine A est branchée sur un shunt qui est parcouru par le courant de la dynamo, la bobine B est montée en dérivation sur les barres et est traversée par un courant constant. Ce dernier est réglé de façon que, lorsque le courant débité par la dynamo est normal, les deux bobines s'équilibrent. Quand le courant de la dynamo s'écarte de sa valeur normale, l'équilibre est détruit et le régulateur modifie, dans un sens convenable, le courant d'excitation du survolteur.

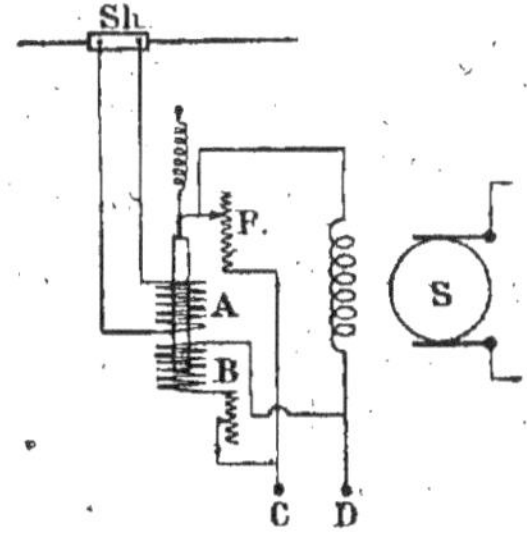

Fig. 144. — Principe d'un régulateur automatique agissant sur le courant d'excitation d'un survolteur.

Équation de la caractéristique de l'ensemble batterie-survolteur. — Désignons par I_0 le courant de la génératrice qui équilibre l'action de la bobine shunt et par u la tension correspondante produite par le survolteur.

Si K est la constante du survolteur, on peut écrire :

$$U = E_b - R_b I_b + u + K (I_g - I_o). \qquad (49)$$

Comme on a, d'autre part :

$$U = E_g - R_g I_g, \qquad (50)$$

$$I_c = I_g + I_b. \qquad (51)$$

l'équation de la caractéristique du groupe batterie-survolteur est :

$$U = -\frac{R_g I_b}{R_g + K} I_b + \frac{R_g (E_b + u) + K (E_g - R_g I_o)}{R_g + K}. \tag{52}$$

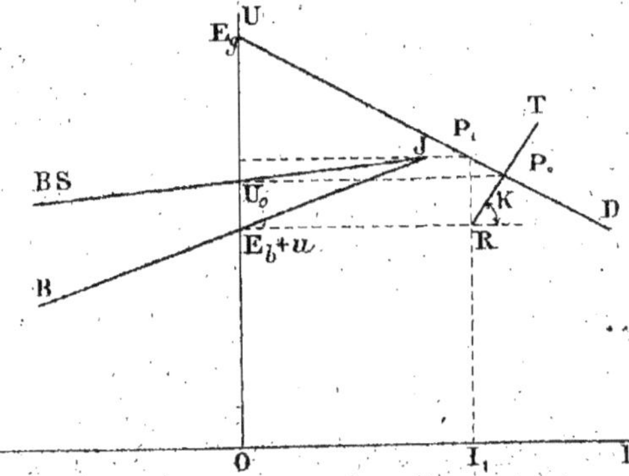

FIG. 145. — Détermination de la caractéristique
du groupe batterie-survolteur.

C'est l'équation d'une droite moins inclinée que la caractéristique de
la batterie et passant par le point J (fig. 145) de coordonnées

$$U = E_g - R_g I_o ;$$

$$I_b = -\frac{(E_g - R_g I_o) - (E_o + u)}{R}$$

Ce point est commun à toutes les caractéristiques qui ne diffèrent que
par la valeur de la constante K.

Remarque. — Menons par le point R de coordonnées $I = I_0$ et
$U = E_b + u$, une droite RT de coefficient angulaire K.

Cette droite rencontre la caractéristique de la dynamo au point P_0.
En rappelant ce point sur l'axe des tensions, on obtient le point de la

caractéristique BS correspondant à un courant de batterie nul. L'équation (52) donne, en effet, pour $I_b = 0$:

$$U_o = \frac{R_g(E_b + u) + K(E_g - R_g I_o)}{R_g + K}.$$

Il est facile de constater que cette expression représente aussi l'ordonnée du point P_0.

On déduit de cette remarque une méthode simple de construction de la caractéristique BS.

On trace la caractéristique de la batterie de f. e. m. $E_b + u$ jusqu'à sa rencontre en J avec l'horizontale passant par le point P_4. Le point d'ordonnée U_o de l'axe des tensions étant déterminé comme nous venons de l'indiquer, il suffit de joindre ce point au point J pour obtenir la caractéristique BS.

Influence d'une variation de la f. e. m. de la batterie, ou de la dynamo sur la position de la caractéristique BS. — Supposons que la

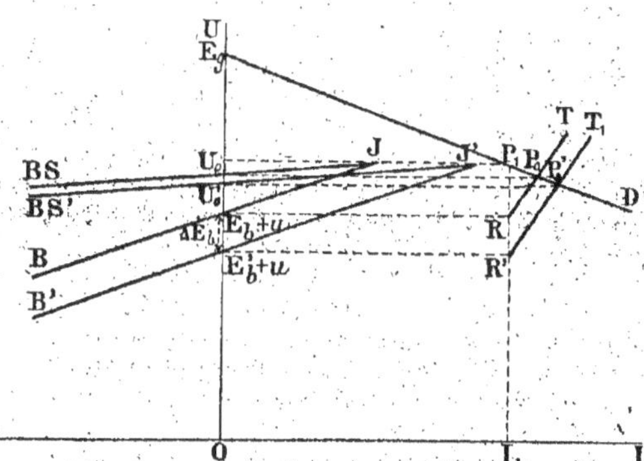

Fig. 146. — Influence d'une variation de la f. e. m. de la batterie sur la position de la caractéristique de l'ensemble batterie-survolteur.

f. e. m. de la batterie varie de ΔE_b, la caractéristique de la batterie passe de B en B' (fig. 146) et le point J se place en J'. D'autre part, la droite

RT se déplace parallèlement à elle-même et vient en R'T'. Le point P'$_o$ donne la nouvelle valeur de la tension U'$_0$ et, par suite, la nouvelle position B'S' de la caractéristique de l'ensemble batterie-survolteur.

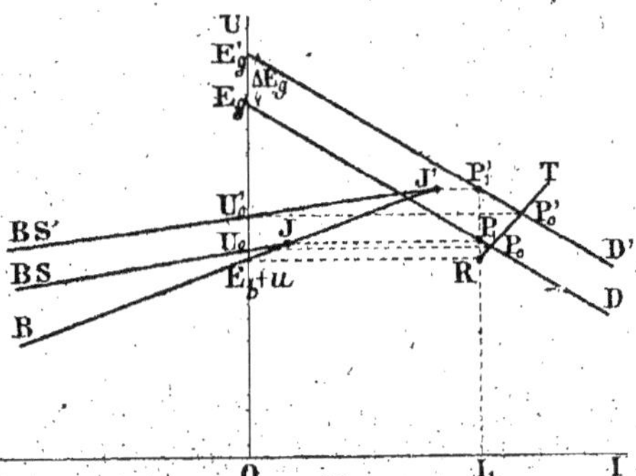

Fig. 147. — Influence d'une variation de la f. e. m. de la dynamo sur la position de la caractéristique de l'ensemble batterie-survolteur.

De même, si la f. e. m. de la dynamo vient à varier de ΔE_g, la caractéristique BS se déplace et vient en B'S'. La figure 147 montre comment s'effectue ce déplacement.

On remarquera que, pour une même variation de force électromotrice, le déplacement de la caractéristique BS est plus considérable quand cette variation est due à une modification de la force électromotrice de la génératrice que lorsqu'elle est due à une modification de la force électromotrice de la batterie.

Coefficient d'irrégularité. — Ce coefficient a pour expression :

$$\frac{\Delta I_g}{\Delta I_c} = \frac{R_b}{R_g + R_b + K} \cdot \qquad (53)$$

En donnant à la constante K une valeur convenable, la stabilité peut être rendue suffisante.

Coefficients d'instabilité. — En calculant ces coefficients, on trouve :

$$\frac{\Delta I_g}{\Delta E_g} = \frac{-1}{R_g + R_b + K} \qquad (54)$$

$$\frac{\Delta I_g}{\Delta E_g} = \frac{1}{R_g + R_b + K} \qquad (54\ bis)$$

Si la constante K est assez grande, la stabilité est suffisante, même si la génératrice n'a qu'une faible chute de tension.

SURVOLTEUR A INTENSITÉ CONSTANTE

Ce survolteur diffère des précédents en ce que son induit est mis en série avec la génératrice et ne laisse passer qu'un courant à peu près constant.

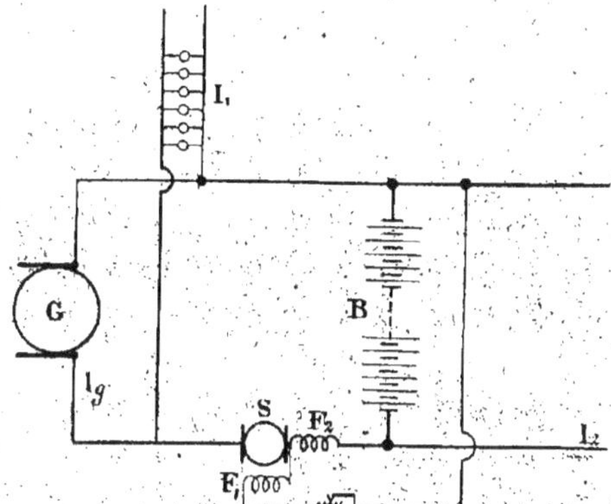

Fig. 148. — Batterie-tampon avec survolteur à intensité constante.

Il est représenté schématiquement dans la figure 148.

La génératrice G alimente deux réseaux : l'un, branché à gauche de la batterie B, absorbe une charge I_1 à peu près fixe et nécessite une tension constante (réseau d'éclairage); l'autre, branché à droite de la batterie, est soumis à de grandes variations de charge et peut être alimenté à tension fortement variable (réseau de traction).

L'inducteur du survolteur porte une excitation différentielle : l'enroulement shunt F_1 développe dans l'induit une f. e. m. de même sens que la f. e. m. de la génératrice et l'enroulement série F_2 produit une f. e. m. opposée à la précédente.

Quand l'intensité du courant du réseau à charge variable augmente, la dynamo tend à envoyer un courant plus élevé dans l'excitation série du survolteur. La tension de cette machine diminue de ce fait et la génératrice fournit une intensité sensiblement constante.

Caractéristique $U_2(I_g)$. — Désignons par U_2 la tension aux bornes de la batterie. On peut écrire, en appelant K_1 la constante de l'enroulement fil fin du survolteur et K_2 la constante de l'enroulement gros fil.

$$U_2 = E_g - R_g I_g + K_1 (E_b - R_b I_b) - K_2 (I_g - I_1), \qquad (55)$$

$$U_2 = E_b - R_b I_b, \qquad (56)$$

$$I_1 + I_2 = I_g + I_b. \qquad (57)$$

On déduit de ces équations :

$$U_2 = -\frac{R_g + K_2}{1 - K_1} I_g + \frac{E_g + K_2 I_1}{1 - K_1}, \qquad (58)$$

ou bien encore :

$$U_2 = -R'_g I_g + \frac{E_g + K_2 I_1}{1 - K_1},$$

en posant :

$$\frac{R_g + K_2}{1 - K_1} = R'_g.$$

La caractéristique $U_2(I_g)$ est donc une droite de coefficient angulaire R'_g, par conséquent plus inclinée que la caractéristique de la machine dynamo.

Pour déterminer sa position, faisons $K_2 = 0$, c'est-à-dire supposons que l'enroulement série n'existe pas. L'équation (58) devient :

$$U_2 = -\frac{R_g}{1 - K_1} I_g + \frac{E_g}{1 - K_1}.$$

C'est l'équation d'une droite passant par le point R de l'axe des tensions $\left(I_g = 0, U = \dfrac{E_g}{1-K_1} \right)$ et par le point S $\left(I = \dfrac{E_g}{R_g}, U = 0 \right)$, intersection de la caractéristique de la dynamo avec l'axe des intensités.

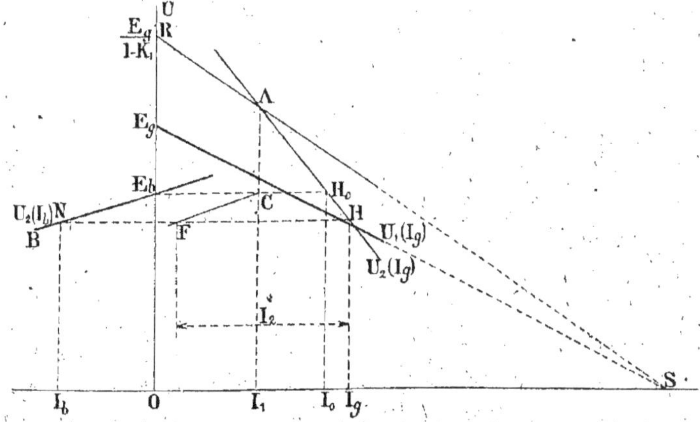

FIG. 149. — Détermination de la caractéristique U_2 (I_g).

Cette droite rencontre la caractéristique $U_2(I_g)$ au point A d'abscisse I_1.

Dès lors, on voit que, pour obtenir la caractéristique $U_2(I_g)$, il suffira de mener, par le point de la droite RS d'abscisse I_1, une droite de coefficient angulaire

$$R'_g = \frac{R_g + K_2}{1 - K_1}.$$

Détermination des courants I_b et I_g. — La caractéristique $U_2(I_g)$ étant connue, on déterminera les courants I_b et I_g, débités respectivement par la batterie et par la génératrice pour une charge $I_1 + I_2$ déterminée, en portant sur le même graphique la caractéristique $U_2(I_b)$ et en cherchant sur les deux droites les points de même ordonnée dont les abscisses remplissent la condition $I_b + I_g = I_1 + I_2$.

Coefficient d'irrégularité. — Supposons que la charge I_2 du réseau de force motrice augmente de ΔI_2, la charge I_1 du réseau d'éclairage restant constante (fig. 150).

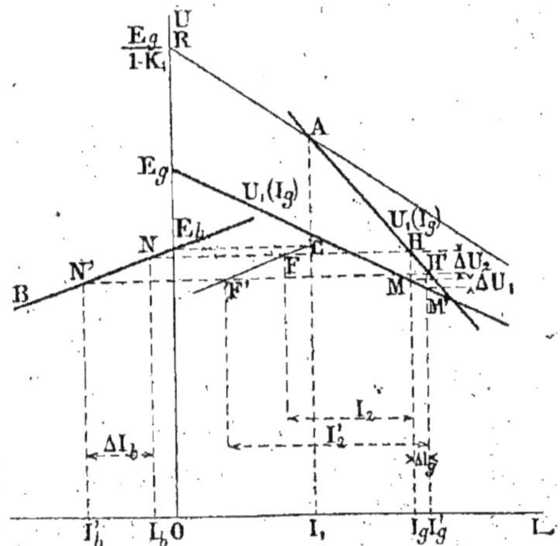

Fig. 150. — Répartition d'une surcharge du réseau de force motrice, la charge du réseau d'éclairage restant constante.

Le point N (caractéristique de la batterie) passe, de ce fait, en N' et le point H (caractéristique de la dynamo) en H'.

L'intensité du courant de la génératrice augmente de ΔI_g et l'on a :

$$\frac{\Delta I_g}{\Delta I_2} = \frac{R_b}{R_b + R'_g}. \tag{59}$$

Ce rapport sera petit si R'_g est suffisamment grand, condition que l'on peut facilement réaliser en pratique. Il en résultera que le courant de la génératrice sera à peu près indépendant de la charge du réseau de force motrice. Tous les à-coups seront donc supportés par la batterie.

Remarquons, d'autre part, que la tension de la génératrice varie de

ΔU_1 et celle de la batterie de ΔU_2. Or on voit, sur le graphique, que ΔU_1 est plus petit que ΔU_2. On a, d'ailleurs :

$$\frac{\Delta U_1}{\Delta I_2} = - \frac{R_g}{1 + \dfrac{R'_g}{R_g}},$$

$$\frac{\Delta U_2}{\Delta I_2} = - \frac{R_b}{1 + \dfrac{R_b}{R'_g}}.$$

Les variations de tension sont donc plus faibles sur le réseau d'éclairage que sur le réseau de force motrice.

Coefficients d'instabilité. — Supposons que la f. e. m. de la batterie varie de ΔE_b. La caractéristique de la batterie passe de B en B' (fig. 151)

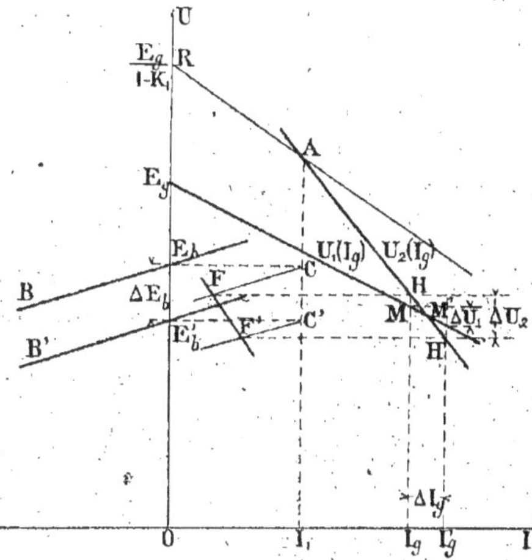

Fig. 151. — Influence d'une variation de la f. e. m. de la batterie sur la charge de la dynamo et sur la tension des deux réseaux.

et, pour une charge constante, il en résulte une variation du courant de la génératrice ΔI_g.

On a :

$$\frac{\Delta I_g}{\Delta E_b} = -\frac{1}{R_b + R'_g} . \qquad (60)$$

On reconnaît que la variation du courant de la dynamo est faible si R'_g est grand.

On a, d'autre part :

$$\frac{\Delta U_1}{\Delta E_b} = \frac{R_g}{R_b + R'_g} ,$$

et :

$$\frac{\Delta U_2}{\Delta E_b} = \frac{1}{1 + \dfrac{R_b}{R'_g}} .$$

Le premier rapport est petit et le second est voisin de l'unité. Il s'ensuit que les variations de la f. e. m. de la batterie n'auront pas d'influence sensible sur la tension du réseau d'éclairage, mais elles agiront fortement sur la tension du réseau de force motrice.

CHAPITRE IX

Notes sur la construction et le montage des survolteurs-dévolteurs automatiques pour batteries-tampon.

Moteur d'entraînement pour survolteurs-dévolteurs. — Les survolteurs-dévolteurs sont, en général, entraînés directement par un moteur shunt ou compound à courant continu. Cependant, dans les installations disposant de courant alternatif triphasé, il est préférable, si la tension du courant continu est relativement élevée (au-dessus de 1.200 volts), d'employer un moteur asynchrone.

Précautions à prendre dans le montage des survolteurs-dévol-

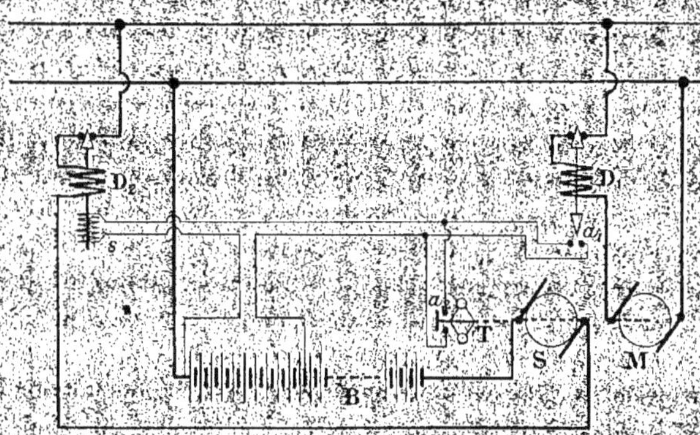

Fig. 152. — Dispositif de sécurité évitant l'emballement du groupe survolteur-dévolteur quand le moteur d'entraînement cesse d'être alimenté par le réseau.

teurs. — En pratique, il convient d'écarter, au moyen de dispositifs convenables, le danger d'emballement du survolteur-dévolteur couplé en série avec la batterie d'accumulateurs, danger qui peut se présenter dans le cas où le moteur viendrait à ne plus être alimenté.

Le moyen le plus pratique consiste à mettre la batterie hors du circuit principal, dès que le courant du moteur est interrompu pour une cause quelconque. Dans ce but, l'interrupteur du survolteur est rendu solidaire de celui du moteur et ces deux interrupteurs sont, par suite, manœuvrés en même temps.

Quand le moteur est protégé par un disjoncteur à maxima, on place sur ce disjoncteur des contacts auxiliaires disposés de façon à provoquer le déclanchement de l'interrupteur à maxima de la batterie, en même temps que celui du disjoncteur du moteur (fig. 152). Pour plus de sécurité, on dispose quelquefois, sur l'arbre du survolteur, un dispositif mécanique qui ferme le circuit de déclanchement de l'interrupteur de la batterie, lorsque la vitesse du groupe dépasse une limite maximum.

Survolteurs-dévolteurs pour fortes intensités. — Dans les installations mettant en jeu des courants importants, il est quelquefois difficile de faire agir ceux-ci directement sur le survolteur. On alimente alors l'inducteur du survolteur au moyen d'une excitatrice spéciale, sur laquelle agissent les enroulements différentiels. Cette excitatrice est, en général, montée sur l'arbre du survolteur.

La figure 153 représente le montage Pirani réalisé avec une excitatrice auxiliaire.

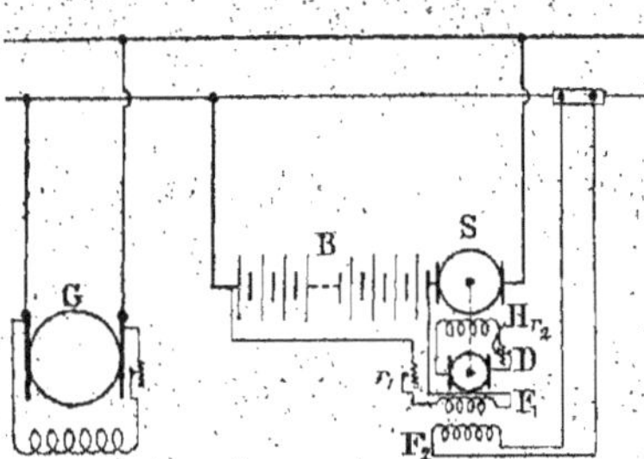

Fig. 153. — Montage Pirani réalisé avec une excitatrice auxiliaire.

Cette disposition présente l'avantage de n'utiliser qu'une très faible dérivation du courant principal. De plus, elle rend le réglage plus facile, car on peut régler, une fois pour toutes, les excitations à équilibrer quand le réseau est moyennement chargé, le réglage de la tension de charge de la batterie pouvant se faire ensuite en faisant varier la résistance intercalée dans le circuit principal de l'excitatrice.

Construction des survolteurs-dévolteurs. — En raison du service

FIG. 154. — Groupe survolteur-dévolteur automatique pour batterie-tampon.

particulier que les survolteurs-dévolteurs ont à assurer, ces machines doivent être construites d'une façon spéciale.

FIG. 155. — Survolteur-dévolteur automatique à double collecteur.

Tout d'abord, pour que le groupe puisse répondre aux besoins instantanés, il faut prévoir très largement la capacité du survolteur, ainsi que

13

celle du moteur qui l'entraîne. Si l'on veut avoir une bonne régulation, il faut, en outre, que les inducteurs soient faits en acier doux ou en fer de bonne qualité, dépourvu de magnétisme rémanent. Des pôles de commutation permettront le changement brusque de la charge, ainsi que le renversement instantané de la tension sans qu'aucune étincelle ne se produise au collecteur.

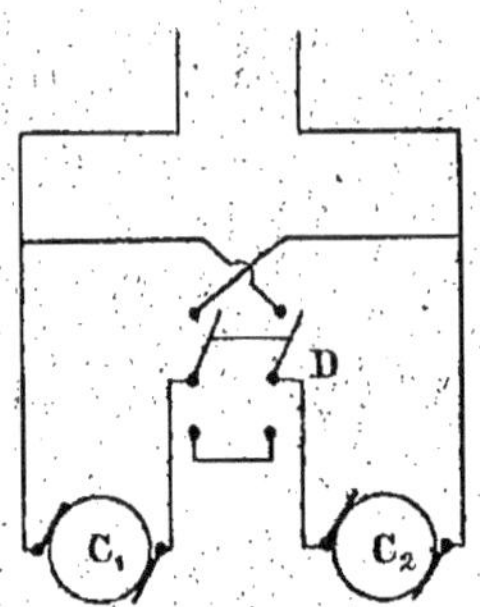

Fig. 156. — Couplage des collecteurs d'un survolteur à double collecteur.

Les survolteurs, donnant des courants très intenses sous des tensions relativement basses, exigent des collecteurs plus développés que les machines ordinaires. Pour cette raison, on emploie deux collecteurs placés de chaque côté de l'induit (fig. 155). Ces collecteurs sont couplés en parallèle pendant la marche normale et en série pendant la charge des accumulateurs. Les balais sont connectés à un commutateur double à deux directions qui, lorsqu'il est fermé dans un sens, met les deux circuits en parallèle et les couple en série lorsqu'il est fermé en sens inverse (fig. 156).

Saturation du circuit magnétique des survolteurs-dévolteurs. —

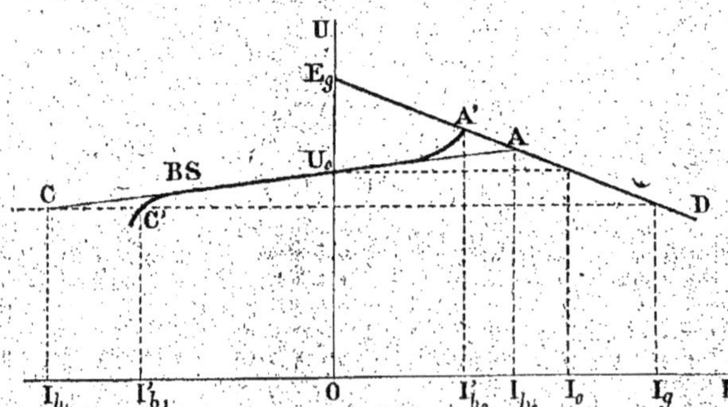

Fig. 157. — Influence de la saturation du survolteur-dévolteur sur l'intensité des courants débités par la batterie au moment des pointes du réseau.

En général, sur les courbes de consommation, il se présente, à des intervalles assez éloignés, des pointes de charge qui s'écartent trop de la
normale pour qu'il ne soit pas nécessaire de limiter la décharge ou la
charge de la batterie. Il vaut beaucoup mieux faire travailler les génératrices en surcharge ou à faible charge pendant le temps que durent,
les à-coups de charge excessive ou de faible charge sur le circuit, que de
faire supporter de trop forts courants à la batterie.

La tension du survolteur ne devra pas alors varier proportionnellement à l'augmentation de la charge extérieure. Le survolteur devra être
construit de façon qu'il travaille au-dessus du coude de la courbe de
magnétisme, au moment où la charge est excessive et où, par conséquent, l'intensité du courant d'excitation du survolteur est élevée.

La figure 157 met en évidence le rôle de la saturation du survolteur
sur l'intensité du courant débité au moment des pointes.

Schéma d'installation. — La figure 158 donne le schéma des connexions principales d'une batterie installée dans une usine de tramways
avec un survolteur série-réseau (Mailloux-Pirani).

Le survolteur S est entraîné par le moteur shunt M. Il faut noter que
les interrupteurs du survolteur et du moteur sont solidaires (interrupteur I_s). Par ce moyen, on évite que le survolteur ne reste en circuit
quand le moteur est arrêté. En outre, un déclancheur automatique de
vitesse (non représenté sur la figure), monté sur l'arbre du survolteur,
ouvre le circuit de celui-ci lorsque la vitesse du groupe devient dan-
gereuse, un emballement pouvant résulter de la fusion du coupe-circuit
placé dans le circuit du moteur.

Le commutateur C à trois directions permet :

1° De brancher la batterie et le survolteur sur le réseau (fonctionnement normal);

2° De mettre la batterie hors circuit et d'alimenter le réseau par les
génératrices seules;

3° De mettre le survolteur hors circuit et de brancher la batterie seule
sur le réseau.

Le shunt S_h permet de régler l'action de l'enroulement série du survolteur. Un interrupteur permet également de mettre hors circuit cet enroulement pendant la charge de la batterie.

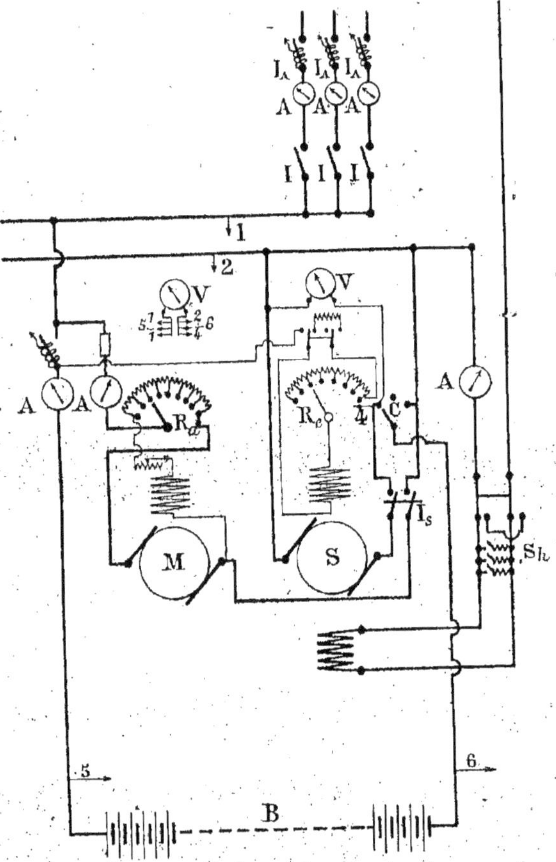

FIG. 158. — Montage d'un survolteur automatique série-réseau (Pirani-
Mailloux).
B batterie, A ampèremètre, V voltmètre, M moteur, S survolteur,
R_e rhéostat d'excitation, R_d rhéostat de démarrage, C commutateur,
I_s interrupteur de sureté, 1 interrupteur, I_a interrupteur automatique,
S_h shunt de réglage.

La figure 159 donne le schéma des connexions d'un survolteur différentiel avec les barres collectrices,

La disposition des appareils est analogue à celle du cas précédent.

La légende indique suffisamment la nature
des appareils du tableau.

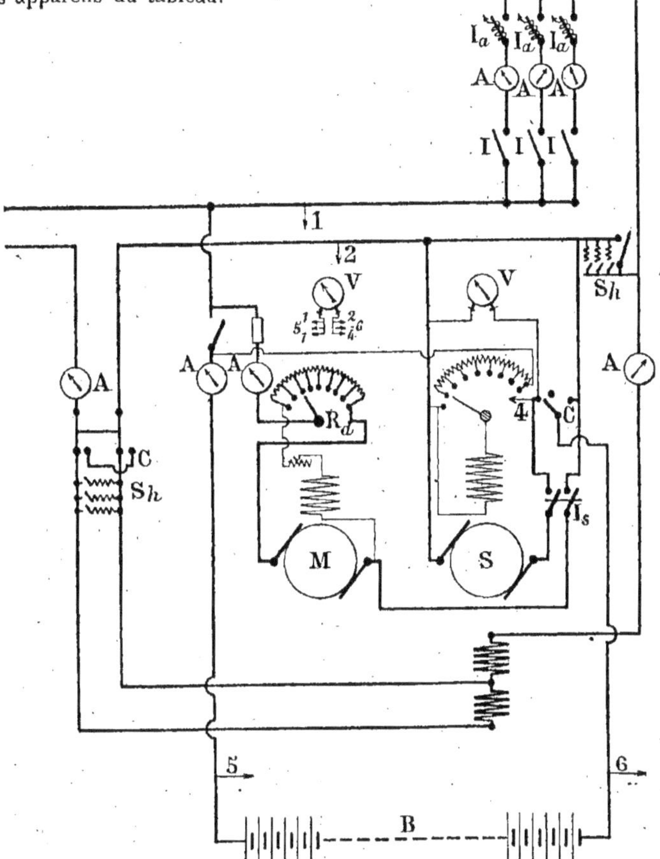

Fig. 159. — Montage d'un survolteur automatique différentiel (Entz).
B batterie, A ampèremètre, V voltmètre, M moteur, S survolteur, R_e rhéostat
d'excitation, R_d rhéostat de démarrage, C commutateur, I, interrupteur de
sûreté, I interrupteur, I_a interrupteur automatique, S_h shunt de réglage.

EMPLOI DES BATTERIES-TAMPON SUR LES RÉSEAUX
A COURANTS ALTERNATIFS

Les batteries-tampon peuvent être utilisées dans les installations à courants alternatifs, mais il faut alors commander la dynamo de charge par un moteur triphasé synchrone, qui agit comme générateur de courant triphasé quand la batterie se décharge.

Le rendement d'une telle installation, comportant un moteur spécial, est naturellement moins bon que celui d'une installation où la batterie est branchée sur le réseau (1). Cet inconvénient est cependant compensé, dans bien des cas, par les avantages qui résultent de la meilleure répartition de la charge.

Les montages employés pour obtenir un tamponnage automatique sont un peu plus complexes que dans les installations à courant continu, parce que l'excitation de la dynamo de charge ne peut être influencée directement par le courant alternatif. Il faut créer une tension continue proportionnelle à ce courant. Nous indiquerons deux procédés permettant d'arriver à ce résultat.

1° *Emploi d'un régulateur automatique.* — Le réglage de l'excitation de la dynamo de charge se fait au moyen d'un régulateur S (fig. 160) qui intercale des résistances R dans le circuit d'excitation, au fur et à mesure que l'intensité, c'est-à-dire la charge du réseau, augmente. On s'arrange de façon que, lorsque

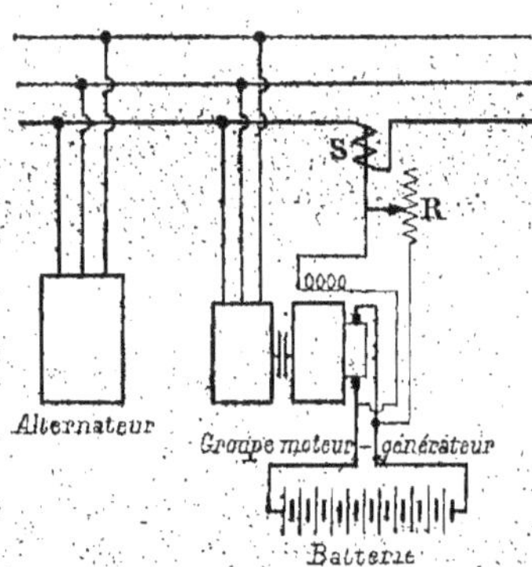

Fig. 160. — Batterie-tampon fonctionnant sur un réseau à courants alternatifs avec groupe de charge réglé par un régulateur automatique.

dire la charge du réseau, augmente. On s'arrange de façon que, lorsque

(1) Si l'on admet un rendement moyen de 90 pour 100 pour l'alternateur et pour la dynamo et de 80 pour 100 pour la batterie, le rendement de l'installation est de :
$$0,90 \times 0,90 \times 0,80 \times 0,90 \times 0,90 = 0,525$$
soit 52,5 pour 100.

la puissance demandée par le réseau dépasse une valeur donnée, la batterie alimente la machine à courant continu en moteur, le groupe convertisseur fournit alors du courant triphasé. Si la demande tombe au-dessous de la valeur fixée, la machine à courant continu débite sur la batterie et la charge.

2° *Emploi d'une commutatrice auxiliaire.*— Le courant débité passe par un transformateur série T (fig. 161) dont le secondaire alimente une commutatrice spéciale C. Le courant continu produit par cette machine est, à chaque instant, proportionnel au courant du réseau (1) et circule dans l'enroulement A, agissant en sens inverse de l'enroulement shunt B de la dynamo à courant continu du groupe moteur-générateur. Quand le courant augmente, la force électromotrice de la dynamo est diminuée, de sorte que le courant des accumulateurs entraîne le groupe. Quand, au contraire, le courant du réseau diminue au-dessous d'une certaine valeur, la force électromotrice de la dynamo augmente et le groupe charge la batterie en prenant de la puissance au réseau.

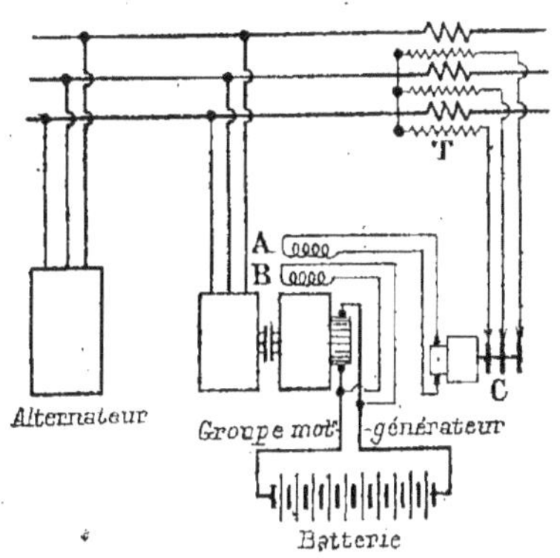

Fig. 161. — Batterie-tampon fonctionnant sur un réseau à courants alternatifs avec groupe de charge réglé par une commutatrice spéciale.

---

(1) On sait que, dans une commutatrice ordinaire, le champ créé par l'induit a son axe dirigé suivant la bissectrice de l'angle formé par deux pôles (réaction transversale), de sorte qu'il réagit fort peu sur le champ inducteur. Dans la commutatrice spéciale, le champ de l'induit est amené dans la direction du champ principal par un ajustement de la couronne de l'inducteur mobile tel que l'effet du champ de l'induit soit soustractif. L'induit quitterait cette position relative, s'il n'était calé sur l'axe d'un moteur synchrone de plus grande puissance qui le maintient dans cette position. La tension du côté continu ne dépend plus, dans ces conditions, uniquement de l'excitation des pôles, mais de l'effet différentiel des enroulements inducteur et induit. De sorte que, si les pôles ont une excitation constante, la tension côté continu dépend seulement des courants triphasés circulant dans l'induit.

Les ateliers Siemens-Schuckert ont installé, d'après ce système, une batterie-tampon à la fabrique de potasse de Carlsfund à Gross-Rhüden.

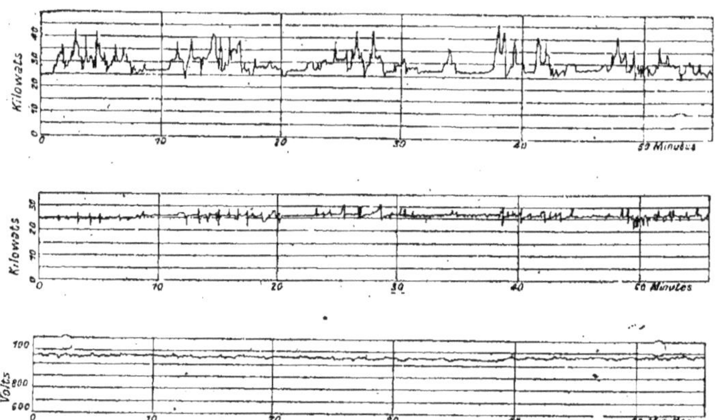

Fig. 162. — Courbes de variation de la puissance et de la tension des génératrices de la centrale de la fabrique de potasse de Carlsfund à Grosse-Rhüden.

Cette batterie de 645 ampères-heure suffit à compenser les à-coups résultant de la mise en marche des monte-charges de l'usine. Les courbes de la figure 162, relevées lors des essais de réception, permettent de se rendre compte de l'efficacité de cette batterie.

RÉGULATEURS EMPLOYÉS AVEC LES BATTERIES-TAMPON

Régulateur Brown-Boveri. — Le régulateur automatique Brown-Boveri, à action rapide, agit directement sur le courant d'excitation du survolteur. Il se compose d'un relais de tension astatique et puissant, muni d'un équipage léger et très mobile, dont les oscillations sont transmises à des secteurs de contact (fig. 163). Ces secteurs se déplacent sans glissement, en roulant sur les plots des résistances réglables, ce qui supprime, de façon presque absolue, tout frottement. Les masses en mouvement sont réduites au minimum et la liaison entre les différents organes de réglage, ainsi que le montage du dispositif destiné à amortir les mouvements pendulaires, ne sont pas faits d'une façon rigide, mais avec intermédiaire de ressorts ; on obtient ainsi un réglage presque instantané.

La figure 164

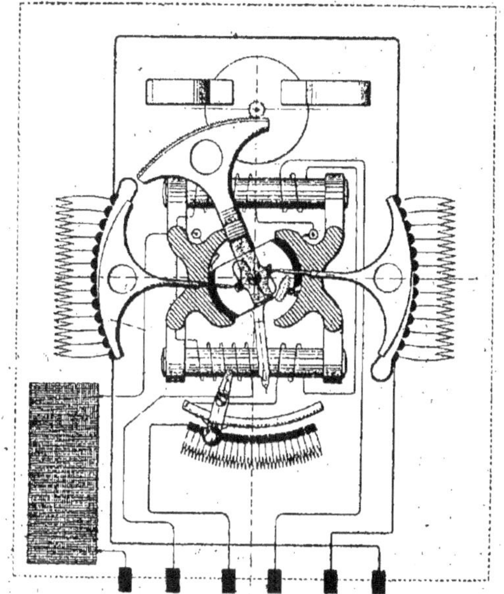

Fig. 163. — Mécanisme du régulateur Brown-Boveri.

Fig. 164. — Schéma de montage d'un régulateur Brown-Boveri.

montre comment ce régulateur est connecté, quand on l'emploie dans une installation à courant continu munie d'une batterie-tampon.

Régulateur Thury. — Le régulateur Thury (fig. 165) est l'un des plus compliqués, mais aussi des mieux étudiés. La pièce K, qui oscille sans cesse autour de son axe vertical sous l'action d'un petit moteur, comporte deux rochets I et I', maintenus normalement par deux petits leviers coudés D et D'. Lorsque la tension monte ou baisse, le levier C monte ou descend sous l'action du

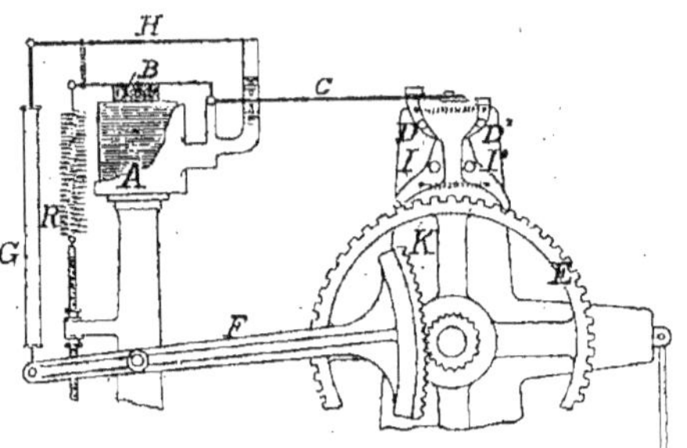

Fig. 165. — Mécanisme du régulateur Thury.

solénoïde A et des ressorts H et R, et la pièce fixée à l'extrémité de C soulève l'un des petits leviers D ou D', ce qui libère l'un des rochets I et I' qui, sous l'action d'un petit ressort, tombe dans l'une des dents de la roue E. Celle-ci se trouve ainsi entraînée par la pièce K et fait tourner dans un sens, ou dans l'autre, le curseur du rhéostat, ce qui augmente ou diminue la résistance de celui-ci. Un amortisseur à huile G et un ressort à lame H amortissent les oscillations du levier C, de sorte que le réglage se fait suivant une courbe apériodique très fortement amortie.

Régulateur Cuénod. — Ce régulateur est à action indirecte. L'agent

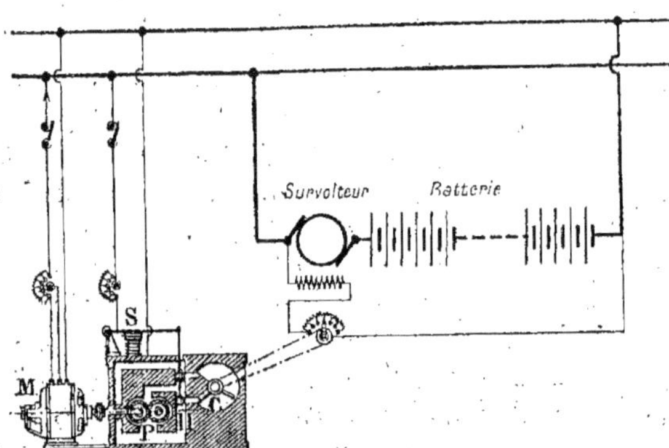

Fig. 166. — Mécanisme du régulateur Cuénod.

moteur est une pression d'huile produite par une pompe à engrenages P, entraînée par un moteur auxiliaire M (fig. 166). Dans la boîte qui renferme la pompe, se meut une palette C, montée sur un axe horizontal. Cette palette est noyée dans l'huile sous pression envoyée par la pompe et, suivant que l'huile arrive sur l'une ou l'autre face de la palette, le petit arbre horizontal se met à tourner avec force dans l'un ou l'autre sens. Le mouvement de cet arbre se transmet par roues dentées à l'arbre qui actionne le curseur du rhéostat d'excitation. La distribution d'huile venant de la pompe se fait au moyen d'un petit piston-valve H qui dirige l'huile sur l'une ou l'autre face de la palette. La position de la valve est réglée par un solénoïde S, traversé par le courant principal ou par un courant proportionnel à la tension. Toute variation du courant traversant le solénoïde a pour conséquence d'actionner avec force les organes régulateurs. Des ressorts sont convenablement disposés pour empêcher les mouvements pendulaires de se produire.

CHAPITRE X

Calcul d'une batterie d'accumulateurs
devant assurer un service déterminé.

I. DÉTERMINATION DE LA CAPACITÉ D'UNE BATTERIE RAPPORTÉE
A UN RÉGIME DE DÉCHARGE DÉTERMINÉ

Nous avons vu que, pour réaliser une capacité déterminée, il faut un poids de plaque différent suivant que la décharge est plus ou moins rapide, par suite de la notable diminution de rendement qu'occasionne l'emploi de régimes de plus en plus poussés.

Quand l'intensité de décharge est constante, il suffit de rechercher, dans le catalogue du type d'accumulateurs que l'on a choisi, l'élément dont la capacité, à cette intensité, correspond au nombre d'ampères-heure nécessaires.

Si la décharge doit se faire dans un temps différent de ceux indiqués dans le catalogue, il est nécessaire de chercher la capacité correspondante à l'un des régimes donnés par le constructeur. Cette détermination se fait facilement au moyen de la relation de Peukert qui lie, comme nous l'avons vu (page 42), la capacité à l'intensité du courant de décharge.

Capacité d'une batterie déchargée à régime variable. — Ce n'est qu'exceptionnellement que la batterie est déchargée à régime constant. Dans la plupart des installations, la batterie est en effet utilisée à des intensités variables. Étant donnée l'allure de cette décharge (intensité en fonction du temps) on obtient, en intégrant la courbe, le nombre total d'ampères-heure que doit débiter la batterie, mais on commettrait une grave erreur en prenant le nombre ainsi trouvé pour capacité de la batterie au régime constant, correspondant à l'intensité moyenne de décharge. Il faut, en effet, tenir compte de la diminution très notable du rendement aux forts débits, qui fait perdre à la batterie une fraction de capacité plus grande que le nombre d'ampères-heure déduit de la courbe de régime.

Pour avoir la connaissance exacte de la capacité rapportée à un régime constant, on peut employer l'une des deux méthodes suivantes :

1° Méthode. — Soit I_1, I_2, I_3.., les différentes intensités de décharge et t_1, t_2, t_3.., les temps de décharge correspondants.

Si l'on trace, en même temps que le diagramme des intensités en fonction du temps, la courbe de ces mêmes intensités élevées à la puissance n, l'aire de la surface S, limitée par cette dernière ligne, sera

$$S = I_1{}^n\, t_1 + I_2{}^n\, t_2 + I_3{}^n\, t_3 + \ldots = \Sigma\, I^n\, t,$$

équation qui peut aussi s'écrire

$$S = I_1{}^n\, T_1\, \frac{t_1}{T_1} + I_2{}^n\, \frac{t_2}{T_2} + I_3{}^n\, T_3\, \frac{t_3}{T_3} + \ldots$$

T_1, T_2, T_3.., représentant les temps de décharge totale aux intensités I_1, I_2, I_3.., maintenues constantes.

D'après la relation de Peukert, cette dernière équation peut s'écrire

$$S = K \left(\frac{t_1}{T_1} + \frac{t_2}{T_2} + \frac{t_3}{T_3} + \ldots \right).$$

Comme les différents termes de la parenthèse représentent les différentes fractions de capacité débitées aux différents régimes, il faut, pour que la batterie soit complètement déchargée au bout du temps total, que leur somme soit égale à l'unité. On aura donc :

$$S = \Sigma\, I^n\, t = K.$$

Il en résulte que pour déterminer la grandeur d'un élément capable d'effectuer une décharge correspondant à une courbe donnée I (t) (fig. 167),

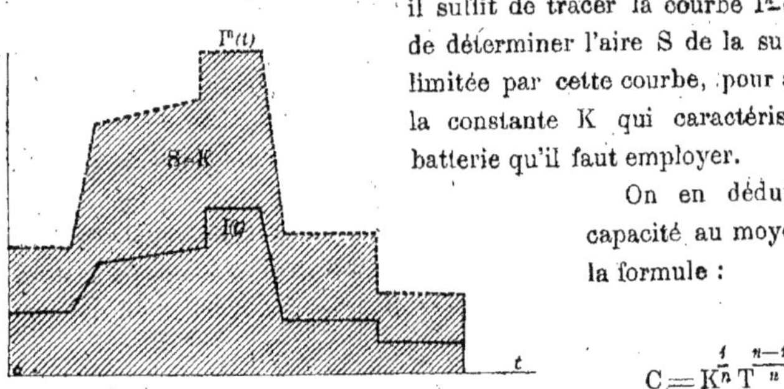

il suffit de tracer la courbe $I^n(t)$ et de déterminer l'aire S de la surface limitée par cette courbe, pour avoir la constante K qui caractérise la batterie qu'il faut employer.

On en déduit la capacité au moyen de la formule :

$$C = K^{\frac{1}{n}} T^{\frac{n-1}{n}} .$$

Fig. 167. — Détermination de la constante K.

2° *Méthode.* — On commence par déterminer le diagramme du type d'élément considéré. On trace d'un point O la verticale O1 de longueur égale à la capacité au régime de décharge en une heure et du point 1, on

mène une hori-zontale 1 n. Les points 2, 3, 4 etc. sont déterminés par l'intersection de cette horizon-tale avec les arcs de cercle de rayon O2, O3, O4.., cor-respondant, res-pectivement, aux capacités de dé-charge en 2, 3, 4

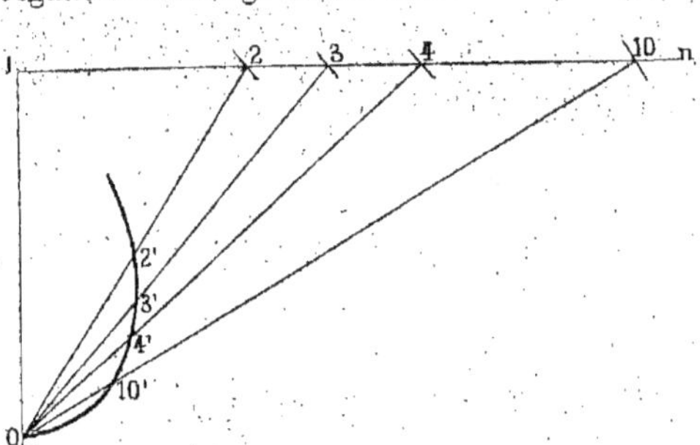

Fig. 168. — Détermination de la courbe donnant la fraction de capacité perdue par la batterie en une heure aux dif-férents régimes de décharge.

heures, etc. On prend ensuite, sur chacun de ces vecteurs, une longueur correspondant à une heure de décharge au régime considéré, soit :

$$O2' = \frac{1}{2} O2,$$

$$O\,3' = \frac{1}{3}\,O\,3,$$

et l'on obtient ainsi la courbe 1 2' 3' 4' 10' de la figure 168.

On voit que si O 4' représente, en même temps, dans nos hypothèses, l'intensité au régime de décharge adopté (4 heures) et le nombre d'ampères-heure débités par la batterie en une heure, le quotient $\dfrac{O\,4'}{O\,4}$ représente, de même, la fraction de capacité utilisée dans ces conditions.

Cela posé, décomposons la courbe de décharge en rectangles dont la largeur sera l'unité de temps et la hauteur l'intensité moyenne du courant pendant ce temps (fig. 169). Considérons le premier de ces rectangles. De O comme centre avec un rayon égal à I_4 moyen,

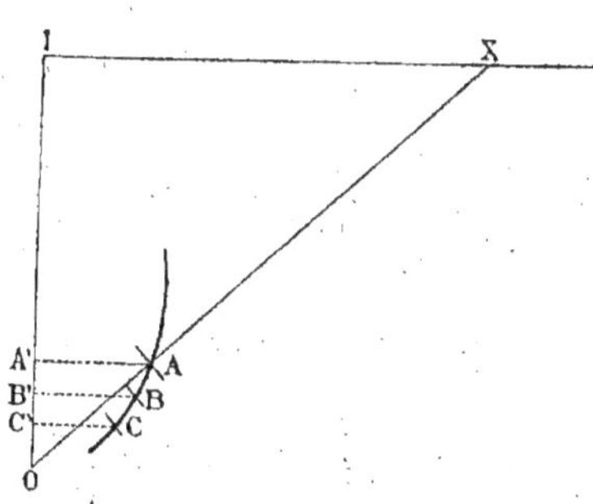

Fig. 169. — Détermination des intensités moyennes pendant la décharge.

Fig. 170. — Détermination des fractions de capacité perdues aux divers régimes de décharge.

décrivons un arc de cercle coupant la courbe des intensités aux divers régimes en un point A. Tout se passe comme si, pendant l'heure considérée, la batterie se déchargeait sous l'intensité moyenne I_4. La capacité serait alors OX. Elle diminue donc la fraction $\dfrac{OA}{OX}$ de sa capacité. Mais si l'on mène par A l'horizontale A A', on a $\dfrac{OA'}{O1} = \dfrac{OA}{OX}$. Donc $\dfrac{OA'}{O1}$ donne la fraction de capacité correspondant à ce régime de décharge (I_4 moyen en une heure).

Opérons de même pour les heures suivantes. Soient OB', OC'.., les fractions de capacité perdues aux intensités I_2, I_3...

La somme $OA' + OB' + OC' + ..$, représente la capacité totale de la batterie (rapportée au régime constant de décharge en une heure) nécessaire pour assurer le service considéré.

Capacité d'une batterie-tampon. — *1° Cas. (Variations lentes de l'intensité).* — Nous supposerons d'abord que les périodes de charge

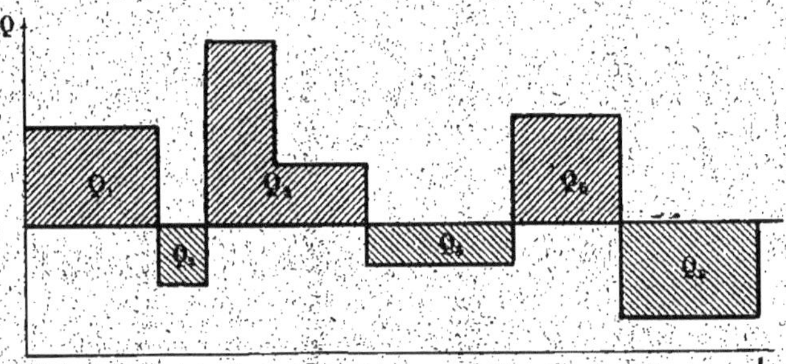

Fig. 171. — Diagramme de variation de l'intensité rapporté au courant moyen.

et de décharge ne sont pas trop rapprochées, de façon qu'il soit possible de suivre les variations de la charge sur la courbe de consommation journalière.

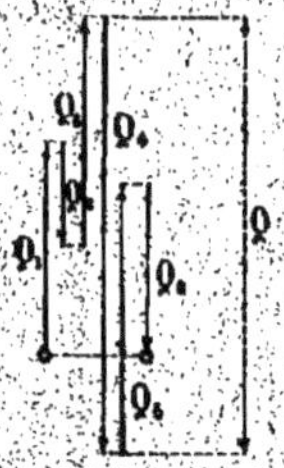

Le diagramme du débit utile étant connu (fig. 171), on en déduit facilement le débit moyen. Rapportons la courbe du courant absorbé à l'axe ayant pour ordonnée ce débit moyen. Les ordonnées positives représentent, à chaque instant, les intensités du courant de décharge, et les négatives les intensités du courant de charge.

La quantité maxima d'électricité que devra pouvoir restituer la batterie sera donnée, en général, par la plus grande des surfaces positives de la courbe. Mais comme il peut se faire qu'à une décharge partielle succède une charge insuffisante pour ramener la batterie à l'état de charge initial, on devra déterminer la plus grande quantité d'électricité Q qui pourra se

Fig. 172. — Calcul de la capacité d'une batterie-tampon.

trouver contenue, à un moment donné, dans la batterie. Pour cela, il suffira de porter les quantités Q_1, Q_2, Q_3.., l'une à la suite de l'autre (fig. 172).
La capacité Q sera représentée par l'écart maximum entre les ordonnées
ainsi obtenues.

Ayant la valeur Q, on en déduira la capacité que devra avoir la batterie à un régime de décharge à intensité constante, en appliquant l'une
des méthodes indiquées plus haut et en admettant que, pendant la
décharge, l'intensité varie dans les proportions qu'indique la portion de
courbe correspondant à la plus grande des surfaces positives.

2° *Cas.* — (*Variations rapides de l'intensité*). — Quand la batterie
doit régulariser la puissance consommée dans un réseau de traction, le
calcul de la capacité devient plus difficile, car, outre qu'il est très malaisé
de déterminer dans ce cas, même approximativement, le diagramme des
intensités absorbées, puisqu'on ne connaît jamais exactement la marche et la
composition des trains, — lorsqu'il s'agit d'un réseau de tramways l'élas-
ticité des horaires et l'irrégularité des arrêts rendent cette détermination
tout à fait illusoire, — un tel diagramme, quand il est connu, présente
des variations du courant si considérables et si rapides, qu'il est pratiquement impossible d'appliquer la méthode précédemment indiquée.

Dans ce cas, le mieux est de procéder empiriquement. Dans la plupart
des exploitations comportant des trains légers et sur les tramways, on
obtient un tamponnage efficace en donnant à la batterie une capacité
calculée de façon qu'elle puisse assurer le plus grand excès de charge
pendant une demi-heure.

Cette pratique conduit à donner à la batterie une importance relativement plus grande, par rapport à la puissance des dynamos, dans le cas
des petites installations que dans celui des grandes.

Dans ce dernier cas, en effet, le grand nombre de voitures tend naturellement à établir une certaine compensation entre l'excès de consommation des unes et la diminution ou même la suppression des autres. Il
en résulte une diminution très notable du rapport entre la charge maximum
et la charge moyenne du réseau. Ce rapport, qui tombe à 1,4 dans les
grandes installations, peut s'élever dans les petites à 3 et plus.

14

On admet généralement, dans les installations de traction, des proportions voisines des suivantes :

PUISSANCE TOTALE DE L'ENSEMBLE (BATTERIE COMPRISE)	PUISSANCE DE LA BATTERIE (CALCULÉE POUR UNE HEURE en p. 100 de la puissance totale)
0 — 200	75
200 — 500	60
500 — 1000	50
1000 — 2000	40
au-dessus de 2000	20

II. — DÉTERMINATION DU POIDS DES PLAQUES

Pour déterminer le poids des plaques, il faut se rappeler que la batterie doit satisfaire à deux conditions distinctes :

a) Elle doit pouvoir supporter, sans danger de détérioration, le courant maximum qu'elle est appelée à fournir ;

b) Elle doit être capable de donner, sans décharge exagérée, l'énergie nécessaire pour l'exploitation.

Pour réaliser la première condition, il faut un poids de plaques au moins égal à

$$P_1 = \frac{I_{max.}}{i},$$

I_{max} représentant la plus forte intensité du courant à fournir et i le débit maximum par kilogramme de plaques pour le type d'accumulateur employé.

La deuxième condition exige un poids de plaques

$$P_2 = \frac{Q}{q},$$

Q, étant la capacité utilisable à un régime de décharge déterminé et q la capacité spécifique au même régime de décharge.

On obtient ainsi deux valeurs, généralement différentes, du poids des plaques. On retient la plus grande de ces valeurs, tout en cherchant à la ramener, par un choix convenable des éléments, sensiblement au même chiffre que l'autre. D'ailleurs, pour laisser une marge à l'imprévu, il est prudent de majorer ce poids, strictement nécessaire, de 15 à 20 p. 100.

Le tableau suivant résume les valeurs de i et q, généralement admises par les constructeurs pour les éléments stationnaires.

RÉGIME DE DÉCHARGE EN HEURES	CAPACITÉ PAR KILOGRAMME DE PLAQUES	INTENSITÉ PAR KILOGRAMME DE PLAQUES
10	8,0	0,8
6	7,4	1,22
3	6,5	2,16
2	5,6	2,80
1	4,4	4,4

III. — CALCUL DU NOMBRE D'ÉLÉMENTS DE LA BATTERIE

Le nombre d'éléments se calcule d'après la tension que l'on désire obtenir aux bornes de la batterie. Connaissant cette tension U et la tension finale u d'un élément, le nombre d'éléments est donné par

$$n = \frac{U}{u} \, .$$

La tension finale dépend, comme nous l'avons vu (page 28), de plusieurs facteurs, en particulier de l'acidité et du régime de décharge. Avec les concentrations d'acide ordinairement employées dans les éléments stationnaires, on peut prendre, en pratique, les valeurs moyennes suivantes :

    1,83 volts pour une décharge en 10 heures.
    1,81   —   —   3 —
    1,75   —   —   2 —
    1,70   —   —   1 —

Le tableau ci-dessus indique le nombre d'éléments nécessaires pour obtenir en fin de décharge, aux bornes de la batterie, une tension déterminée. En pratique, il convient d'ajouter, aux chiffres donnés par ce tableau, 1 ou 2 éléments de secours pour faciliter le service d'entretien et permettre l'utilisation normale de la batterie quand un élément doit être, pour une raison quelconque, retiré du circuit.

DURÉE DE LA DÉCHARGE	TENSION AUX BORNES DE LA BATTERIE							
	25	50	75	110	115	120	150	250
10 heures	14	28	41	60	63	66	82	137
5 —	14	28	42	61	64	66	83	138
3 —	14	28	42	62	65	68	84	140
2 —	14	29	44	63	66	69	86	143
1 —	15	30	44	65	68	71	88	148

CHAPITRE XI

Installation et montage des batteries stationnaires

Salle des accumulateurs. — La bonne conservation d'une batterie d'accumulateurs exige que celle-ci soit installée dans un local sec, bien ventilé, à l'abri des dégagements gazeux et des poussières nuisibles (1) et soustrait, autant que possible, aux vibrations trop sensibles, qui pourraient occasionner le bris des bacs ou provoquer l'usure prématurée des plaques.

Un sous-sol, bien éclairé par la lumière du jour, assez vaste pour que les manipulations, que nécessitent l'entretien de la batterie, puissent se faire facilement est, d'une façon générale, le local qui convient le mieux. Dans le cas où l'aération naturelle ne serait pas suffisante, il faudrait y remédier en disposant des cheminées d'aération et, au besoin, en faisant usage de ventilateurs afin d'évacuer au dehors les gaz tonnants qui se forment pendant la charge et qui, accumulés dans la salle, pourraient occasionner une explosion à la moindre étincelle.

La température de la salle doit être aussi constante que possible, elle ne doit pas dépasser 25° centigrades en été, ni descendre au-dessous de 5° centigrades en hiver. Une température trop élevée favoriserait les actions locales et causerait, par suite, une usure rapide des électrodes ; par contre, une température trop basse diminuerait notablement

---

(1) Il est de la plus haute importance de s'assurer qu'aucun corps étranger susceptible d'amener la destruction rapide de la batterie ne peut se trouver dans la salle des accumulateurs sous forme de vapeurs ou de poussières. Parmi les substances les plus nocives, nous citerons : les vapeurs d'alcool, d'ammoniaque, d'acides acétique, chlorhydrique, azotique et les poussières de fonderies, de fabriques de ciment, de plâtre, etc.

la capacité et pourrait provoquer, en outre, le bris des récipients et même des plaques par congélation de l'électrolyte.

On a souvent avantage à choisir l'emplacement de la salle des accumulateurs dans le voisinage immédiat de la salle des machines et du tableau de distribution, de manière à réduire la longueur des canalisations électriques, mais il faut supprimer toute communication directe entre ces deux salles, afin d'éviter la détérioration des pièces métalliques, se trouvant dans la salle des machines, par les vapeurs acides.

Des précautions spéciales doivent être prises pour protéger le sol qui est appelé à recevoir fréquemment l'eau acidulée et quelquefois même l'acide concentré. Dans ce but, on peut le recouvrir de briques, mais il faut alors éviter les joints au ciment, qui sont rapidement attaqués par l'acide sulfurique dilué. Il est préférable de bitumer le sol ou de le revêtir d'une couche d'asphalte. On peut alors y disposer facilement des pentes légères et des rigoles, permettant l'écoulement rapide des eaux de lavage.

Quand la salle, réservée aux accumulateurs, est située en étage, il est de toute nécessité de donner, au plancher, une étanchéité absolue. On y parvient, soit en le recouvrant d'une couche d'asphalte formant cuvette et soigneusement raccordée aux murs, soit au moyen d'un revêtement en feuilles de plomb, réunies à la soudure autogène, et ne laissant entre elles aucune solution de continuité. Dans ce dernier cas, il est nécessaire de protéger le revêtement par des claies en bois aux emplacements réservés aux passages.

S'il existe, dans le local, des boiseries ou des pièces métalliques, il est indispensable de les recouvrir d'une couche d'enduit protecteur, inattaquable à l'acide.

Les murs et le plafond doivent être également recouverts d'une peinture résistant à l'acide et disposés de façon qu'aucun platras ne puisse, en s'en détachant, tomber dans les bacs.

Disposition de la batterie dans la salle. — La batterie peut être disposée dans la salle en une ou plusieurs rangées.

La rangée unique étant rarement possible, on place, le plus souvent, les éléments par rangées parallèles, ou même si la surface de plancher est insuffisante, par rangées superposées. Mais cette dernière disposition est peu recommandable, parce qu'elle rend difficile la surveillance et l'entretien des accumulateurs.

Quand les éléments sont disposés en plusieurs lignes, celles-ci sont orientées dans le sens longitudinal de la salle. On place contre les murs, à une distance d'une dizaine de centimètres, une seule rangée de bacs. Les rangées intermédiaires sont doubles, avec un écartement de quelques centimètres. Entre chaque double rangée, on ménage un intervalle, d'au moins 0,80 %, formant chemin de service.

On doit laisser également, entre éléments voisins d'une même rangée, un intervalle de quelques centimètres, tant pour assurer l'isolement, que pour pouvoir, commodément, manipuler les bacs.

Quand la batterie comporte des éléments de réduction, ceux-ci doivent être placés le plus près possible de la salle des machines, de façon que la longueur des conducteurs, allant de ces éléments au réducteur, soit minima.

Les éléments de la batterie sont numérotés en commençant par l'élément occupant l'extrémité opposée aux éléments de réduction ;

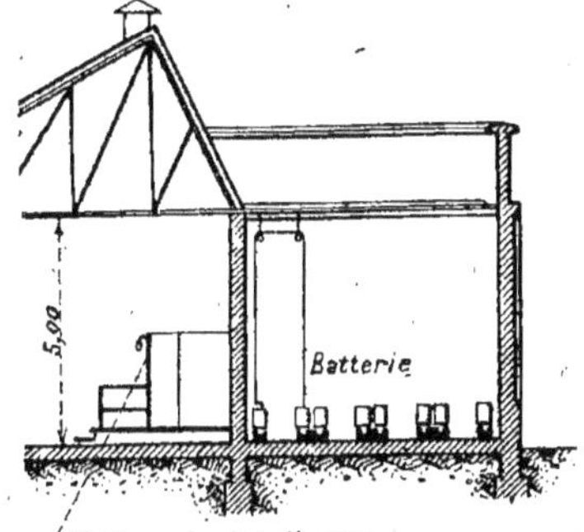

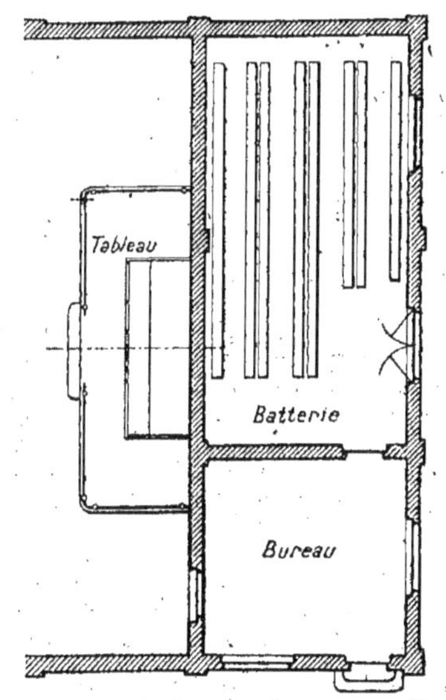

Fig. 173. — Installation d'une batterie d'accumulateurs.

de cette façon le numéro d'un élément de réduction indique le nombre d'éléments intercalés dans le circuit.

Lorsque la batterie alimente un réseau à trois fils, on numérote les deux moitiés de la batterie, à partir du point de jonction au fil compensateur.

La figure 173 montre la disposition d'une batterie de 270 éléments d'une capacité utile de 220 ampères-heure, logée dans une salle ayant 11 mètres de longueur sur 5,5 mètres de largeur.

Montage sur chantiers. — Les accumulateurs sont posés sur des isolateurs en porcelaine ou en verre, qui eux-mêmes, sont disposés sur des chantiers, formés de chevrons et de demi-madriers pour les gros éléments (fig. 174) et de tablettes suffisamment épaisses pour les petits accumulateurs. Ces supports doivent être assemblés sans clous ni vis, et préparés avec du bois très sec, imprégné, au préalable, d'une composition isolante. On les recouvre ensuite d'une couche de goudron, de coaltar ou d'un vernis inattaquable aux acides.

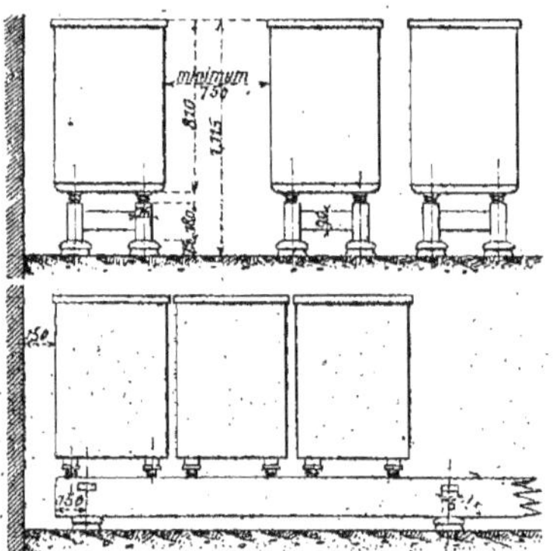

Fig. 174. — Montage d'une batterie sur chantiers.

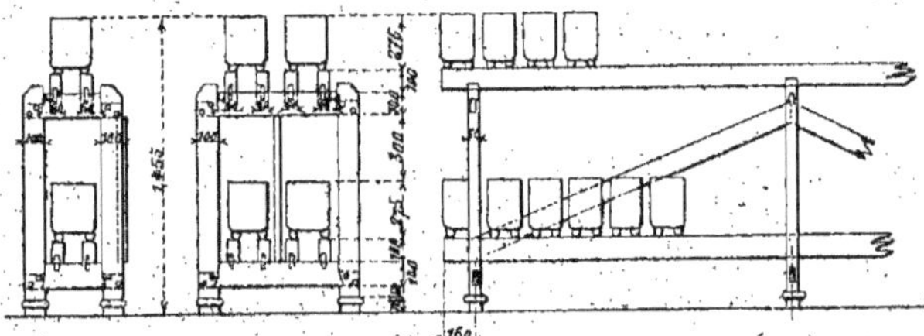

Fig. 175. — Montage d'une batterie sur étagères.

Ces chantiers reposent sur le sol par l'intermédiaire d'isolateurs. On obtient ainsi un double isolement entre les éléments et la terre. Lorsque la tension est assez élevée (500 volts, par exemple), on assure un triple isolement en disposant deux plate-formes l'une sur l'autre, en les séparant par une troisième série d'isolateurs.

Quand on n'a pas la place nécessaire pour installer tous les éléments de la batterie sur le sol, on place les rangées d'accumulateurs les unes sur les autres. Les éléments reposent alors, par l'intermédiaire d'isolateurs, sur des étagères en charpente, isolées elles-mêmes du sol par d'autres isolateurs (fig. 175). Il faut naturellement laisser, entre deux rangées superposées, un espace suffisant pour pouvoir retirer, sans difficulté, les plaques des bacs.

Isolateurs. — Les isolateurs employés sont en verre ou en porcelaine. Ils affectent, généralement, la forme présentée sur la figure 176. Ils sont alors constituées en deux pièces ; le godet de la pièce inférieure B peut être rempli d'huile isolante, tandis que la pièce A forme couvercle et empêche l'humidité et les poussières de pénétrer et de se mêler à l'huile. On emploie quelquefois un isolateur plus simple, n'offrant pas le couvercle A, mais il

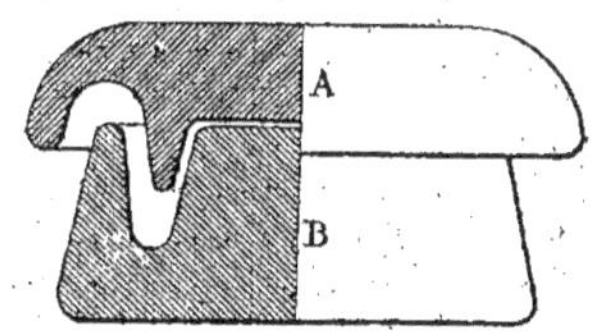

FIG. 176. — Isolateur pour bac d'accumulateur.

faut avoir soin de nettoyer fréquemment l'isolateur et de renouveler l'huile dès qu'elle commence à s'épaissir.

Disposition des plaques par rapport au grand axe de la batterie. — Les plaques peuvent être disposées perpendiculairement ou parallèlement à la longueur des plates-formes.

La première disposition offre l'avantage de faciliter, lorsque les bacs sont en verre, la surveil-

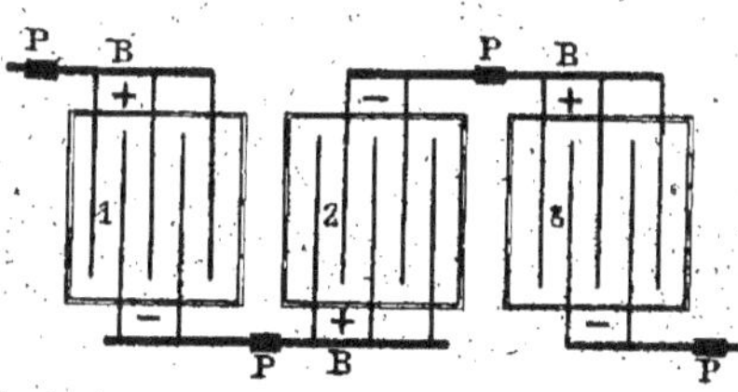

FIG. 177. — Connexions longitudinates·

lance des plaques. Le couplage des éléments en tension se fait alors comme l'indique le schéma de la figure 177.

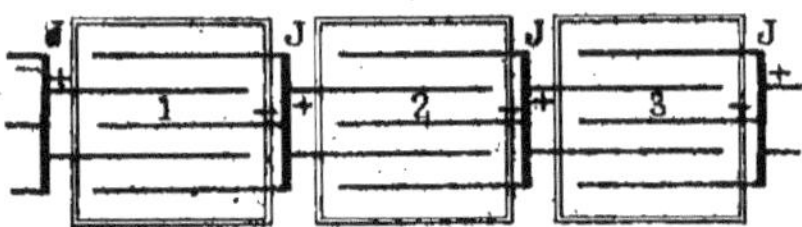

Fig. 178. — Connexions transversales.

Toutes les queues des plaques positives d'un élément sont placées d'un même côté, et, dans les éléments voisins, les queues des plaques négatives sont disposées du même côté. Les jonctions entre éléments se font en P, soit par soudure, soit au moyen de bandes de cuivre, que l'on fixe aux boulons de connexions au moyen d'écrous

Quand les plaques sont disposées parallèlement au chemin de service, (fig. 178) les positives d'un élément sont reliées aux négatives de l'élément voisin, au moyen d'une bande

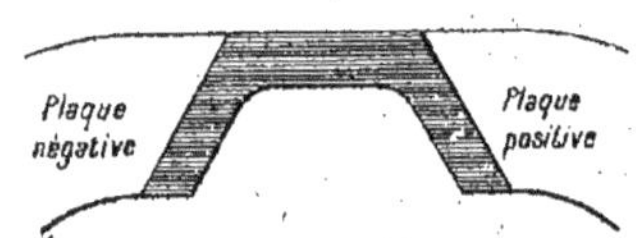

Fig. 179. — Bande de plomb profilé reliant les plaques de polarité contraire de deux éléments voisins.

de plomb profilée (fig. 179), placée entre les éléments et ayant une section en rapport avec l'intensité du courant et l'effort mécanique à supporter.

Cette disposition, qui supprime les connexions latérales, est la seule adoptée dans le cas d'éléments de grande capacité.

Connexions entre éléments. — Les connexions entre éléments peuvent être établies, soit par soudure des barres de plomb, soit au moyen de câbles en cuivre pourvus à leurs deux extrémités de raccords, que l'on serre contre les bornes au moyen d'écrous.

Le premier procédé est toujours employé dans le cas de grandes batteries. Les extrémités des barres à relier, préalablement nettoyées, sont placées dans un godet en tôle de fer au gabarit, où l'on coule du plomb pur. On chauffe ensuite, avec précaution, avec la lampe à souder ou mieux avec un appareil à soudure autogène.

Le deuxième mode de connexion est préféré dans les petites installations, parce qu'il facilite le montage et le démontage de la batterie. Il convient, cependant, de remarquer que ce dispositif présente l'inconvénient d'exiger une surveillance constante, les surfaces de contact des écrous devant être maintenues en parfait état de propreté, pour assurer une bonne conductibilité électrique. De plus, il faut avoir soin de graisser périodiquement les raccords pour les protéger contre l'attaque des vapeurs acides.

Pour éviter ces inconvénients, on emploie quelquefois des plaques

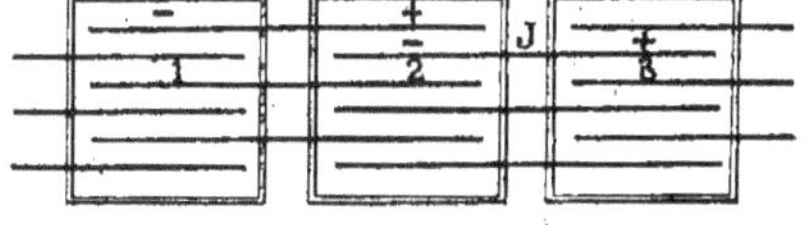

Fig. 180. — Plaques jumelées.

jumelées qui suppriment les connexions d'éléments à éléments. Le montage de la batterie se fait alors comme l'indique le schéma de la figure 180.

Connexions entre batterie et tableau de distribution. — Les conducteurs reliant la batterie au tableau de distrbution, ou reliant les éléments de réduction au réducteur, doivent avoir une section suffisante pour que le courant qui les traverse ne produise pas une chute de tension exagérée. En général, il suffit que cette section soit telle que la densité de courant ne dépasse pas 1,5 ampère par millimètre carré, lorsque la batterie est en décharge à son régime maximum.

S'il s'agit d'une batterie peu importante, les canalisations électriques sont établies en câble nu, monté sur isolateurs. Ces câbles sont plus économiques que les conducteurs isolés, et il est facile de les maintenir en bon état en les recouvrant de vernis ou en les tenant soigneusement graissés.

Quand l'intensité atteint 500 ampères, il est préférable d'employer des barres en cuivre laminé. Ces barres sont, en général, maintenues par des supports montés sur isolateurs en porcelaine fixés aux murs ou au plafond.

Lorsqu'on emploi des conducteurs câblés, ceux-ci sont connectés aux éléments au moyen de raccords à cosse ordinaires. Lorsqu'il est fait usage de barres en cuivre, on boulonne directement le conducteur sur un renfort de la connexion en plomb.

Montage et mise en service de la batterie. — Le montage de la batterie se fait de façons différentes suivant que les plaques sont livrées par le constructeur à l'état chargées ou déchargées.

Dans le premier cas, les plaques négatives doivent être soustraites à l'action oxydante de l'air. Elles sont alors transportées emballées dans des caisses avec de la fibre, ou autres substances humides, et conservées à l'arrivée dans un bac rempli d'eau. Pendant le montage, on évite l'oxydation en remplissant chaque élément aussitôt après son montage. On peut aussi monter, d'abord toutes les positives, puis remplir tous les éléments et enfin placer les négatives.

Lorsque les plaques sont livrées déchargées, elles ne craignent pas l'oxydation à l'air. Elles peuvent, dans ce cas, être envoyées sèches et le remplissage de la batterie peut n'être effectué qu'après le montage de la batterie entière.

Dans les deux cas, l'électrolyte employé pour le remplissage des bacs est de très faible concentration (3° à 5° B.).

Dès que le montage de la batterie est terminé, on procède à une première charge. Celle-ci, appelée « bain d'hydrogène », doit se faire très lentement, afin de réduire tout l'oxyde de plomb qui a pu se former, sur les plaques négatives, pendant les différentes opérations du montage. On doit pousser cette charge initiale jusqu'à ce que la matière active des plaques négatives ait pris un aspect métallique et celle des plaques positives une teinte brun foncé, ce qui nécessite, généralement, un nombre d'ampères-heure égal à 2 ou 3 fois la capacité normale.

On règle ensuite la densité de l'électrolyte à sa valeur normale (20° à 25° B.) en siphonnant une partie du liquide et en remplaçant la partie enlevée par une solution plus concentrée, mais ne dépassant pas 15° B., pour éviter de détériorer les plaques. Après une nouvelle charge de quelques heures au même régime, la batterie peut être mise en service.

CHAPITRE XII

Conduite et entretien des batteries.

Prescriptions à observer pendant la charge de la batterie. — Il est de la plus haute importance, au point de vue de la bonne conservation d'une batterie, de suivre, pendant l'exploitation, les prescriptions indiquées par le constructeur pour la charge et la décharge des éléments.

D'une façon générale, il y a intérêt à effectuer la charge à intensité constante, avec légère surélévation du débit au début et abaissement à la fin, le courant ne dépassant jamais, pendant l'opération, la valeur maxima indiquée par le constructeur. Ce régime de charge correspond généralement à une densité de 0,5 amp. par décimètre carré de surface apparente d'électrodes positives pour les éléments à décharge lente et de 1 ampère pour les éléments à décharge rapide.

La charge doit toujours être complète. On reconnaît qu'elle est terminée aux indices suivants :

1° Apparition d'un dégagement gazeux abondant aux positives et aux négatives ;

2° Augmentation de la densité de l'électrolyte ;

3° Augmentation de la tension des éléments.

Le bouillonnement, ou dégagement de gaz aux électrodes, n'est pas un critérium absolument certain. On sait, en effet, qu'un élément, chargé à forte intensité, peut cesser de bouillonner si on réduit cette intensité, et la charge peut être néanmoins continuée longtemps encore, sans que réapparaisse le dégagement gazeux.

L'aréomètre fournit une indication plus précise sur l'état de charge. La densité de l'électrolyte monte, en effet, graduellement pour atteindre son maximum à la fin de la charge. Cependant, la difficulté d'égalisation des densités et l'influence de la température peuvent entraîner à des erreurs. De plus, ce procédé exige que l'on ait, au préalable, déterminé expérimentalement les valeurs de la densité, à la fin de la charge et à la fin de la décharge, pour le régime réalisé.

Une batterie doit être rechargée aussitôt qu'elle a été déchargée. Il est même recommandé de la mettre en charge chaque jour, quelle que soit la quantité d'électricité qu'on en ait retirée. On procédera de même pour les éléments de réduction, même s'ils n'ont pas travaillé. Pendant la charge, on retirera, successivement, les éléments, en manœuvrant convenablement le réducteur, dès qu'ils auront reçu leur charge complète.

Pendant la décharge, l'intensité peut être quelconque, tout en restant toutefois inférieure au régime maximum indiqué par le constructeur, car on peut détériorer gravement une batterie en lui demandant un débit trop élevé. A titre d'indication, rappelons que les éléments stationnaires donnent couramment 1,5 ampère par décimètre carré de surface positive apparente.

Sous aucun prétexte, on ne doit retirer d'une batterie un nombre d'ampères-heure supérieur à celui garanti par le constructeur. Dès que celui-ci a été fourni, on doit arrêter la décharge et donner aux accumulateurs une charge régénératrice. Quand il n'est pas possible de procéder, à bref délai, à cette charge, par suite d'un accident survenu aux machines, par exemple, il faut éviter de décharger complètement la batterie en réduisant son service, et même en le supprimant tout à fait, dès que la batterie a donné 75 p. 100 de la charge totale.

Cette mesure est justifiée par le fait qu'une décharge, poussée trop à fond, ou un repos prolongé à l'état déchargé, sont des causes de détérioration des plaques (sulfatation). La décharge se faisant toujours, dans les installations industrielles, à débit variable, il est difficile d'évaluer la charge restante d'une batterie. Un compteur n'est d'aucune utilité ; il ne peut tenir compte, ni des actions locales, ni des pertes. La lecture du voltmètre donne une indication utile. Dès qu'il ne reste plus que 25 p. 100 de la charge totale, la force électromotrice tombe très rapidement si l'on continue la décharge. La tension finale ne doit pas descendre au-dessous de 1,8 v. ou 1,75 v. suivant le régime. L'observation intelligente du pèse-acide peut donner, également, une indication intéressante de l'état de charge des éléments.

Soins quotidiens à donner aux batteries. — Indépendamment des soins spéciaux que chaque constructeur a le soin d'indiquer pour les accumulateurs de sa fabrication, il y a lieu d'observer des règles générales d'entretien, qui s'appliquent à tous les types et qu'il est indispensable de suivre, car c'est principalement de la bonne observance de ces règles que dépend la durée d'une batterie, les charges et les décharges étant bien menées.

Nous allons brièvement indiquer les points à surveiller particulièrement.

Bacs. — Pour éviter les pertes par dérivation, les bacs, ainsi que les isolateurs et les chantiers, doivent être maintenus aussi secs que possible. Il convient donc de les essuyer, dès qu'ils présentent la moindre trace d'humidité.

Si l'huile des isolateurs est recouverte de poussières, ce qui la rend conductrice, il faut l'enlever et la filtrer.

De même, s'il se produit des fuites dans un bac, on doit procéder, comme il est indiqué plus loin, à son remplacement. S'il s'agit d'une fuite peu importante, on peut la boucher avec de la gutta-percha que l'on applique à chaud avec les doigts ou, ce qui est préférable, au moyen d'un fer à souder spécial.

On peut facilement s'assurer de l'isolement de la batterie en appliquant le dos de la main contre la paroi d'un bac ; si l'isolement est défectueux, on éprouve une piqûre qui devient douloureuse pour une différence de potentiel de 120 volts. Au delà de cette limite, on peut employer un galvanomètre sensible, dont l'une des bornes est reliée à la terre.

Connexions. — Les diverses connexions, bornes et barres d'assemblage, doivent toujours être tenues dans un très grand état de propreté.

Toutes les parties de connexions qui sont exposées à recevoir des projections d'acide doivent être enduites, de temps en temps, d'une couche de vaseline ou de vernis isolant.

Lorsque les connexions entre éléments sont faites au moyen de raccords en cuivre, il faut s'assurer que ces raccords ne s'échauffent pas, ce qui dénoterait un mauvais contact. S'il en était ainsi, on y remédierait en nettoyant les parties oxydées et en serrant les boulons avec une clef à manche isolé.

Électrolyte. — On doit maintenir l'électrolyte à un niveau tel que les plaques y baignent entièrement. Il suffit qu'il dépasse de 1 à 2 centimètres le bord supérieur des plaques. Comme l'électrolyte à tendance à baisser, par suite de l'évaporation et de la décomposition de l'eau par électrolyse, on le rétablira par addition, faite après une charge, d'eau pure ou bien, exceptionnellement, d'eau acidulée à 30° B., de façon à égaliser la densité dans tous les éléments de la batterie et à la régler au degré indiqué par le constructeur (généralement 25° B.).

Avant d'augmenter la densité du liquide, il faut s'assurer que les plaques ne sont pas sulfatées. Dans ce cas, un excès de charge, en détruisant le sulfate, ferait monter la densité à une valeur trop élevée.

Pour vérifier la densité du liquide, on peut se servir indifféremment d'un aréomètre ou d'un densimètre, mais il faut avoir soin, au préalable, d'agiter l'électrolyte, avec un tube de verre par exemple, afin de rendre la densité uniforme.

L'aréomètre peut être placé directement dans le bac, ou bien dans une éprouvette dans laquelle on a versé l'électrolyte, prélevé au moyen d'un siphon ou d'une pipette.

Plaques. — Les plaques doivent être l'objet d'une surveillance d'autant plus attentive, que les avaries qui peuvent s'y produire sont peu apparentes et que, même légères, elles sont toujours de nature à avoir les plus fâcheuses conséquences si elles ne reçoivent pas un remède immédiat.

Le moyen le plus simple de se rendre compte de l'état des plaques consiste à surveiller la batterie pendant la charge et principalement lorsque celle-ci touche à sa fin.

---

(1) Le niveau de l'électrolyte doit être maintenu par addition d'eau distillée, car, avec l'eau ordinaire, les impuretés s'accumuleraient.

Si tous les éléments se mettent à bouillonner simultanément et avec la même intensité, on peut en conclure que la batterie est en bon ordre de marche.

Mais si, dans l'un des bacs, le bouillonnement se manifeste avec un retard ou une intensité moindre, l'élément paresseux doit être tenu pour suspect, et il faut aussitôt, si l'on veut éviter de sérieux ennuis, l'examiner minutieusement.

Dans ce but, on commence par s'assurer de sa tension au moyen d'un voltmètre sensible ; on relève également son acidité. Un élément défectueux aura une force électromotrice et une acidité nettement inférieures à celles des éléments voisins. On cherche ensuite la nature et la place du défaut en examinant attentivement la surface des plaques jusqu'à leur bord inférieur, en se servant, au besoin, d'une lampe portative suffisamment puissante, munie d'un réflecteur.

Les défauts que l'on peut ainsi découvrir proviennent, presque toujours, de la sulfatation des plaques où de courts-circuits intérieurs.

Sulfatation des plaques. — La sulfatation est due, comme nous l'avons déjà vu (page 26), à l'action prolongée de l'électrolyte sur les plaques déchargées, qui se recouvrent complètement de sulfate de plomb, qu'il est très difficile de réduire.

Elle se produit, principalement, à la suite de décharges poussées trop à fond ou de repos prolongés après décharge. Des courts-circuits intérieurs et la présence d'impuretés peuvent également provoquer la sulfatation rapide des électrodes.

On peut reconnaître que les plaques d'un élément sont sulfatées à plusieurs indices :

a) A leur aspect. — La différence de couleur entre les positives et les négatives n'est pas aussi tranchée qu'à l'ordinaire, les positives passant du brun chocolat au bleu grisâtre.

b) Au toucher. — La matière active positive perd son onctuosité en se chargeant de sulfate et la matière active négative devient dure et ne se laisse plus percer par l'épingle.

c) A l'augmentation de résistance intérieure, qui se traduit par une augmentation de tension en charge et une diminution de tension en décharge.

Lorsque les plaques sont sulfatées, il faut les soumettre à l'action réductrice de l'hydrogène.

Quand la surveillance de la batterie est bien faite, on n'a, le plus souvent, qu'à remédier à un commencement de sulfatation, le retard au bouillonnement étant décelé le jour même où il se produit pour la première fois.

Il suffit alors, pour remettre les plaques en état, de prolonger quelque peu la charge à faible régime sans dépasser, cependant, une heure ou deux au maximum.

Mais si les plaques sont sulfatées profondément, il est nécessaire de procéder différemment, car la forte surcharge nécessaire à l'élément défectueux pourrait détériorer les autres éléments de la batterie. Une

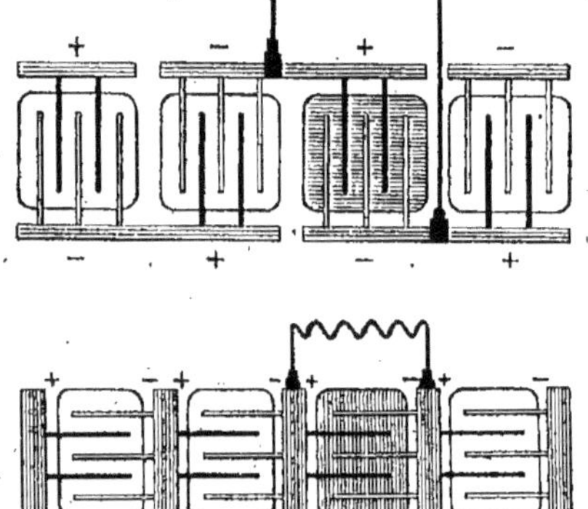

Fig. 181. — Emploi de « ponts » pour mettre hors-circuit les éléments détériorés.

méthode, souvent employée dans ce cas, consiste à mettre l'élément en circuit pendant la charge et à le retirer pendant la décharge (fig. 181). Des connexions volantes appelées « ponts » facilitent cette manœuvre qui, répétée plusieurs fois, permet de donner la surcharge nécessaire à l'élément à traiter.

Cependant, dans le cas de puissantes batteries, les grands ponts et les prises de courant nécessaires sont difficiles à manœuvrer, aussi préfère-t-on, dans ce cas, couper les plaques détériorées afin de pouvoir les traiter à part.

A cet effet, on les dispose dans un bac contenant de l'eau très faiblement acidulée (4° B.) et on les charge lentement au moyen d'un groupe transformateur spécial. La désulfatation se produit lentement et l'eau ne tarde pas à s'enrichir d'acide. On maintient, pendant cette opération, l'acidité au-dessous de 10° B. en siphonnant une partie de l'électrolyte, que l'on remplace par de l'eau distillée. La désulfatation est terminée quand la couleur des plaques est redevenue normale et quand l'acidité n'augmente plus.

Courts-circuits intérieurs. — Les principales causes de court-circuit intérieur sont :

La déformation des plaques.

La chute de matière active.

La présence de mousse de plomb dans le bac.

Ces accidents ne se produisent que très rarement quand la batterie est montée avec des séparateurs en bois, un contact entre plaques de polarités contraires n'étant alors possible que si un séparateur vient à être perforé.

Par contre, ils sont assez fréquents dans les batteries où les plaques sont séparées par de simples baguettes de verre.

a) *Déformation des plaques.* — La déformation est due, généralement, à une dilatation excessive ou inégale des plaques, sous l'action de décharges poussées trop loin ou de régimes trop rapides. Une inégale répartition du courant dans une plaque, provoquée, par exemple, par un commencement de sulfatation, peut aussi amener la déformation de cette plaque.

Quand une plaque est déformée, on tâche de la redresser le mieux possible au moyen d'une réglette de bois. On glisse ensuite une baguette, ou une lame de verre, à l'endroit où se trouvait le défaut, pour empêcher tout nouveau contact entre la plaque détériorée et la voisine de polarité contraire. Une telle réparation n'est évidemment que provisoire, mais elle permettra à l'élément de fonctionner à nouveau. Le redressement complet de la plaque ne peut être fait qu'après démontage de l'élément.

b) *Chute de matière active.* — La chute de matière active est particulièrement importante aux plaques positives. Ainsi que nous l'avons déjà dit, elle est due au foisonnement de la matière pendant la décharge ou bien au dégagement rapide de gaz lorsque la charge est faite à un fort régime, ou qu'elle est poussée trop loin.

Lorsque la chute de matière se produit dans des proportions anormales, il y a lieu de charger à de plus faibles intensités et d'éviter les surcharges trop poussées.

Quand un court-circuit est provoqué par un fragment de matière active coincé entre deux plaques de polarités différentes, on le supprime en passant, entre les électrodes, une réglette de bois ou un tube de verre.

La matière active détachée peut aussi, en s'accumulant au fond du bac, atteindre la partie inférieure des plaques et les mettre en court-circuit. Dans ce cas, il faut procéder au nettoyage de l'élément.

c) *Mousse de plomb.* — Dans les éléments montés avec des tubes de verre, il peut se former, à la longue, de la mousse de plomb qui se dépose sur la surface des plaques et autour des tubes en verre ; si cette mousse n'est pas enlevée en temps utile, elle peut produire des courts-circuits.

Pour l'enlever, il faut retirer les tubes en verre et les laver à l'eau distillée. Il faut ensuite, au moyen d'une latte en bois, que l'on promène à la surface des plaques négatives, faire tomber cette mousse au fond du récipient.

Conservation d'une batterie non utilisée. — Lorsqu'une batterie doit rester un certain temps sans être utilisée, il est nécessaire de la charger à fond avant de la laisser au repos. Cette charge doit être donnée à un régime lent (moitié du régime normal), on l'entrecoupe de temps d'arrêt d'une heure environ, et on la prolonge jusqu'à ce qu'un fort bouillonnement se produise dans tous les éléments, dès la remise en charge.

Si la suppression du service doit durer plusieurs mois, l'électrolyte est siphonné et remplacé par de l'eau très faiblement acidulée (5° B. environ) ne contenant aucune impureté. Autant que possible, on doit donner tous les mois une nouvelle charge à régime lent. Pour remettre la batterie en service, il suffit de remplacer le liquide par l'électrolyte normal et de charger une ou deux fois la capacité.

Quand la batterie doit assurer pendant la période d'inactivité un service réduit, on emploie un électrolyte de concentration plus élevée (14 à 15° B.) et on charge la batterie périodiquement, toutes les semaines par exemple, à très faible intensité. Tous les mois environ, il est bon de la décharger à fond sur des résistances et de la recharger ensuite complètement.

Travaux périodiques d'entretien. — Les accumulateurs demandent à être nettoyés et visités au bout d'un certain temps de service.

Pour cela, on retire toutes les plaques et on enlève le dépôt de matière active provenant des positives et dont l'amas trop considérable pourrait établir des courts-circuits à la partie inférieure des plaques. Les plaques négatives sont brossées sous un courant d'eau pure, les positives sont redressées ; s'il y a lieu, le liquide est décanté. On remonte ensuite l'élément, en prenant les mêmes précautions que celles indiquées pour la mise en service.

Ces opérations sont quelquefois effectuées sur toute la batterie à la fois, mais, le plus souvent, on préfère, pour éviter une interruption de service, procéder élément par élément. Leur fréquence dépend essentiellement du type de batterie et des conditions d'exploitation. Certaines batteries, particulièrement bien soignées, peuvent rester plusieurs années sans avoir besoin de visite. Mais c'est l'exception ; en général, cette visite doit se faire une ou deux fois par an, suivant le service plus ou moins dur que la batterie doit assurer.

Usure des plaques. — En prenant toutes les précautions indiquées par le constructeur pour le service et l'entretien d'une batterie, on parvient à la conserver longtemps sans y apporter de modifications importantes. Cependant, au bout d'un certain temps d'usage, on constate que la différence de potentiel croît plus rapidement à la charge et que le bouillonnement gazeux commence plus tôt, ce qui est l'indice d'une baisse de capacité.

S'il n'y a pas de sulfatation, cette diminution de capacité est due à la chute de matière active. Il convient alors de détacher les plaques les plus mauvaises, à l'endroit de leur jonction avec les barres d'assemblage, et de les remplacer par des plaques neuves.

Remplacement des plaques. — Il faut avoir soin de ne jamais introduire dans une batterie des plaques neuves, sans leur avoir fait subir, au préalable, une surcharge, sans cela elles seraient inévitablement sacrifiées.

Quand la batterie comprend des éléments de réduction, on peut prendre, pour remplacer une plaque dans un élément du corps de la batterie, une plaque d'un élément de réduction et placer la plaque neuve dans cet élément, qui est presque toujours en charge.

Lorsqu'on n'a pas d'éléments de réduction, on dispose les plaques neuves dans un bac spécial que l'on intercale, comme simple résistance, dans un circuit de l'usine (circuit d'éclairage, par exemple). Ce bac est ainsi soumis à une charge à faible intensité.

Réempâtage des plaques. — Il est bien évident que l'on ne peut songer à régénérer par réempâtage que les plaques à oxydes rapportés, les plaques à grande surface n'ayant, après usure, qu'un support entièrement corrodé, dépourvu de toute résistance mécanique.

L'empâtage se fait comme dans le cas des grilles neuves. Rappelons succinctement les phases de l'opération.

La grille, une fois débarrassée des adhérences de matière active ancienne, est empâtée soigneusement au moyen d'une truelle en bois.

Les alvéoles des positives doivent être bien remplies, mais sans trop comprimer la pâte, de façon à lui laisser une certaine porosité.

Par contre, on comprime fortement les négatives, dans le but d'éviter le rétrécissement de la matière active.

On laisse ensuite sécher les plaques à l'air libre, ou dans une étuve à une température modérée, jusqu'à ce que la pâte devienne dure.

Les plaques réempâtées sont ensuite soumises à la formation. Dans ce but, on les place dans un bac et on charge jusqu'au bouillonnement. La formation dure au moins trente heures ; au bout de ce temps, les plaques positives doivent avoir pris la couleur caractéristique brun chocolat.

Redressement des plaques. — On redresse les plaques voilées en les séparant par des planchettes et en les serrant fortement au moyen d'un levier ou d'une presse à vis.

Soudures. — Pour effectuer les soudures on doit éviter de faire usage d'étain, ce métal étant rapidement attaqué par l'acide sulfurique. Le meilleur moyen est d'avoir recours, pour fondre le plomb, à la haute température du chalumeau à hydrogène. On peut aussi employer la soudure électrique.

Soudure au chalumeau. — L'emploi du chalumeau à hydrogène est avantageux, non seulement parce que la flamme possède une température très élevée, mais aussi parce que la présence d'un excès d'hydrogène s'oppose à la formation d'oxyde de plomb qui empêcherait les deux parties à raccorder de bien fusionner dans la soudure.

L'hydrogène nécessaire peut être produit directement par l'action de l'acide sulfurique sur le zinc (1), mais on préfère, le plus souvent, employer l'hydrogène que l'industrie livre comprimé à 100 atmosphères dans des bouteilles cylindriques en acier.

L'air est mis sous pression convenable par une soufflerie qui peut être constituée par une simple cloche disposée sur une cuve d'eau.

L'hydrogène et l'air, conduits par des tuyaux en caoutchouc, arrivent aux deux branches d'un raccord en Y où se fait le mélange des deux gaz. Celui-ci s'échappe par la branche unique du raccord, qui est relié au chalumeau par un tube en caoutchouc. Cette disposition a l'avantage de permettre de diriger facilement le jet de flamme sur le point à souder. On doit la compléter en intercalant, entre le générateur d'hydrogène et le raccord, un barboteur à eau, destiné à éviter les retours de flamme.

La soudure se fait en réunissant par fusion les extrémités des pièces à assembler. On évite une diminution d'épaisseur, à l'endroit de la soudure, en se servant d'un petit cylindre de plomb que l'on fait fondre sur les parties à souder.

Soudure électrique. — La soudure électrique ne nécessite qu'un outillage très simple. Il suffit de relier le pôle positif d'une batterie de 4 ou 5 éléments à la pièce à souder et le

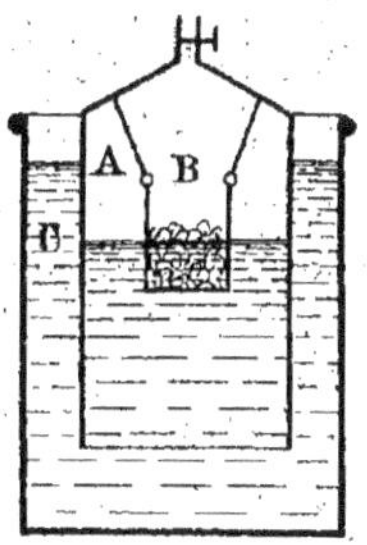

____

(1) L'appareil générateur d'hydrogène peut consister en une simple cloche en plomb, à l'intérieur de laquelle est disposé un panier contenant des rognures de zinc. Cette cloche, placée dans un bac rempli d'eau acidulée et guidée verticalement, forme gazomètre. Une tubulure à robinet, disposée à la partie supérieure, sert au dégagement de l'hydrogène. L'immersion du panier à zinc est réglée suivant le débit, en chargeant plus ou moins fortement la cloche.

pôle négatif à un crayon de charbon de 5 à 6 millimètres de diamètre que l'on tient au moyen d'une pince (fig. 182).

En appuyant sur la partie à souder la pointe du charbon, celle-ci est portée à l'incandescence par le courant qui la traverse et le plomb entre en fusion au point de contact. On obtient ainsi une très bonne soudure. Les accumulateurs doivent pouvoir fournir un débit de 40 à 50 ampères.

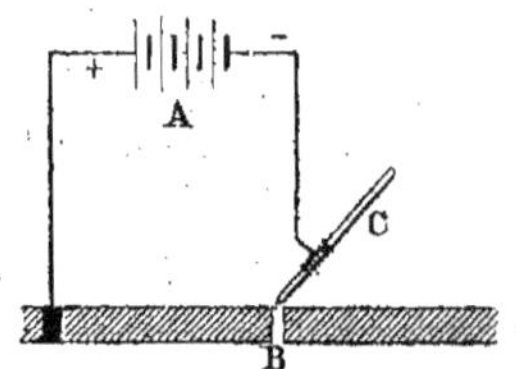

Fig. 182. — Soudure électrique.

Préparation de l'électrolyte. — Bien que le mélange d'eau et d'acide sulfurique, employé comme électrolyte, se trouve tout préparé dans le commerce, on préfère bien souvent le préparer soi-même, soit pour raison d'économie, soit pour éviter d'avoir à conserver une réserve très encombrante d'acide peu concentré.

Pour préparer l'électrolyte, on verse dans un récipient rempli d'eau distillée de l'acide sulfurique chimiquement pur à 66° B, jusqu'à ce que la concentration de la solution corresponde à 22° B (1). Bien entendu, cette opération doit être effectuée en prenant toutes les précautions usitées pour le maniement de l'acide sulfurique. En particulier, on ne se servira que de vases en substance inattaquable (porcelaine, verre, plomb, etc.), et on aura soin de ne verser que lentement l'acide dans l'eau — et non l'eau dans l'acide — et d'agiter de temps en temps pendant qu'on fait le mélange.

Avant d'utiliser la solution, il est indispensable de la laisser refroidir jusqu'à la température ambiante, ce qui nécessite un repos de vingt-quatre heures environ. Au bout de ce temps, on peut la verser dans les bacs au moyen d'un siphon en caoutchouc.

---

(1) Le mélange à 22° B renferme environ 5,4 volumes d'eau pour un volume d'acide.

CHAPITRE XIII

Batteries transportables.

Les conditions d'utilisation des batteries transportables nécessitent que celles-ci soient formées d'éléments relativement légers et peu encombrants. Mais il est à remarquer que de tels éléments, montés avec des plaques minces, donnent lieu à des frais d'entretien d'autant plus importants que leur capacité spécifique est plus élevée. Aussi n'a-t-on pas intérêt à adopter dans tous les cas les batteries les plus légères. Il peut être plus avantageux de choisir, quand la chose est possible, des éléments plus lourds mais plus robustes et d'une durée plus longue.

Le choix d'une batterie se ramène donc à une question économique et un examen minutieux de chaque cas particulier peut, seul, indiquer le type d'élément qui convient le mieux.

En nous limitant aux applications actuelles les plus importantes des accumulateurs transportables, nous aurons à considérer :

1° Les batteries pour la traction ;
2° Les batteries pour la navigation sous-marine ;
3° Les batteries pour l'éclairage des trains ;
4° Les batteries pour l'éclairage et le démarrage des automobiles ;
5° Les batteries pour la radio-communication.

I. BATTERIES POUR LA TRACTION

Les éléments employés pour constituer les batteries de traction doivent avoir une puissance spécifique assez élevée et surtout présenter des qualités de robustesse et de facilité d'entretien.

Différents types d'éléments de traction. — Suivant le genre de
plaques employées, les éléments de traction, actuellement en usage,
peuvent se classer en trois catégories différentes :

Les éléments à plaques positives à grande surface;

Les éléments à plaques positives plates à oxydes rapportés;

Les éléments du type « Ironclad ».

1) *Éléments à plaques positives à grande surface.* — Ces éléments sont
montés avec des plaques à grande surface, analogues à celles employées
dans les éléments stationnaires. L'épaisseur de ces plaques varie de 7 à
12 millimètres, suivant les cas. La capacité spécifique ne dépasse guère
5 ampères-heure au régime de décharge en cinq heures, ce qui correspond
à une énergie spécifique de 9,1 watts-heure par kilogramme d'élément.

Ces éléments diffèrent donc très peu des éléments stationnaires.
L'augmentation légère de la capacité spécifique provient, exclusivement,
de la réduction du poids des accessoires (bacs, électrolyte, connexions, etc.).

2) *Éléments à plaques positives plates à oxydes rapportés.* — Ces éléments sont, actuellement, les plus employés en France pour la traction.

Les plaques sont, généralement, à grille double en une seule pièce. Les
épaisseurs de plaques, employées couramment, varient de 3 à 4 millimètres
pour les positives, de 2,5 à 4 millimètres pour les négatives, la capacité
spécifique ne dépassant guère 12 ampères-heure par kilogramme de poids
total. L'énergie spécifique correspondante est d'environ 22 watts-heure. On
peut dépasser cette valeur et atteindre 28 à 30 watts-heure en employant
des plaques de 2 millimètres d'épaisseur, mais c'est au détriment de la
durée et il y a lieu d'être très prudent, avant d'adopter ces éléments
spéciaux à grande capacité spécifique.

3) *Éléments du type « Ironclad ».* — L'accumulateur du type « Ironclad », encore peu utilisé en France, mais très répandu en Angleterre et
en Amérique, est caractérisé par la constitution des plaques positives.
Celles-ci sont formées de petites électrodes élémentaires cylindriques,
fixées verticalement sur un cadre en plomb. Chaque électrode comprend
une âme en plomb et du péroxyde de plomb retenu par un tube creux en

ébonite, sur lequel une machine spéciale a taillé deux rangées de fentes perpendiculaires à l'axe (fig. 183). Ces fentes permettent à l'électrolyte de baigner la matière active et sont néanmoins assez fines pour que celle-ci ne puisse être entraînée au dehors. Entre les deux rangées de fentes, chaque tube porte une nervure de renforcement, qui sert en même temps de séparateur, de sorte qu'il suffit d'appliquer la positive sur la plaque de bois enveloppant la négative pour assurer le montage.

La figure 184 représente une plaque positive complète et montre les nervures des tubes d'ébonite.

La qualité principale de l'accumulateur « Ironclad » réside dans sa robustesse mécanique. Sa capacité spécifique est de 10 à 11 ampères-heure par kilogramme de poids total au régime de cinq heures,

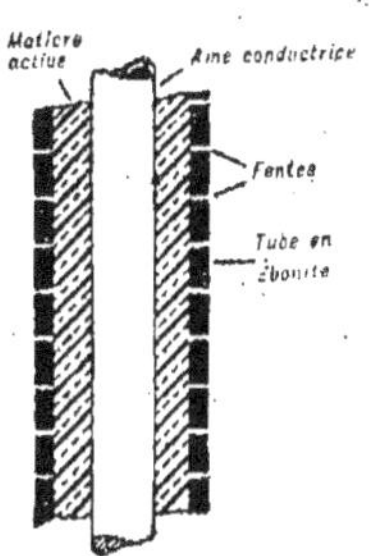

Fig. 183. — Coupe d'une électrode élémentaire de plaque positive « Ironclad ».

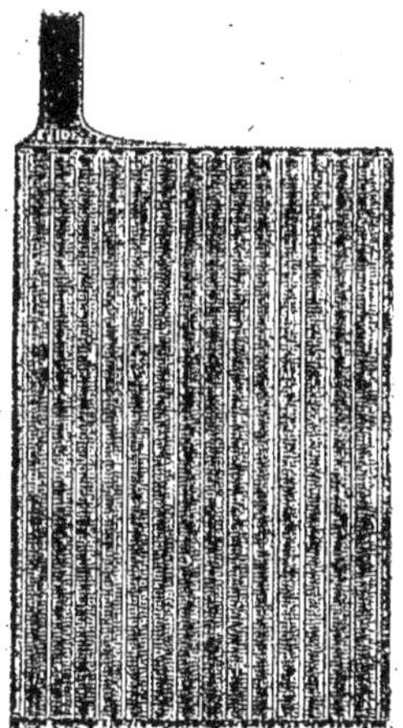

Fig. 184. — Plaque positive « Ironclad ».

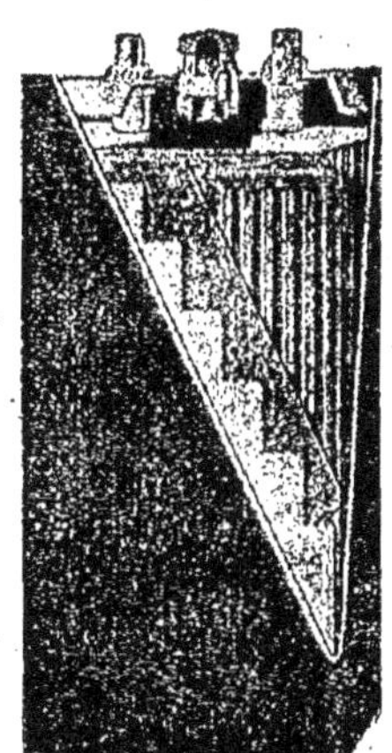

Fig. 185. — Coupe d'un élément « Ironclad ».

ce qui correspond à une énergie spécifique moyenne de 20 watts-heure.

Propriétés des différents types d'éléments de traction. — D'une manière générale, on peut dire que les éléments à plaques plates à oxydes rapportés sont d'un prix moins élevé, qu'ils contiennent, pour une masse donnée, une bien plus grande quantité de matière active et peuvent par conséquent donner de grandes capacités massiques et volumiques, tandis que les éléments à grande surface sont plus lourds et plus chers. Toutefois, ces derniers rachètent cette infériorité par une plus grande robustesse, une meilleure adhérence des parties actives. Leur grande résistance aux chocs et la facilité qu'ils ont de pouvoir supporter des régimes de décharge élevés, en font des éléments très recherchés dans le cas où la batterie doit assurer un régime de pointes.

L'élément « Ironclad » tient le milieu entre l'élément à plaques positives à oxydes rapportés et l'élément à plaques positives à grande surface. Du premier, il a la légèreté et le faible encombrement, du second il a la robustesse et l'aptitude à subir un régime de décharge élevé. Il est à remarquer également, qu'il s'accommode facilement de régimes de charge très poussés, alors que les éléments à oxydes rapportés demandent à être chargés très lentement et avec soin, par crainte d'une détérioration trop rapide (1).

Durée des différents types de plaques employés dans les éléments de traction. — La durée des plaques dépend essentiellement du mode de fabrication des matières actives et des conditions de service de la batterie.

Pour les éléments à oxydes rapportés de bonne fabrication, la durée est d'environ 200 à 250 décharges pour les plaques positives et de 500 à 600 décharges pour les plaques négatives. Ces chiffres s'appliquent à des éléments ayant des positives de 4 millimètres et des négatives de 3 à 4 millimètres. Pour les éléments spéciaux, à grande capacité spécifique, dont les plaques n'ont qu'une épaisseur de 2 millimètres, on ne peut guère compter que sur 100 à 150 décharges complètes.

La durée des plaques à grande surface peut correspondre, pour les positives, à 1.200-1.500 décharges et, pour les négatives, à environ 2.000-

---

(1) L'accumulateur « Ironclad » est actuellement construit en France par l'accumulateur Tudor.

3.000 décharges, soit à peu près six fois celles des plaques correspondantes des éléments à oxydes rapportés.

Enfin, l'élément « Ironclad », garanti par ses constructeurs comme pouvant donner 600 décharges, sans remplacement des plaques positives, en donne, pratiquement, 700 à 800. Dans des conditions normales d'utilisation, les plaques positives peuvent atteindre une durée de trois à quatre années et les plaques négatives sensiblement le double.

Données pratiques. — On trouvera, dans le tableau suivant, les données pratiques paraissant pouvoir être adoptées comme moyennes dans la pratique courante.

DONNÉES SPÉCIFIQUES	ÉLÉMENTS A PLAQUES POSITIVES à oxydes rapportés		ÉLÉMENTS A PLAQUES positives à grande surface	ÉLÉMENTS IRONCLAD
	Éléments standard	Éléments à grande capacité		
Poids par kw-h. produit (décharge en 5 heures)	44	35	105	50
Capacité spécifique massique (ampères-heure par kg.)	12	15	5	10,5
Capacité spécifique volumique (ampères-heure par dm³)	28,2	33,2	16,35	27
Capacité maximum (ampères-heure)	472	800	1300	1200
Tension moyenne (décharge en 5 heures)	1,90	1,90	1,87	1,88
Courant maxima de charge en ampères en fonction de la capacité C exprimée en ampères-heure au régime de 5 heures	$\dfrac{C}{5}$	$\dfrac{C}{5}$	$\dfrac{C}{3}$	C

Choix des éléments pour batterie de traction. — Le choix des éléments dépend avant tout des conditions particulières du service que la batterie doit assurer. Nous aurons donc à distinguer ici les principaux modes de traction électrique par accumulateurs, à savoir :

La traction sur route ;

La traction sur rails par locomotives de manœuvre ;

La traction dans les usines et dans les mines ;

La traction par automotrice sur voies ferrées à faible trafic.

Dans chacune de ces catégories, les conditions d'exploitation déterminent le type d'élément à employer.

1° *Traction sur route (voitures automobiles de ville, camions, autobus, tracteurs divers, etc.).* — Sur ces véhicules le poids et l'encombrement sont

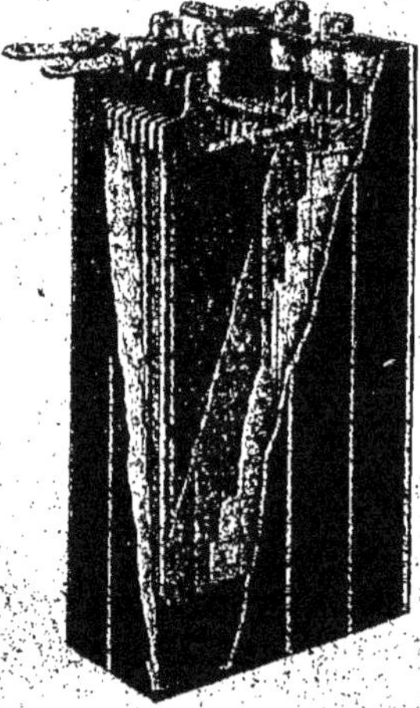

FIG. 186. — Coupe d'un élément de batterie d'automobile.

FIG. 187. — Coupe d'un élément de batterie pour automotrice de chemin de fer.

strictement limités. De plus, la batterie doit assurer un parcours minimum, dans des conditions de consommation comprises entre 60 et 80 watts-heure par tonne-kilomètre, suivant l'état de la route.

Dans ces conditions, la batterie légère est une nécessité.

On équipera donc ces véhicules avec des batteries à plaques à oxydes rapportés. La capacité de ces batteries devra permettre d'effectuer : une centaine de kilomètres pour un véhicule de 500 à 600 kilogrammes de charge utile, 60 à 70 kilomètres pour une camionnette de 1.500 kilogrammes de charge utile, ainsi que pour un camion de 5 à 6 tonnes de charge utile.

2° *Traction sur rails (locomotives de manœuvre, wagons-plateformes à voie étroite et à voie normale pour le service de fabriques et de gares).* —

Le travail imposé à une locomotive de manœuvre est des plus variables. On peut, cependant, le caractériser par le nombre de démarrages qu'une telle locomotive doit effectuer par heure. Ce nombre est, en moyenne, de 20, chaque démarrage, d'une durée de 90 secondes, étant suivi d'une période d'arrêt de 90 secondes également. Les démarrages se succèdent ainsi à intervalles de 3 minutes. Les parcours effectués sous courant ne dépassent pas, en général, 200 mètres.

Le régime de débit, imposé à la batterie, est donc, dans ces conditions, un régime de pointes. Aucun autre type d'élément ne convient mieux, pour effectuer ce travail, que l'élément à plaques à grande surface, dont les pointes de régime peuvent être très élevées. D'autre part, les plaques à grande surface sont pratiquement insensibles aux chocs, parfois très violents, provenant de coups de tampons. En outre, le poids élevé des éléments est également tout à fait approprié à ce genre d'exploitation.

3° *Traction dans les usines et dans les mines (chariots porteurs ou tracteurs sur bandages caoutchouc, petites locomotives sur voies étroites).* — Le régime de débit imposé aux batteries est, dans ce cas, un régime très dur. Par suite des démarrages fréquents, des défectuosités du chemin de roulement ou de la voie étroite, les pointes sont nombreuses et importantes. D'autre part, le coefficient de roulement étant élevé (15 à 25 kilos par tonne), la marche par inertie est rare, ce qui nécessite un débit continu de la batterie pendant tout le parcours.

Les caractéristiques de la batterie devront être telles qu'elles puissent lui permettre, d'une part, de supporter des pointes fréquentes et élevées, et, d'autre part, d'avoir une grande capacité.

La batterie « Ironclad » convient parfaitement à ce genre de travail. De construction robuste, elle peut supporter la fatigue d'un travail quotidien.

4° *Traction par locomoteurs (locomotives à accumulateurs pour le service des trains proprement dit : remorque de trains de voyageurs et de marchandises, le plus souvent à voie normale).* — Dans ces applications, on peut faire usage de plaques robustes et presque aussi lourdes que celles des batteries stationnaires, parce qu'en général on n'est pas limité par le poids. On emploiera donc, dans ce cas, des batteries à plaques à grande surface. Toutefois, si la ligne avait une longueur supérieure à 100 kilomètres et présentait, de plus, des rampes pouvant atteindre 25 à 30 millimètres par mètre, l'influence du poids transporté deviendrait considérable et il conviendrait de réduire celui-ci au minimum en adoptant des éléments à plaques « Ironclad » (1).

De nombreux essais, effectués sur différents réseaux, ont montré que la valeur moyenne de la consommation d'énergie est voisine de 50 watts-heure par tonne-kilométrique (avec variation de 40 à 60 watts-heure, selon le profil plus ou moins accidenté, l'état et la nature des rails et des voitures) (2).

Montage des éléments de traction. — Les éléments de traction doivent être montés de façon que leur entretien puisse être assuré sans qu'il soit nécessaire de procéder à de fréquents levages qui entraîneraient, non seulement une dépense de main-d'œuvre, mais aussi l'immobilisation du matériel.

Les bacs employés sont en ébonite ou en matière moulée. Ils doivent être suffisamment hauts pour qu'il existe, au-dessous des plaques, un grand intervalle où puisse s'accumuler le dépôt de matière active et, au-dessus des plaques, une hauteur relativement grande de liquide. On réduit ainsi la fréquence des additions d'eau et le nettoyage des bacs n'a lieu qu'aux époques de remplacement des plaques.

Les plaques de même polarité sont soudées entre elles. Elles reposent, le plus souvent, sur des tasseaux disposés au fond du bac et constitués,

---

(1) Les locomoteurs à accumulateurs (automotrices ou locomotives, suivant les cas) présentent des avantages indiscutables sur les lignes à faible trafic où l'exploitation par locomotives à vapeur se traduit, généralement, par un déficit, en raison du petit nombre de trains qui y circulent. Ces avantages sont particulièrement marqués dans le cas de lignes à profil peu accentué, sur lesquelles il n'est pas nécessaire de réaliser des vitesses élevées.

(2) Il est intéressant de remarquer qu'au point de vue de la dépense d'énergie, le rendement des locomoteurs à accumulateurs est tout à fait comparables à celui des locomotives à contacts glissants. Pour celles-ci, la consommation d'énergie mesurée au départ de l'usine génératrice est en effet de l'ordre de 50 watts-heure par tonne-kilomètre.

en général, de la même matière que celui-ci. Elles peuvent, aussi, être suspendues par leur partie supérieure, leur queue reposant sur un épaulement de deux parois du bac. Cette dernière disposition laisse aux plaques toute liberté de s'allonger dans le bac.

L'isolement des plaques entre elles est assuré par des séparateurs en ébonite (fig. 188) comprenant une feuille mince perforée, appliquée contre la positive, et des nervures verticales, appliquées contre la négative. On réalise quelquefois un double isolement en glissant, entre les nervures du séparateur en ébonite et la négative, une feuille de bois mince préalablement traitée. On met ainsi les plaques à l'abri des dérivations par matière active retenue le long des séparateurs.

Fig. 188. — Séparateur en ébonite.

Les bacs sont fermés à l'aide d'un couvercle de même matière. La fermeture doit être aussi hermétique que possible, tout en restant simple, de façon à rendre faciles les opérations d'entretien.

Le couvercle porte trois ouvertures. Deux servent au passage des tiges polaires; une garniture de caoutchouc forme joint. Le troisième orifice sert au remplissage et à la visite du liquide. Cet orifice est normalement fermé par un bouchon de caoutchouc que traverse un tube en verre, terminé, à sa partie inférieure, par une ampoule percée de petits trous. Ceux-ci laissent passer les gaz et s'opposent au passage du liquide.

Montage des batteries de traction. — Les éléments sont groupés dans une caisse en bois, recouverte intérieurement d'une couche assez épaisse de matière inattaquable à l'acide. Le fond de cette caisse doit être disposé de façon à permettre l'écoulement rapide de l'électrolyte, renversé accidentellement. Afin d'améliorer l'isolement de la batterie et d'atténuer les pertes par dérivations, les bacs sont montés sur tasseaux et ils sont séparés les uns des autres par des bandes d'ébonite.

16

Les connexions d'éléments à éléments constituent un point délicat qu'il y a lieu de surveiller particulièrement (1). Celles-ci sont généralement formées de minces lames de cuivre rouge, recouvertes de plomb pour éviter la corrosion et serrées par des boulons contre les tiges polaires.

Disposition des batteries sur les véhicules. — La condition essentielle, pour qu'une batterie de traction donne de bons résultats, est que son entretien et spécialement sa charge soient faits avec soin. Afin de faciliter cette surveillance, la charge de la batterie doit être faite, autant que possible, en dehors de la voiture ou, tout au moins, la disposition de la batterie sur la voiture doit être choisie de telle sorte qu'on puisse la découvrir complètement pendant la charge afin d'en rendre tous les éléments facilement accessibles.

Entretien des batteries de traction. — L'entretien des batteries de traction se réduit aux opérations suivantes :

Maintien du niveau du liquide et de sa densité ;

Nettoyages pouvant être effectués, le plus souvent, par siphonnage ;

Charges complémentaires à intensité réglée ;

Remplacement des blocs de plaques usés.

II. BATTERIES POUR NAVIGATION SOUS-MARINE

On sait que les sous-marins utilisent exclusivement l'énergie électrique pour la marche en plongée. Cette énergie est empruntée à de puissantes batteries d'accumulateurs que l'on charge, pendant la marche en surface, en utilisant une partie de la puissance du moteur Diesel de propulsion.

Indépendamment des qualités de robustesse et d'endurance demandées à la plupart des accumulateurs transportables, les éléments pour sous-marins doivent satisfaire à des conditions spéciales : leurs capacités massique et volumique doivent être suffisantes pour que le rayon d'action, en plongée, soit assez grand ; il faut également qu'ils puissent fournir, pen-

---

(1) Les cahots de la route, qui font subir aux éléments des déplacements verticaux, d'ailleurs de faible envergure, soumettent les barrettes de connexion à des flexions continuelles qui finissent par provoquer leur rupture.

dant un certain temps, une puissance maxima très élevée, la vitesse maxima, en immersion, dépendant de cette dernière ; ils doivent être absolument étanches et permettre les plus fortes inclinaisons ; enfin, ils ne doivent nécessiter que très peu d'entretien, la batterie une fois à bord, étant peu accessible et les opérations de visite et de nettoyage présentant de grandes difficultés.

Éléments employés dans les batteries pour sous-marins. — En général, le poids étant moins limité que l'encombrement à bord des sous

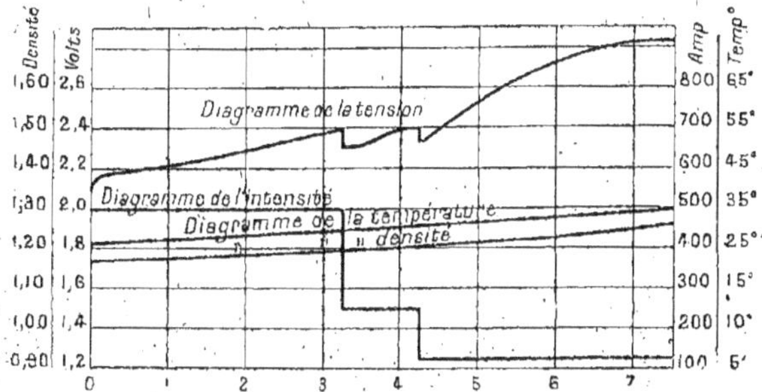

Fig. 189. — Courbes de charge d'un élément de batterie pour sous-marin.

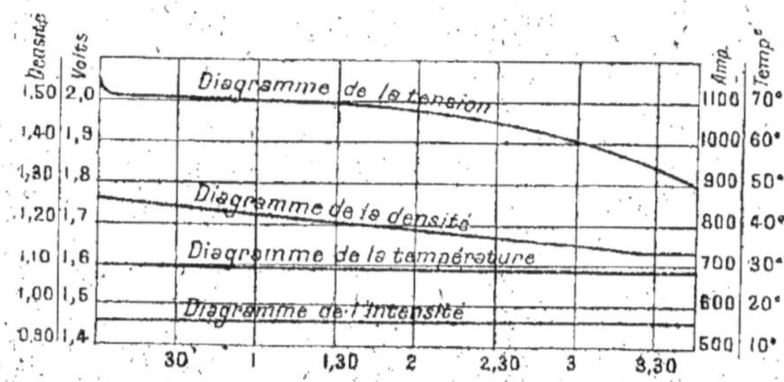

Fig. 190. — Courbes de décharge d'un élément de batterie pour sous-marin.

marins, on utilise des éléments à plaques à oxydes rapportés assez épaisses (4 à 5 millimètres). La capacité de ces éléments est d'environ 11 à 12 ampères-heure par kilogramme de poids total, pour un régime de décharge en 10 heures, et à peu près la moitié, à la décharge en une heure. A la décharge en 10 heures, l'énergie massique ressort à environ 28 watts-heure par kilogramme et l'énergie volumique à environ 85 watts-heure par décimètre cube d'élément.

Dans les conditions normales d'utilisation, les plaques positives peuvent atteindre une durée de quatre années et les plaques négatives sensiblement le double.

Le tableau suivant donne les caractéristiques principales de quelques éléments de batterie pour sous-marins, construits par la Société Italienne de l'Accumulateur Tudor.

TYPE DE L'ÉLÉMENT		13 MAS 500/5	13 MAS 760/8	26 MAS 890/5	26 MAS 810/5	28 MAS 1110/5
Dimensions d'encombremen en millimètres .	Hauteur	650	1021	1080	1000	1310
	Longueur .	266	370	573	564	612
	Largeur .	396	457	377	450	448
Poids total, en kilogrammes		181	424	625	705	986
Capacité en ampères-heure au régime de décharge en. .	1 heure	1170	2180	3700	4210	5820
	3 —	1690	3240	5510	6210	8850
	5 —	1920	3770	6300	7100	10220
	10 —	2220	4420	7310	8250	11930
Tension moyenne au régime de décharge en	1 heure .	1,79	1,77	1,77	1,77	1,75
	3 —	1,89	1,87	1,87	1,87	1,85
	5 —	1,93	1,91	1,91	1,91	1,90
	10 —	1,95	1,95	1,95	1,95	1,94

Montage des éléments de batterie pour sous-marins. — Actuellement, les éléments pour sous-marins sont toujours montés dans des bacs en ébonite massive. Celle-ci doit être de première qualité, spécialement choisie pour réaliser une imperméabilité absolue des parois, un isolement électrique élevé et une grande résistance aux efforts mécaniques. Comme on le voit sur la figure 191, les bacs présentent à l'extérieur des nervures verticales qui servent à les renforcer et à maintenir, entre éléments d'une part, éléments et coque d'autre part, un coussinet d'air qui améliore les conditions d'isolement de la batterie (1).

Fig. 191. — Élément de batterie pour sous-marin.

Fig. 192. — Montage du bloc de plaques d'un élément de batterie pour sous-marin.

Les plaques reposent, le plus souvent, sur des tasseaux en ébonite ménageant, au fond du bac, un espace suffisant pour le logement de la

____

(1) Les difficultés d'isolement dans les sous-marins proviennent de ce que l'air, saturé de vapeur d'eau et dont la température monte à 40° et 50° dans les compartiments des machines, donne un abondant dépôt de rosée par le moindre refroidissement. Or, au moment où l'on ouvre les écoutilles, après une longue submersion, il se produit une détente brusque de l'air ambiant et cette détente est accompagnée d'un refroidissement produisant la condensation.

matière active tombée. Dans certains cas, elles sont suspendues par leurs queues supérieures, celles-ci reposant sur le rebord intérieur de deux des parois du bac. L'isolement des plaques entre elles est assuré par des séparateurs perforés en ébonite et des feuilles de bois minces préalablement traité.

Le couvercle du bac est en ébonite. Afin d'obtenir une fermeture hermétique, les bords de ce couvercle sont disposés de façon à former avec les parois du bac une cannelure que l'on remplit d'un mastic fusible et inattaquable. Quand on veut enlever le couvercle, on fait fondre ce mastic en envoyant un courant dans un fil de plomb logé dans la canne-lure.

Les plaques de même polarité d'un élément sont assemblées, par sou-dure, à une barrette en plomb placée sous le couvercle. En raison de l'importance des courants débités, chaque barrette porte plusieurs tiges polaires qui traversent le couvercle dans des joints étanches. Les con-nexions entre éléments sont constituées, généralement, par des paquets de lamelles de cuivre plombé électrolytiquement.

La ventilation des accumulateurs, pendant la charge, nécessite une disposition particulière. Chaque élément est complètement fermé, le couvercle porte un tube d'aspiration d'air et un tube d'évacuation des gaz, relié à un collecteur en matière isolante qui aboutit à un ventilateur. L'air, par suite de la dépression produite par le ventilateur, pénètre par les tubes d'aspiration dans la partie supérieure des éléments, passe au-dessus de l'électrolyte et sort par le tube d'évacuation. Le gaz tonnant qui se forme pendant la charge, est ainsi entraîné à l'extérieur du bateau.

Les éléments reposent sur des isolateurs en ébonite et ils sont immo-bilisés latéralement au moyen de cales isolantes prenant appui sur la coque. En raison de leur poids, leur mise en place nécessite l'emploi de palans spéciaux, construits de façon à pouvoir être fixés, soit aux prises de courant (fig. 192), soit aux oreillettes des bacs.

III. BATTERIES DE DÉMARRAGE DES VOITURES AUTOMOBILES

L'application du démarrage électrique aux véhicules automobiles a pris, ces dernières années, une grande extension. On peut dire qu'actuellement toutes les voitures modernes en sont pourvues. La présence de la batterie permet d'assurer, en même temps que le démarrage, l'éclairage de la voiture et, dans certain cas, l'allumage du moteur.

Rappelons que l'équipement électrique d'une voiture automobile comporte un moteur électrique de lancement actionné, au moment du démarrage, par le courant d'une batterie d'accumulateurs, et d'une dynamo qui, pendant la marche, assure la recharge de la batterie et, la nuit, l'éclairage de la voiture. Des dispositifs spéciaux permettent d'assurer la presque constance de la tension quelle que soit la vitesse. Un conjoncteur-disjoncteur débranche la dynamo à l'extrême ralenti du moteur et la met en circuit, dès que la vitesse est suffisante pour qu'elle fournisse le courant aux lampes et à la batterie.

Les conditions de travail imposées aux batteries de démarrage sont particulièrement dures. Pendant les démarrages, elles doivent fournir des courants d'intensité très élevée (80 à 150 ampères suivant l'état du moteur) et en marche, au cours de longs trajets, elles ont à supporter des charges quelquefois excessives. Enfin, elles doivent avoir une capacité suffisante pour assurer à l'arrêt, pendant de longues heures, l'éclairage des feux de position de la voiture.

Éléments employés dans les batteries de démarrage. — Les conditions de poids et d'encombrement imposées par les constructeurs d'automobiles ont obligé les fabricants d'accumulateurs à adopter des plaques à oxydes rapportés. Celles-ci sont, généralement, du type à grille double en une seule pièce, à barrettes horizontales alternées (fig. 193 et 194). Comme l'intensité au démarrage est très élevée, on prend des plaques minces qui ont l'avantage de pré-

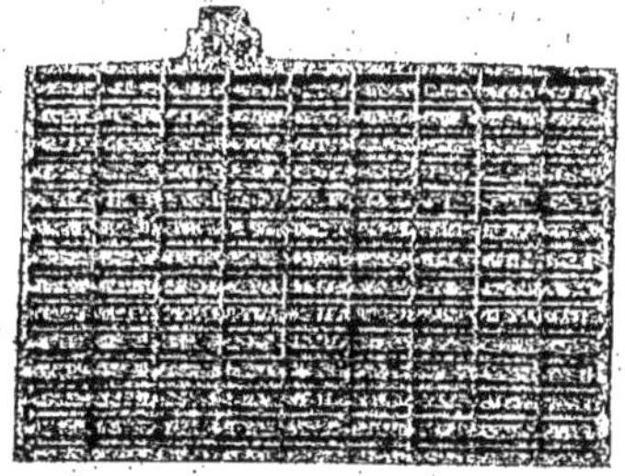

FIG. 193. — Grille double en une seule pièce, pour plaque d'élément de batterie de démarrage.

senter une plus grande surface de contact avec le liquide, pour un même poids de matière active par élément. Les épaisseurs de plaques employées couramment varient de 3 à 4 millimètres pour les positives, de 2 à 4 millimétres pour les négatives, la capacité spécifique ne dépassant pas 8 à 10 ampères-heure par kilogramme d'élément, au régime de décharge en 10 heures. Au régime de démarrage, l'intensité peut atteindre et même dépasser 20 ampères par kilogramme d'élément (1).

Nous donnons, dans le tableau ci-dessous, les constantes de catalogue de quelques batteries de démarrage et d'éclairage, fabriquées par la Société des Accumulateurs Electriques (Accumulateurs Dinin).

Fig. 194. — Plaque empâtée d'élément de batterie de démarrage.

TYPE DE LA BATTERIE		6 EVI 3	6 EVI 4	6 EVI 5	6 EVI 6
Dimensions d'encombrement en millimètres.	Hauteur . . .	235	235	235	235
	Longueur . . .	357	441	529	603
	Largeur . . .	207	207	207	207
Poids total en kilogrammes		25,5	32,5	39,5	46,5
Capacité en ampères-heure, au régime de décharge en 10 heures.		36	48	60	72
Intensité de charge maximum		6	8	10	12

Montage des éléments. — Le montage s'effectue dans des bacs en ébonite qui comportent des tasseaux de fond sur lesquels reposent les plaques. Celles-ci sont maintenues à un écartement égal, approximativement, à leur épaisseur, par des séparateurs en ébonite perforée doublés de minces feuilles de bois traité ou par des séparateurs doubles spéciaux.

(1) Les batteries pouvant débiter à cette intensité pendant plusieurs minutes sont donc capables de fournir un grand nombre de démarrages successifs, sans recharge, puisqu'un démarrage ne dure, en général, que d'une à trois secondes.

L'assemblage des plaques de même polarité est effectué par soudure autogène sur des barrettes de connexion, munies de tiges polaires cylindriques. Celles-ci traversent le couvercle en ébonite par des ouvertures, garnies de joints élastiques.

Les éléments sont groupés par 3 ou 6 dans des caisses de bois ou métalliques (fig. 195). Dans certains cas, la caisse et les bacs sont remplacés par un bloc en matière moulée, suffisamment épais pour servir de caisse de groupement. Des connexions fondues, à forte section, servent à accoupler les éléments par soudure autogène avec les tiges polaires. Les tiges extrêmes sont munies de pièces de raccord en plomb, dans lesquelles

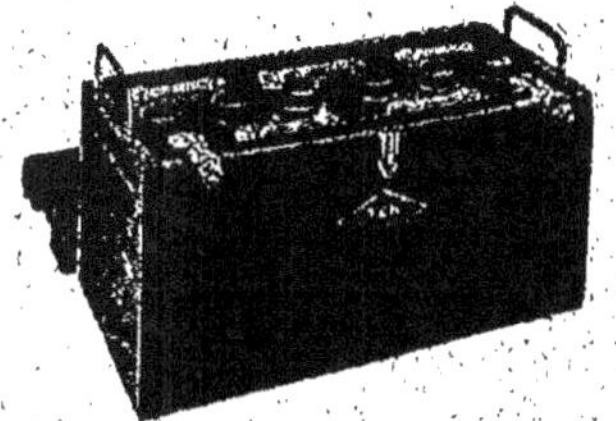

Fig. 195. — Batterie de démarrage.

s'adaptent les cosses coniques, en laiton plombé, du modèle standard, qui sont soudées à l'extrémité des câbles.

Les perfectionnements apportés, pendant les dernières années, à la fabrication des plaques à oxydes rapportés permettent d'obtenir des batteries de démarrage répondant entièrement aux conditions imposées par les constructeurs d'automobiles. Mais il faut remarquer que la qualité des plaques, si elle est nécessaire, n'est pas toutefois suffisante pour obtenir une bonne batterie de démarrage. Il faut encore que la résistance, présentée au passage du courant, tant par les éléments eux-mêmes que par les barrettes de connexions, les cosses d'extrémités et les câbles de sortie, soit réduite au minimum. Toutes ces pièces doivent donc être très largement dimensionnées, ce qui présente, en outre, l'avantage de les rendre plus robustes, et plus à même de résister aux chocs et aux trépidations.

IV. BATTERIES POUR L'ÉCLAIRAGE ÉLECTRIQUE DES TRAINS.

L'application de l'éclairage électrique aux wagons de chemins de fer a pris un grand développement depuis que l'éclairage à incandescence par le gaz a été interdit comme étant trop dangereux.

Le système actuellement le plus employé est le système autonome. Chaque voiture est pourvue d'une véritable petite usine roulante qui comporte : une dynamo génératrice, une batterie d'accumulateurs et son dispositif de réglage. L'énergie mécanique, nécessaire pour entraîner la dynamo génératrice, est empruntée à un des essieux de la voiture et transmise à la dynamo par une courroie et des poulies appropriées. Le rôle de la batterie est d'assurer l'éclairage de la voiture pendant l'arrêt et aux vitesses réduites. Le réglage de la tension, la surveillance de la batterie et son couplage automatique avec la dynamo, sont obtenus au moyen de dispositifs spéciaux, très perfectionnés, placés dans la voiture.

Choix des éléments. — Dans les batteries d'éclairage des trains, l'encombrement et le poids n'étant pas trop limités, on fait usage de plaques robustes. On utilise, en général, des plaques positives, soit du type à grande surface, soit d'un type lourd à oxydes rapportés. On se contente de capacité de 4 à 5 ampères-heure par kilogramme d'élément au régime de 10 heures.

Le tableau suivant donne les constantes de catalogue de quelques accumulateurs Tudor, spéciaux pour l'éclairage des trains.

TYPE DE L'ÉLÉMENT		$TTAG_3$	$TTAG_4$	$TTAG_5$	$TTAG_6$	$TTAG_7$	$TTAG_8$
Dimensions d'encombrement en millimètres.	Hauteur.	447	447	447	447	448	448
	Longueur.	141	175	210	245	279	314
	Largeur.	174	174	176	176	178	178
Poids total en kilogrammes.		4,85	6	7,10	9,25	10	10,62
Capacité en ampères-heure au régime de décharge en.	10 heures.	90	120	150	180	210	240
	6 —	75	100	125	150	175	200
	3 —	67,5	90	112,5	135	158	180
Intensité de charge.		15	20	25	30	35	40

Montage des éléments. — Les bacs, en ébonite ou en matière moulée, sont surélevés de façon à contenir une réserve de liquide et à éviter des renversements d'acide. La séparation des plaques est assurée au moyen de séparateurs en bois, ou même de simples tubes en verre calés dans des rainures pratiquées à la surface des plaques négatives. Les plaques de même polarité sont assemblées à l'autogène. Les soudures doivent être bien faites et il est nécessaire de dimensionner très largement les sections des queues et des barrettes de connexions pour qu'elles puissent résister aux chocs répétés, parfois très violents, que ces éléments subissent.

Le bac est fermé par un couvercle de même matière. Un bouchon spécial, dans lequel se meut un flotteur en ébonite, permet la vérification du niveau de l'électrolyte.

Les éléments sont groupés, par deux ou trois, dans des caisses en bois ferrées ou dans des paniers métalliques. Les tiges polaires sont munies de câbles de jonction sous caoutchouc, avec cosse en cuivre plombé électrolytiquement, inattaquable à l'acide.

V. BATTERIES POUR LA RADIO-COMMUNICATION

Dans les postes de T. S. F., on emploie deux sortes de batteries d'accumulateurs, les *batteries de chauffage*, qui servent à alimenter les filaments des lampes à trois électrodes et les *batteries de plaque* qui produisent la tension plaque des amplificateurs.

Fig. 196. — Batterie de chauffage pour T. S. F.

Les batteries de chauffage sont à faible tension (4 volts, en général) et à capacité relativement grande (20 à 80 ampères-heure). Ces batteries ne diffèrent des batteries de démarrage que par l'adoption de connexions plus légères, les intensités étant plus faibles (fig. 196). Comme ces batteries ne cèdent journellement qu'une partie de leur capacité, une décharge complète peut durer plusieurs jours. Il est donc indispensable de réduire au minimum les actions locales et les causes de sulfatation, en prenant un électrolyte aussi pur que possible et une concentration pas trop élevée (25° B).

Les batteries de plaque sont de faible capacité (2 à 3 ampères-heure), mais de tension plus élevée (40-80 volts). Elles doivent être établies en vue d'une longue conservation de la charge, condition difficile à réaliser avec des batteries de très petite capacité. Ces batteries sont constituées, le plus souvent, de plaques étroites jumelées ou accouplées au moyen de connexions soudées ou amovibles, plongeant dans des bacs en verre ou en ébonite, maintenus dans une caisse à compartiments. Les plaques sont, en général, à oxydes rapportés ; elles sont maintenues écartées par un séparateur en ébonite. Dans certains modèles, les éléments sont plongés dans l'huile minérale pour éviter la couche d'humidité acide qui se dépose sur le verre et l'ébonite. On améliore ainsi l'isolement de la batterie.

Charge des batteries transportables.

D'une manière générale, la charge des batteries transportables exige les mêmes soins que la charge des batteries stationnaires. En particulier, elle doit se faire, autant que possible, lentement, avec un courant d'intensité modéré. Les batteries se conservent ainsi plus longtemps en bon état et les installations de charge peuvent être moins importantes et, par suite, moins coûteuses. D'autre part, l'énergie employée pour la charge (le plus souvent de l'énergie de nuit) est utilisée avec un meilleur rendement.

Modes de charge des batteries transportables. — Il y a lieu de distinguer trois modes de charge différents :

La charge à tension constante;

La charge à intensité constante;

La charge à tension croissante et intensité décroissante.

1° *Charge à tension constante.* — Dans ce mode de charge, la tension aux bornes de la batterie est maintenue constante durant toute la charge (1). L'intensité du courant, assez grande au début de l'opération (3 à 4 ampères par kilogramme de plaques), diminue d'une façon constante en raison de l'augmentation de la force électromotrice de la bat-

____

(1) En général, on applique une tension comprise entre 2,3 et 2,5 volts par élément.

terie (fig. 197). Il en résulte que la source met un temps relativement long
pour reconstituer la fin de la capacité de la batterie. La charge à tension
constante présente l'avantage d'exiger moins de surveillance que la charge
à intensité constante. D'autre part, si l'on s'impose de ne donner à la bat-

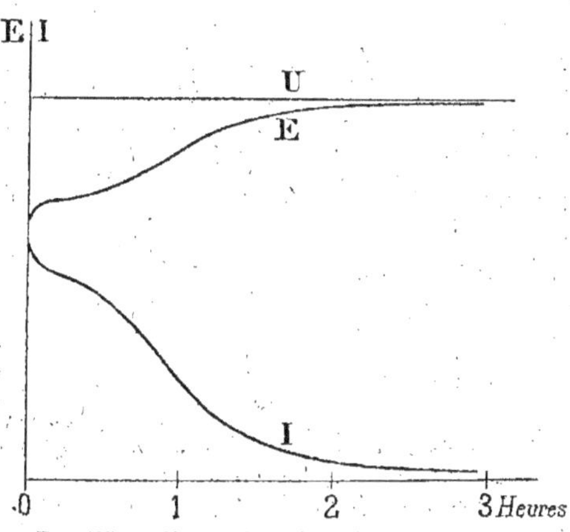

Fig. 197. — Charge d'une batterie d'accumulateurs
à tension constante.

terie que la moitié ou les deux tiers de la quantité d'électricité constituant sa capacité complète, on pourra réduire de beaucoup la durée de la
charge (1). On réalise ainsi la charge rapide, très employée en traction
pour diminuer l'immobilisation du matériel. On peut, du reste, remarquer que les accumulateurs peuvent supporter une densité de courant
beaucoup plus forte au commencement qu'à la fin de la charge, en raison
de la facilité avec laquelle se déroulent, au début, les opérations électrochimiques.

Notons, enfin, que la charge à tension constante est la seule possible
dans le cas d'usines centrales ayant à assurer la charge de batteries (de

---

(1) Un accumulateur à charge lente a déjà reçu, en une heure, 50 p. 100 de la charge
totale, en deux heures 75 p. 100, la charge totale s'effectuant en huit ou dix heures.
On voit qu'on peut, en supprimant un quart de la capacité, rendre cet élément, de
nouveau disponible, au bout d'un temps au moins quatre fois plus court.

voitures, par exemple) arrivant au banc de charge à des instants différents et dans des états de charge également différents.

Les machines, qui conviennent pour réaliser ce mode de charge sont, soit des machines shunt ou compound (1), soit des commutatrices, soit tout autre générateur donnant une tension sensiblement constante.

2° *Charge à intensité constante.* — La charge doit être assurée avec un courant dont l'intensité ne doit pas dépasser la limite fixée par le constructeur. Ce courant est maintenu constant par accroissement de la tension appliquée aux bornes de la batterie, au fur et à mesure que la charge s'effectue.

Ce mode de charge, qui présente l'avantage de demander à la source une puissance plus régulière que la charge à tension constante, suppose que le groupe de charge n'a à charger qu'une seule batterie. La charge simultanée de plusieurs batteries supposerait, en effet, autant de tensions, du reste, à chaque instant variables, que de batteries en charge.

Les dynamos qui conviennent le mieux, pour charger à intensité constante une batterie d'accumulateurs, sont les dynamos shunt. L'augmentation de tension peut être obtenue par le jeu de l'excitation ou, quand ce jeu est insuffisant, par accélération de la vitesse.

3° *Charge à tension croissante et intensité décroissante.* — Plusieurs batteries peuvent être chargées simultanément, au moyen de génératrices shunt, en plaçant une résistance réglable dans le circuit de chaque batterie. On substitue ainsi, à la caractéristique externe de la dynamo une caractéristique plus inclinée qui permet de réaliser la charge avec un courant décroissant à mesure que la tension augmente.

Quand les batteries doivent être chargées individuellement, il est plus avantageux d'employer une génératrice à enroulement anti-compound à grande chute de tension. Une telle génératrice ayant une caractéristique

---

(1) Avec les machines compound, il y a à craindre une inversion de polarité au moment où l'on ferme le circuit de charge, même en faisant usage d'un disjoncteur automatique. La baisse de vitesse qui se produit au moment de la mise en charge peut être, en effet, suffisante pour rendre la force électromotrice de la dynamo inférieure à celle de la batterie.

externe très inclinée, la tension de la machine augmente pendant la charge. Lorsque celle-ci est terminée, la machine peut être débranchée automatiquement au moyen d'un disjoncteur.

REMARQUE. — Si la caractéristique externe U (I) de la dynamo ne s'écarte pas trop de l'hyperbole équilatère $UI = U_1 \, I_1$, passant par le point M (commencement de la charge), la charge s'effectue à puissance sensiblement constante (fig. 198).

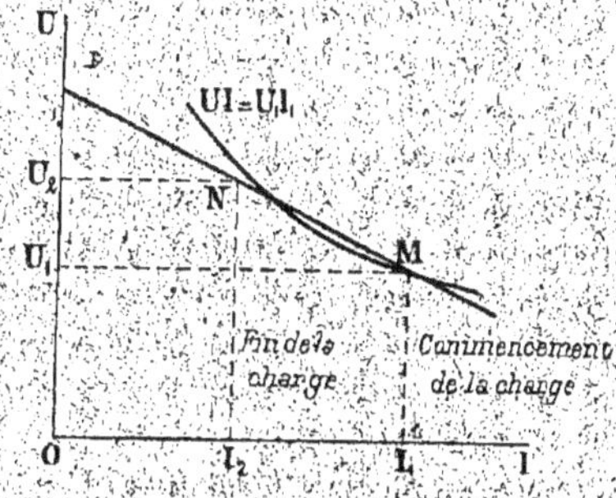

FIG. 198. — Caractéristique U (I) d'une dynamo à enroulement anti-compound permettant d'effectuer la charge d'une batterie à puissance sensiblement constante.

Charge des batteries sur les secteurs à courants alternatifs. — Quand l'énergie électrique dont on dispose pour charger une batterie est sous forme de courants alternatifs, monophasés ou triphasés, il est indispensable de la transformer en courant continu.

On peut, pour cela utiliser des groupes convertisseurs ou des redresseurs.

Groupes convertisseurs. — Un groupe convertisseur se compose d'une machine dynamo à courant continu, entraînée par un moteur asynchrone à cage d'écureuil ou bobiné, branché sur le réseau alternatif.

Suivant le mode de charge adopté, la dynamo peut être à excitation shunt, compound ou anti-compound. Son inducteur est muni d'un rhéostat d'excitation.

Un tableau, placé près du groupe, porte les appareils de manœuvre et de contrôle (interrupteur, fusible, ampèremètre, voltmètre), ainsi qu'un disjoncteur à minima pour éviter, qu'en cas d'arrêt du moteur du groupe, la batterie ne se décharge dans la dynamo fonctionnant alors en moteur.

La figure 199 représente un groupe de charge automatique, construit par la Compagnie Brown-Boveri, pour la charge individuelle de batteries de tracteurs à accumulateurs.

Dans ce groupe, le moteur et la génératrice, placés sur la même plaque de base, sont reliés au moyen d'un accouplement élastique.

Fig. 199. — Groupe de charge automatique pour batteries d'accumulateurs (Brown-Boveri).

L'appareil de démarrage est adossé au moteur et l'appareil de charge automatique, muni d'un voltmètre et d'un ampèremètre, est adossé à la génératrice. Celle-ci est pourvue d'un enroulement anti-compound. Toutes les connexions entre le moteur et l'appareil de charge automatique, sont installées sur le groupe, de sorte qu'au montage au lieu d'utilisation, il n'y a qu'à relier le moteur au réseau alternatif et la génératrice au câble de la batterie.

Le groupe est mis en marche avec le démarreur, après que la batterie à charger a été branchée sur la génératrice à la bonne polarité. Dès que le groupe est à la vitesse de régime et que la tension de la génératrice a atteint celle de la batterie, le branchement de la génératrice sur la batterie s'effectue automatiquement au moyen du contacteur monté dans l'appareil de charge automatique (fig. 200). La charge de la batterie se fait alors suivant la caractéristique anti-compound de la génératrice, c'est à-dire avec un courant décroissant à mesure que la tension augmente. Dès que la tension de fin de charge est atteinte, le relais de tension de l'appareil de charge automatique coupe le circuit de déclenchement à tension nulle du démarreur; celui-ci déclenche et le groupe s'arrête. Par le fait du déclenchement du démarreur, le circuit de la bobine inductrice du contacteur de l'appareil de charge automatique s'ouvre également, le contacteur déclenche et interrompt les liaisons entre la batterie et la génératrice.

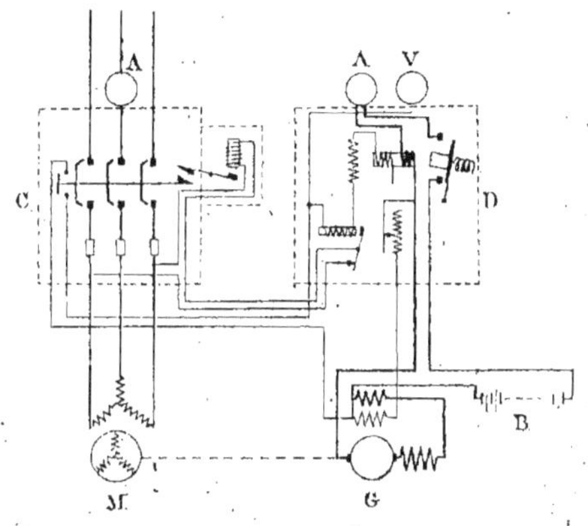

Fig. 200. — Schéma des connexions du groupe de charge automatique Brown-Boveri; C, appareil de démarrage; M, moteur asynchrone; G, génératrice anti-compound; D, automate de charge; B, batterie.

On peut aussi prévoir avec le groupe de charge, un compteur qui, au bout d'un temps déterminé, agit dans le circuit à tension nulle du moteur, en arrêtant la charge et en mettant le groupe hors de service.

Redresseurs. — Il existe différents types d'appareils statiques qui transforment le courant alternatif en courant continu. Ces appareils redressent les ondes du courant alternatif de façon que le courant obtenu garde un sens constant, indispensable pour la charge des accumulateurs. En réalité, on obtient un courant ondulé, mais en prenant certaines précautions, on peut rendre celui-ci sensiblement constant.

Les appareils de ce genre, employés pour charger les accumulateurs, sont :

Les redresseurs à vapeur de mercure, type « Cooper Hewitt » ;

17

Les redresseurs à cathode incandescente, type « Tungar » ;

Les redresseurs électrolytiques, type « Nodon » ;

Les redresseurs mécaniques, type « Soulier ».

1° *Redresseur à vapeur de mercure (« type Cooper Hewitt »)*. — Les redresseurs à vapeur de mercure sont très employés en Angleterre et en Amérique pour la charge des batteries d'accumulateurs pour électromobiles. Ce sont des appareils puissants qui présentent l'avantage de n'avoir pas de pièces en mouvement, de fonctionner sans bruit et de ne nécessiter aucune surveillance.

Rappelons que ces appareils consistent en une ampoule de verre (fig. 201) munie à sa base d'une cathode de mercure K, et sur les côtés, de deux (monophasé) ou trois (triphasé) anodes A en fer ou en graphite. Le vide est fait à l'intérieur de l'ampoule. Le courant ne peut passer, lorsque l'arc est amorcé, que dans une seule direction, des anodes vers la cathode. Une électrode auxiliaire *a* permet l'allumage de l'arc.

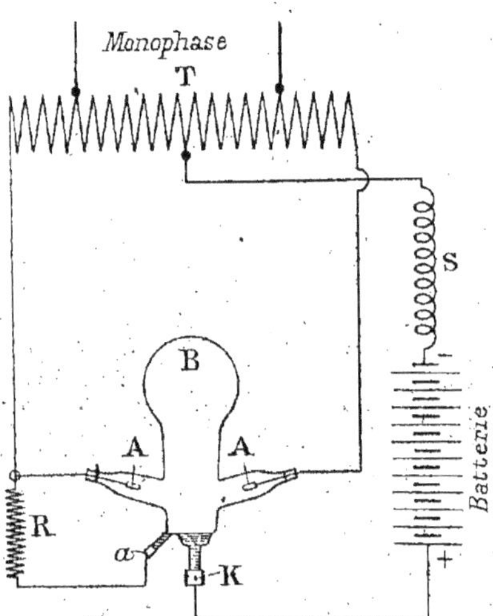

Fig. 201. — Schéma de montage d'un redresseur à vapeur de mercure.

Pour adapter la tension du secteur à la tension redressée que l'on désire obtenir, on emploie un transformateur (1). On notera que le point neutre, milieu du transformateur, doit être accessible, car il constitue le

---

(1) A vide, le rapport existant entre la tension alternative U_a et la tension continue U_c est approximativement :

$$U_a = 2,35\ U_c + 25,\ \text{en monophasé.}$$
$$U_a = 1,6\ \ U_c + 28,\ \text{en triphasé.}$$

pôle négatif du circuit continu, dont le pôle positif est la cathode de l'ampoule.

Ce transformateur est, généralement, monté sur un socle en fonte et dissimulé derrière le tableau qui porte les appareils de manœuvre et de protection. Un dispositif simple permet de faire basculer l'ampoule pour amorcer l'arc.

La chute de tension dans le redresseur étant très faible, la tension continue est à peu près constante. Il s'ensuit que la charge d'une batterie d'accumulateurs, à tension constante, ne présente aucune difficulté.

On peut, d'ailleurs, réaliser, si c'est nécessaire, une augmentation de tension vers la fin de la charge en insérant des bobines de self dans le circuit d'anodes.

Dans le cas de grandes batteries d'accumulateurs, le réglage de la tension se fait, de préférence, au moyen d'organes appropriés tels qu'un régulateur ou un transformateur de réglage.

2° *Redresseur à cathode incandescente (type « Tungar »).* — Le redresseur « Tungar » permet de redresser des courants dont l'intensité peut atteindre quelques dizaines d'ampères (1).

On sait que ce redresseur a, pour partie essentielle, une ampoule remplie d'un gaz inerte, l'argon, dans laquelle se trouve un filament de tungstène F, placé au-dessous d'une électrode indépendante en graphite P (fig. 202). Quand ce filament est porté à l'incandescence, un courant électrique peut traverser l'ampoule dans le sens PF, mais non en sens contraire.

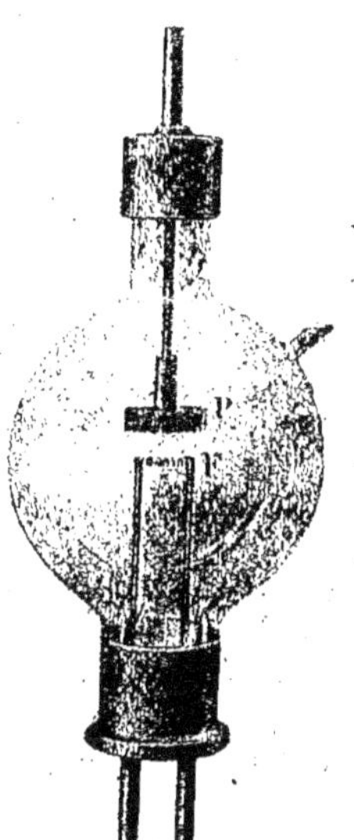

Fig. 202. — Redresseur à cathode incandescente « Tungar ».

---

(1) L'ampoule la plus puissante, actuellement utilisée, peut fournir un courant redressé d'une intensité moyenne de 50 ampères.

La tension nécessaire à l'amorçage de l'appareil est de quelques volts seulement et correspond à la chute de tension qui se produit durant le fonctionnement.

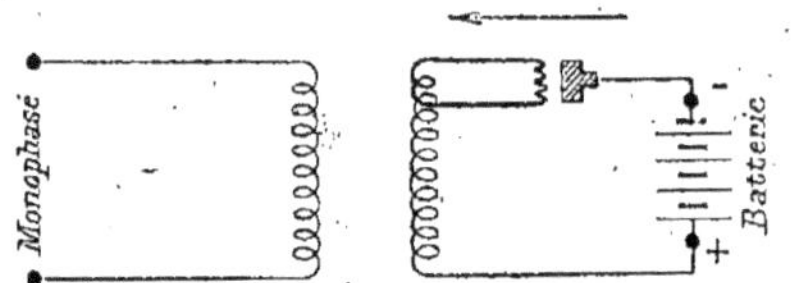

Fig. 203. — Schéma d'un redresseur " Tungar "

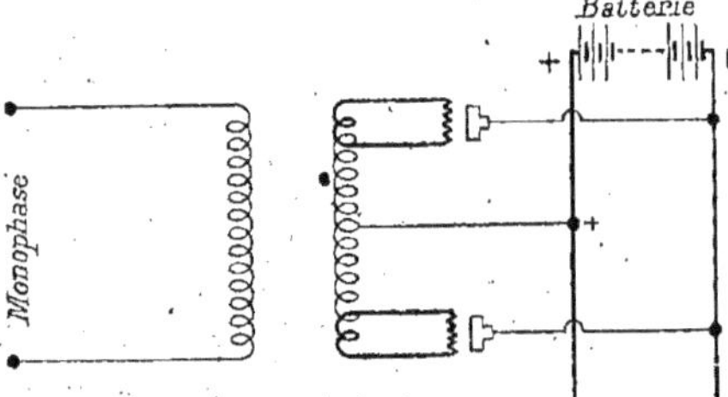

Fig. 204.— Schéma de montage de redresseurs " Tungar " transformant le courant alternatif monophasé en courant continu.

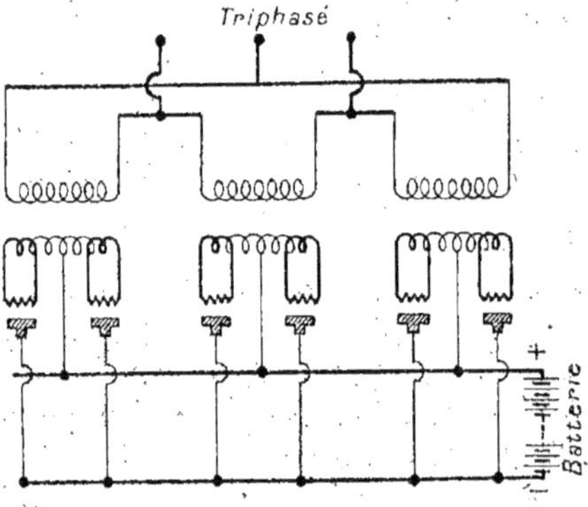

Fig. 205. — Schéma de montage de redresseurs " Tungar " transformant le courant alternatif triphasé en courant continu.

La figure 203 indique le montage le plus simple du redresseur « Tungar », utilisé pour la charge d'une batterie d'accumulateurs. Le filament de l'ampoule est alimenté par quelques spires du secondaire du transformateur et constitue le pôle positif du courant redressé, tandis que le graphite en est le pôle négatif. On ne recueille ainsi que le courant correspondant à une demi-période. Mais il est facile de redresser les deux alternances du courant alternatif en employant une deuxième ampoule en opposition avec la première. (fig. 204).

En courant triphasé, on peut utiliser les trois phases en réunissant convenablement plusieurs éléments monophasés. Sur la figure 205 sont représentées les connexions à adopter dans ce cas (1).

Il convient de remarquer que la tension que l'on obtient en courant continu peut être réglée en faisant varier le nombre des spires en service du transformateur et que la variation de la tension n'influe pas sur le débit, à la condition, toutefois, qu'elle reste supérieure à la tension d'amorçage (12 volts environ).

Le fonctionnement du « Tungar » est absolument automatique. Aucune manœuvre d'amorçage n'est à opérer, la mise en service de l'appareil se réduit à la fermeture d'un interrupteur. Si le courant du secteur fait momentanément défaut, le redresseur cesse de débiter et il recommence de fonctionner dès que le courant d'alimentation est rétabli, sans qu'une inversion de polarité soit à redouter.

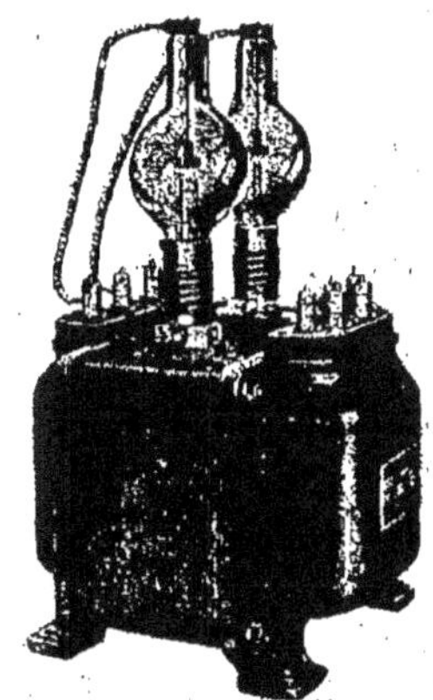

G. 206. — Redresseurs " Tungar " montés sur transformateur.

Ces différents avantages rendent le « Tungar » particulièrement précieux pour la charge des accumulateurs. La mise en charge des batteries ne nécessitant aucune surveillance, peut s'effectuer pendant la nuit, ce qui, dans bien des cas, permet de réaliser une notable économie.

3° *Redresseur électrolytique (type « soupape Nodon »).* — Composé essentiellement de deux électrodes, l'une en plomb, l'autre en alliage spécial d'aluminium, plongeant dans un électrolyte approprié (phosphate alcalin), ce redresseur ne laisse passer le courant que dans le sens plomb-aluminium. Chaque élément forme ainsi une sorte de clapet électrique.

Il est aisé de concevoir qu'un tel clapet, interposé dans un circuit alternatif, ne laisse passer qu'une demi-phase du courant. En montant en opposition deux ou quatre éléments, sur le circuit monophasé, on peut

____

(1) Un tel appareil peut fournir un courant continu de 90 ampères.

redresser les deux demi-périodes du courant alternatif (fig. 208). En courant triphasé, trois bacs suffisent, si la tension ne dépasse pas 56 volts, et six bacs pour des tensions comprises entre 56 et 120 volts (fig. 208).

Ces appareils donnent de bons résultats, si l'on a pris soin d'éviter, par une disposition convenable de leurs électrodes (circulation de l'électrolyte autour de celles-ci), qu'il ne se forme sur elles, une couche de phosphate d'aluminium, qui est susceptible de polariser l'appareil et de l'encrasser.

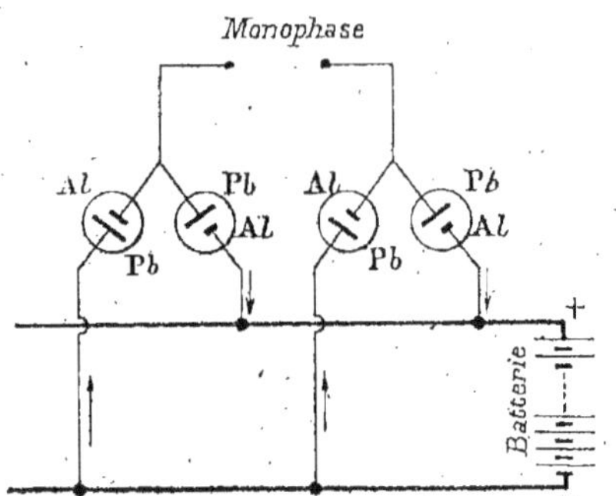

Fig. 207. — Schéma de montage de clapets électrolytiques transformant le courant alternatif monophasé en courant continu.

Les types, établis par la Société des Accumulateurs Heinz, sont prévus pour la charge de batteries d'accumulateurs d'une capacité de 20 à 40 ampères-heure et de 40 à 100 ampères-heure.

4° *Redresseur mécanique (type Soulier).* — Dans ce redresseur, une lame d'acier polarisé, vibrant sous l'influence du courant alternatif ne laisse passer le courant, du côté continu, que quand celui-ci a le sens voulu, en fermant un contact à une position déterminée de sa course.

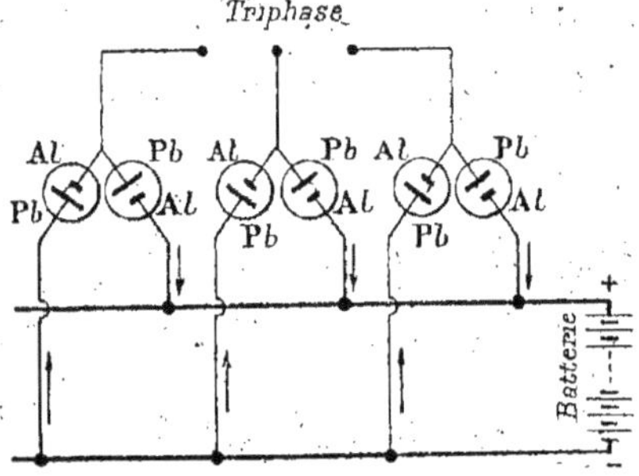

Fig. 208. — Schéma de montage de clapets électrolytiques transformant le courant alternatif triphasé en courant continu.

Ce type de redresseur n'est employé que pour charger les éléments de faible capacité.

CHAPITRE XIV

Mesures et Essais.

MESURE DE LA RÉSISTANCE D'ISOLEMENT D'UNE BATTERIE

Une batterie récemment installée présente, en général, un isolement assez élevé. Mais en raison de la présence de l'acide sulfurique, des projections, renversements accidentels, etc., cet isolement ne tarde pas à baisser.

Dans les installations où la tension est élevée (500 à 600 volts), il faut prendre, de temps en temps, l'isolement de la batterie et au besoin remédier à son insuffisance (1).

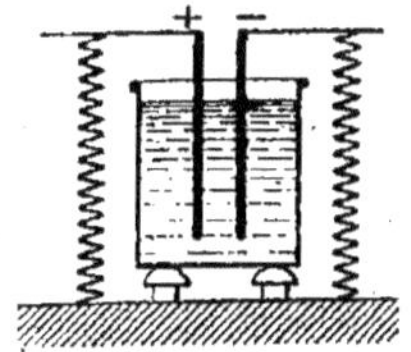

Fig. 209. — Représentation schématique du circuit de fuites d'un accumulateur.

Cette mesure ne peut pas être faite comme s'il s'agissait d'un réseau inerte, c'est-à-dire dépourvu de force électromotrice. Chaque élément d'accumulateur peut, en effet, être considéré comme constituant un circuit doué de force électromotrice et fermé par deux résistances d'isolement, réelles ou fictives, existant à ses bornes négative et positive (fig. 209).

La batterie est alors assimilable à une chaîne voltaïque dont certains

---

(1) Une bonne valeur de l'isolement minimum exigible pour une batterie est celle donnée par la formule :

$$R = 5\,U^2,$$

où U est la tension du réseau.

Un tel isolement est malheureusement assez rare.

points M_1, M_2, M_3.., sont reliés au sol par les résistances r_1, r_2, r_3.., La résistance d'isolement de l'ensemble est égale à :

$$R = \cfrac{1}{\dfrac{1}{r_1} + \dfrac{1}{r_2} + \dfrac{1}{r_3} + \ldots + \dfrac{1}{r_n}}.$$

Pour déterminer expérimentalement la valeur de cette résistance, nous indiquerons trois méthodes différentes :

1re Méthode. (Méthode de Jacob). — Cette méthode consiste à relier la batterie au sol, en un point quelconque M, par l'intermédiaire d'un galvanomètre et d'une résistance réglable, et à effectuer sur ce galvanomètre deux lectures d'intensité correspondant à deux valeurs de la résistance (fig. 210).

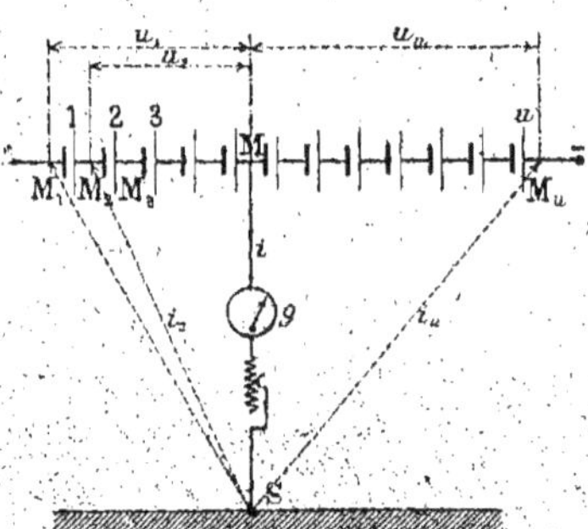

Fig. 210. — Mesure de la résistance d'isolement d'une batterie (méthode de Jacob).

Soit g la résistance du galvanomètre et de la résistance réglable. Appelons u_1, u_2, u_3 ... u_n les différences de potentiel entre M et les points M_1, M_2, M_3... M_n. On aura, en désignant par i_1, i_2, i_3... i_n les courants dans les éléments successifs r_1, r_2, r_3... r_n.

$$u_1 = gi + r_1 i_1,$$
$$u_2 = gi + r_2 i_2,$$
$$u_3 = gi + r_3 i_3.$$

$$u_n = gi + r_n i_n.$$

D'où l'on tire :

$$i_1 = \frac{u_1 - gi}{r_1},$$

$$i_2 = \frac{u_2 - gi}{r_2},$$

$$i + i_3 = \frac{u_3 - gi}{r_3},$$

$$\cdots \cdots \cdots$$

$$\cdots \cdots \cdots$$

$$i_n = \frac{u_n - gi}{r_n}.$$

D'autre part, la loi de Kirchhoff appliquée au sommet S donne :

$$i_1 + i_2 + i_3 + \ldots + i_n = 0$$

C'est-à-dire, en tenant compte des valeurs des courants :

$$i + \frac{u_1 - gi}{r_1} + \frac{u_2 - gi}{r_2} + \frac{u_3 - gi}{r_3} + \ldots + \frac{u_n - gi}{r_n} = 0 \qquad (1)$$

Agissons maintenant sur la résistance réglable de façon à avoir une nouvelle intensité i'. On aura de même :

$$i' + \frac{u_1 - g'i'}{r_1} + \frac{u_2 - g'i'}{r_2} + \frac{u_3 - g'i'}{r_3} + \ldots + \frac{u_n - g'i'}{r_n} = 0 \qquad (2)$$

Retranchons (2) de (1) ; on obtient :

$$(gi - g'i') \left(\frac{1}{r_1} + \frac{1}{r_2} + \frac{1}{r_3} + \ldots + \frac{1}{r_n} \right) = i - i' ;$$

d'où l'on déduit :

$$\frac{1}{r_1} + \frac{1}{r_2} + \frac{1}{r_3} + \ldots + \frac{1}{r_n} = \frac{i - i'}{gi - g'i'},$$

et par conséquent

$$R = \frac{gi - g'i'}{i - i'}.$$

2º MÉTHODE. (Méthode du voltmètre). — Avec un voltmètre de calibre convenable et de résistance connue r, on fait les trois essais suivants (fig. 211) :

a) On mesure la tension U aux bornes de la batterie ;

b) On mesure la tension U′ du pôle positif par rapport au sol ;

c) On mesure la tension U″ du pôle négatif par rapport au sol.

La résistance d'isolement est donnée par la formule

$$R = r \left[\frac{U}{U' + U''} - 1 \right].$$

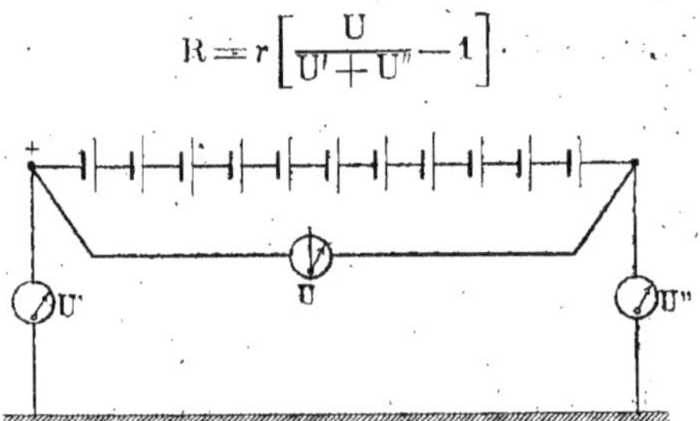

Fig. 211. — Mesure de la résistance d'isolement d'une batterie (méthode du voltmètre).

Cette relation est facile à démontrer. On a évidemment, dans la deuxième opération :

$$u_1 = ri'' + r_1 i_1,$$
$$u_2 = ri'' + r_2 i_2,$$
$$u_3 = ri'' + r_3 i_3,$$

$$\cdots \qquad \cdots$$

$$\cdots \qquad \cdots$$

$$u_n = ri'' + r_n i_n.$$

On en déduit :

$$i_1 = \frac{u_1 - ri''}{r_1},$$

$$i_2 = \frac{u_2 - ri''}{r_2},$$

$$i_3 = \frac{u_3 - ri''}{r_3},$$

$$\cdots \qquad \cdots$$

$$\cdots \qquad \cdots$$

$$i_n = \frac{u_n - ri''}{r_n}$$

Formons la somme $i_1 + i_2 + i_3 + \ldots + i_n$, et écrivons qu'elle satisfait à la loi des sommets de Kirchhoff, nous aurons :

$$i' + \frac{u_1 - ri'}{r_1} + \frac{u_2 - ri'}{r_2} + \frac{u_3 - ri'}{r_3} + \ldots + \frac{u_n - ri'}{r_n} = 0$$

c'est-à-dire :

$$i' - ri'\left(\frac{1}{R}\right) + \left(\frac{u_1}{r_1} + \frac{u_2}{r_2} + \frac{u_3}{r_3} + \ldots + \frac{u_n}{r_n}\right) = 0 . \qquad (1)$$

Le troisième essai nous permet d'écrire :

$$i'' - ri''\left(\frac{1}{R}\right) + \left(\frac{u_1}{r_n} + \frac{u_2}{r_{n-1}} + \frac{u_3}{r_{n-2}} + \ldots + \frac{u_n}{r_1}\right) = 0 \qquad (2)$$

en remarquant que les tensions u_1 et u_n se permutent pour les mêmes résistances r_1 et r_n.

Ajoutons (1) et (2), nous aurons :

$$i' + i'' - \frac{r}{R}\left(i' + i''\right) + \left(\frac{u_n + u_n}{r_1} + \frac{u_2 + u_{n-1}}{r_2} + \ldots + \frac{u_n + u_1}{r_n}\right) = 0,$$

relation que l'on peut écrire, en remplaçant $u_1 + u_n$ par $n\mathrm{E}$ (E étant la force électromotrice d'un élément) :

$$i' + i'' - \frac{r}{R}\left(i' + i''\right) + n\,\mathrm{E}\left(\frac{1}{R}\right) = 0$$

ou bien encore, en remarquant que :

$$i' = \frac{\mathrm{U}'}{r}, \qquad \text{et } i'' = \frac{\mathrm{U}''}{r}$$

$$\left(\frac{\mathrm{U}' + \mathrm{U}''}{r}\right) - \left(\frac{\mathrm{U}' + \mathrm{U}''}{R}\right) + \frac{\mathrm{U}}{R} = 0 .$$

D'où

$$\frac{1}{R}\left(\mathrm{U} - (\mathrm{U}' + \mathrm{U}'')\right) = \frac{\mathrm{U}' + \mathrm{U}''}{r}$$

et enfin

$$\mathrm{R} = r\left(\frac{\mathrm{U}}{\mathrm{U}' + \mathrm{U}''} - 1\right) .$$

3° MÉTHODE. (méthode de comparaison). — Cette méthode nécessite une f.e.m. étrangère, mais elle est plus précise que les précédentes.

Elle nécessite un galvanomètre avec ses shunts, une boîte de piles et une résistance connue.

On constitue d'abord un circuit avec ces trois appareils (fig. 212) et on lit la dérivation δ pour un pouvoir multiplicateur m du shunt. La résistance connue R étant assez grande pour qu'on puisse

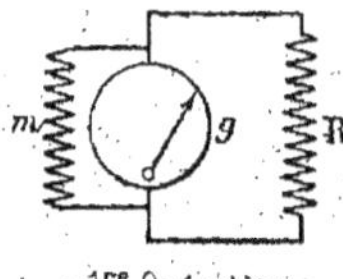

Fig. 212. — Étalonnage du galvanomètre.

négliger devant elle la résistance de la pile et du galvanomètre, on a, en appelant E la force-électromotrice de la pile et K une constante

$$K\,m\,\delta = \frac{E}{R}.$$

On relie ensuite une borne du galvanomètre à un point de la batterie dont on veut mesurer l'isolement et l'on connecte l'autre borne à l'un des pôles de la pile, le deuxième pôle de celle-ci étant en communication avec le sol (fig. 213). On lit alors une nouvelle dérivation δ' correspondant à un pouvoir multiplicateur m' du shunt. On a :

$$K\,m'\,\delta' = \frac{E \pm U}{X},$$

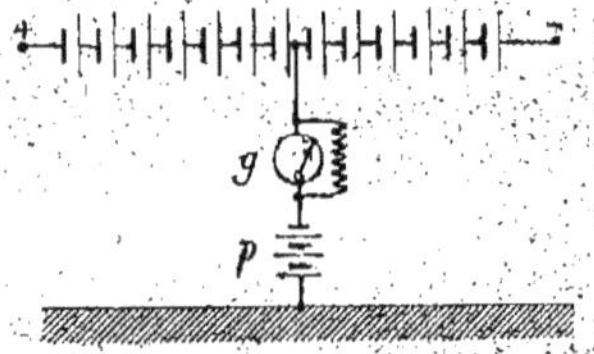

Fig. 213. — Mesure de la résistance d'isolement de la batterie (méthode de comparaison).

en appelant U la différence de potentiel existant entre le point de la batterie en communication avec la pile et le point où réside le défaut d'isolement et X la résistance d'isolement.

Comme la tension U n'est pas connue, on fait une troisième lecture en inversant la polarité de la pile. Il vient alors, en appelant m'' la nouvelle valeur du shunt

$$K\,m''\,\delta'' = \frac{E \pm U}{X}.$$

De ces deux équations, on déduit

$$K\,(m'\,\delta' - m''\,\delta'') = \frac{2\,E}{X}\,,$$

et en divisant membre à membre par la première équation, on trouve pour la résistance d'isolement

$$X = 2\,R\,\frac{m\,\delta}{m'\,\delta' + m''\,\delta''}.$$

Localisation d'un défaut. — Pour localiser un défaut, on enlève les connexions de façon à fractionner la batterie et on détermine la résistance de chaque fraction.

MESURE DES DENSITES

On mesure le poids spécifique des solutions sulfuriques employées, dans les accumulateurs, au moyen d'un aréomètre gradué en degrés Baumé, ou bien avec un densimètre.

Aréomètre. — L'aréomètre se compose d'une ampoule de verre creuse prolongée par une mince tige cylindrique qui porte une graduation et qu'un lest, placé à la partie inférieure de l'ampoule, fait tenir verticale quand l'appareil flotte librement dans le liquide. Le zéro de la graduation est à peu près au sommet de la tige : c'est le point d'affleurement dans l'eau pure ; le point 15 est obtenu dans une solution de 15 grammes de sel marin dans 85 grammes d'eau. L'intervalle de ces deux points est divisé en 15 parties égales et la même division est continuée sur le reste de la tige.

Densimètre. — Les densimètres sont des appareils analogues aux aréomètres. On les gradue en les plongeant dans des solutions de densité connue. Les divisions ainsi obtenues sont beaucoup plus rapprochées au voisinage du zéro qu'au sommet de la tige, mais leur longueur varie cependant assez lentement pour qu'on puisse, sans erreur sensible, subdiviser chacune d'elles en parties égales.

En raison de cette graduation purement expérimentale, les indications de l'instrument sont évidemment à l'abri des erreurs qu'entraîne la capillarité dans l'emploi des aréomètres.

Emploi des aréomètres et des densimètres. — Il suffit, pour relever la densité au moyen d'un aréomètre ou d'un densimètre, de laisser flotter librement l'instrument dans le liquide et de lire la division d'affleurement.

Fig. 214. — Mesure de capacité au moyen du densimètre.

Le plus souvent, on fait cette opération dans le bac même de l'accumulateur. On fait alors usage d'un appareil dont le corps est applati de façon à passer facilement entre les plaques. Il faut veiller qu'il ne soit pas en contact avec les parois du vase ou avec les plaques, ce qui pourrait fausser les indications. Il faut aussi avoir soin de bien mélanger le liquide avant de faire une mesure, car celui-ci n'est pas homogène au repos, l'acide plus dense restant au fond.

Quelquefois, pour faciliter les lectures, on se sert d'un appareil spécial représenté ci-contre (fig. 214). Le densimètre est enfermé dans une ampoule en verre munie d'une poire en caoutchouc. Au moyen de cette poire on aspire le liquide jusqu'à ce que le densimètre flotte librement. On opère ainsi très rapidement.

Densité, degré Baumé et teneur en acide des solutions sulfuriques. — Comme on emploie indifféremment, pour désigner le degré de concentration d'une solution d'acide sulfurique, les termes : degré Baumé, densité, acidité (teneur en acide sulfurique en pour cent) nous donnons ci-après une table, indiquant les rapports entre ces diverses quantités, pour des solutions à 15° C.

DEGRÉS Baumé	DENSITÉS	100 PARTIES EN POIDS contiennent SO^4H^2 en pour 100	TENEUR par litre en grammes	DEGRÉS Baumé	DENSITÉS	100 PARTIES EN POIDS contiennent SO^4H^2 en pour 100	TENEUR par litre en grammes
0	1,000	0,0	0	34	1,308	40,2	526
1	1,007	1,9	19	35	1,320	41,6	549
2	1,014	2,8	28	36	1,332	43,0	573
3	1,022	3,8	39	37	1,345	44,4	597
4	1,029	4,8	49	38	1,357	45,5	619
5	1,037	5,8	60	39	1,370	46,9	642
6	1,045	6,8	71	40	1,383	48,3	668
7	1,052	7,8	82	41	1,397	49,8	696
8	1,060	8,8	93	42	1,410	51,2	722
9	1,067	9,8	105	43	1,424	52,8	749
10	1,076	10,8	116	44	1,438	54,6	777
11	1,083	11,9	129	45	1,453	55,4	805
12	1,091	13,0	142	46	1,468	56,9	835
13	1,100	14,1	155	47	1,483	58,3	864
14	1,108	15,2	168	48	1,498	59,6	893
15	1,116	16,2	181	49	1,514	61,0	923
16	1,125	17,3	193	50	1,530	62,5	956
17	1,134	18,5	210	51	1,546	64,0	990
18	1,142	19,6	224	52	1,563	65,5	1024
19	1,152	20,8	239	53	1,580	67,0	1059
20	1,162	22,2	258	54	1,597	68,6	1095
21	1,171	23,3	273	55	1,616	70,0	1131
22	1,180	24,6	289	56	1,634	71,6	1170
23	1,190	25,8	307	57	1,652	73,2	1210
24	1,200	27,1	325	58	1,672	74,7	1248
25	1,210	28,4	344	59	1,691	76,4	1292
26	1,220	29,6	361	60	1,711	78,1	1336
27	1,231	31,0	381	61	1,732	79,9	1384
28	1,242	32,2	400	62	1,753	81,7	1432
29	1,252	33,4	418	63	1,774	84,0	1492
30	1,263	34,7	438	64	1,796	86,6	1554
31	1,274	36,0	459	65	1,819	89,7	1632
32	1,285	37,4	481	66	1,842	100,0	1842
33	1,297	38,8	503				

RECHERCHE DES IMPURETÉS CONTENUES DANS L'ÉLECTROLYTE

Nous avons insisté, dans les généralités, sur la nécessité d'avoir un électrolyte formé uniquement d'eau et d'acide sulfurique et sur les inconvénients qui peuvent résulter de la présence de certaines matières étrangères, même en quantité très faible.

Il est donc indispensable de connaître les qualités de pureté que l'on doit exiger des substances entrant dans la composition de l'électrolyte.

Nous allons rappeler les principales réactions chimiques qui permettent de déceler les substances nuisibles qui peuvent se trouver dans l'eau et dans l'acide sulfurique.

Eau. — A défaut d'eau distillée, on emploie quelquefois l'eau de pluie qui contient moins d'impuretés que les eaux de rivière, qui sont chargées de sels minéraux et de substances organiques. Cependant, elles peuvent encore contenir des produits sulfurés et azotés, des chlorures et de l'anhydride carbonique.

On décèle facilement la présence de *l'anhydride carbonique* par le précipité blanc qui se forme quand on ajoute de l'eau de chaux.

La présence des *carbonates de calcium* se reconnaît en versant, dans l'eau à essayer, quelques gouttes d'une solution alcoolique de bois de campêche ; cette liqueur jaune se colore en violet, d'autant plus foncé, qu'il y a plus de carbonate de calcium. Elle se colore seulement en rose, s'il n'y en a qu'une petite quantité.

On reconnaît la présence des *sulfates* en versant dans l'eau une solution d'azotate de baryum, qui donne un précipité blanc de sulfate de baryum, soluble dans l'eau et l'acide azotique.

On constate l'existence des *chlorures* par l'azotate d'argent qui forme un précipité blanc caillebotté de chlorure d'argent insoluble dans l'eau, mais soluble dans l'ammoniaque.

La présence de la *chaux* (à l'état de sulfate, chlorure, azotate ou bicarbonate) se reconnaît par l'oxalate d'ammonium qui détermine un précipité d'oxalate de calcium, insoluble dans l'acide acétique, mais soluble dans l'acide azotique étendu.

Enfin, l'existence de *matières organiques* se reconnaît à ce que l'eau, portée à l'ébullition avec quelques gouttes de chlorure d'or, prend une coloration brune due à la réduction du sel d'or. Colorée en rouge violacé par quelques gouttes de permanganate de potassium en solution sulfurique, la solution se décolore à l'ébullition.

L'eau destinée aux accumulateurs ne doit présenter aucun de ces caractères.

Acide sulfurique. — L'acide sulfurique est obtenu industriellement, soit par hydratation de l'anhydride sulfurique, soit par oxydation du gaz sulfureux, provenant du grillage des pyrites ou du soufre, par l'acide azotique, en présence de l'air et de la vapeur d'eau.

Dans ce dernier cas, l'acide obtenu étant très étendu, on lui fait subir une première concentration, jusqu'à 60° B. environ, dans des bassines en plomb. On le porte ensuite à 66° B. par ébullition dans des marmites en platine ou en or platiné.

Pour les accumulateurs, on doit employer, de préférence, de l'acide pur au soufre à 66° B. Toutefois, on peut utiliser l'acide ordinaire, si l'on prend soin de le purifier, au préalable, en y faisant passer, pendant plusieurs heures, un courant de gaz sulfhydrique qui précipite l'arsenic et les métaux. On doit laisser reposer vingt-quatre heures et décanter ensuite.

Les principales impuretés contenues dans l'acide ordinaires sont : les composés azotés, le chlore, le platine, les composés de l'arsenic et du sélénium et les différents métaux contenus dans les pyrites (fer, cuivre, antimoine, etc.).

Quelques réactions simples permettent de caractériser ces substances.

Les *produits azotés* se reconnaissent à l'action qu'ils exercent sur la brucine ou la diphénylamine.

Le réactif à la brucine se prépare en faisant dissoudre 0,5 gr. de brucine dans 100 cm³ d'acide sulfurique concentré et pur.

Cette solution, qui doit être préparée au moment de l'emploi, est caractérisée par une coloration légèrement jaune. A 10 cm³ de l'électrolyte à essayer, on ajoute deux fois son volume d'acide sulfurique concentré et pur, et on laisse refroidir jusqu'à la température ambiante, puis on verse 2 cm³ du réactif et on mélange vivement. Si les produits azotés sont présents, la mixture prend une coloration rose rouge, qui vire rapidement au jaune soufre, puis plus lentement au jaune or. Aussitôt que la teinte jaune apparaît, il faut la comparer à celle des solutions témoins traitées en même temps et de la même manière.

L'essai à la diphénylamine se fait en introduisant dans un vase à réactif une solution incolore de diphénylamine dans l'acide sulfurique pur et concentré. En versant quelques centimètres cubes de la solution à essayer, on voit apparaître, dans le plan de séparation des deux liquides, un anneau bleu ou des cercles nuageux simplement bleuâtres, si l'électrolyte renferme des traces d'acide nitrique ou d'acide nitreux.

Ces essais se simplifient quand on peut opérer sur l'acide concentré. Il suffit alors de projeter, dans cet acide, quelques fragments de brucine ou de diphénylamine. Des traces de produits azotés donnent une coloration rouge ou bleu, suivant qu'on opère avec la brucine ou la diphénylamine.

Si ces essais ne sont pas nettement négatifs, il convient de jeter le liquide, quelle que soit l'intensité de la coloration.

Pour rechercher le *chlore*, on dilue l'acide en l'étendant de 6 à 8 fois son volume d'eau distillée ; on laisse reposer quelques heures et on filtre s'il y a un dépôt blanc. On ajoute alors quelques gouttes d'acide azotique, puis un centimètre cube environ d'une solution d'azotate d'argent à 5 p. 100. Après un repos d'une heure environ, le mélange doit être parfaitement clair et transparent. S'il s'y produit un trouble, quelque léger qu'il soit, il ne faut pas employer l'acide pour la préparation du mélange.

On reconnaît la présence *des métaux* qui donnent lieu à un dégagement gazeux de l'élément à circuit ouvert (platine, cuivre, antimoine, etc.) en soumettant l'acide à l'action du zinc pur. Si l'acide renferme l'un quelconque de ces métaux, le zinc pur est attaqué et on constate un dégagement d'hydrogène.

Le *fer* en faible proportion (teneur inférieure à 0,01 p 100), n'a, pratiquement, pas d'influence. On peut reconnaître rapidement si cette teneur n'est pas dépassée en se basant sur la remarque suivante : en saturant par une solution ammoniacale 10 à 15 centimètres cubes d'acide, on n'obtient aucun trouble quand l'acide renferme moins de 0,008 p. 100 de fer. Mais cet acide se colore encore immédiatement en bleu, avec une solution de ferrocyanure de potassium à 1 p. 100 et, en rouge, avec une solution de sulfocyanure de potassium.

CHAPITRE XV

Accumulateur au fer-nickel.

L'accumulateur au fer-nickel est basé sur la réversibilité du couple

Fer — potasse — oxyde de nickel.

Le fer joue le rôle d'électrode négative, et le nickel celui d'électrode positive. L'électrolyte est une solution de potasse à 20 p. 100 dans l'eau distillée.

Cet élément fait partie de la classe des accumulateurs à électrolyte invariable, signalée pour la première fois par Darrieus en 1893. Sa réalisation industrielle date de 1901 (brevets Jungner et Edison); depuis cette époque, de nombreux perfectionnements, apportés principalement dans la construction des électrodes, l'ont mis en état de lutter, dans certains cas avantageusement, avec l'accumulateur au plomb.

Théorie chimique. — Les réactions chimiques qui se produisent dans un élément au fer-nickel, lors de la charge et de la décharge, sont très complexes et encore imparfaitement connues. Il semble cependant établi que la matière active positive est constituée, principalement, par du sesqui-oxyde de nickel hydraté Ni^2O^3, $3H^2O$ et la matière négative par du fer métallique à l'état spongieux. Pendant la décharge, le fer métallique s'oxyde à l'état de FeO, tandis que le sesquioxyde de nickel se réduit à l'état de NiO, conformément à l'équation

$$Fe + KOH + Ni^2O^3,\ 3H^2O = Fe(OH)^2 + KOH + 2Ni(OH)^2$$

Lors de la charge les réactions chimiques inverses se produisent.

De sorte que le processus chimique peut être ramené à l'équation précédente, qu'il faut lire de gauche à droite pour la décharge et de droite à gauche pour la charge.

D'après cette équation, on voit que les réactions chimiques consistent essentiellement en oxydations et réductions alternatives des matières actives. Tout se passe donc comme s'il y avait uniquement transport d'oxygène de la matière active d'une électrode à celle de l'autre électrode. L'électrolyte ne se modifie ni dans sa constitution ni dans sa concentration et ne joue que le rôle de conducteur entre les plaques.

Cependant, des différences de concentration se produisent aux électrodes du fait de la formation d'hydrates. Pendant la décharge, la solution se concentre dans l'électrode nickel et se dilue, au contraire, dans l'électrode fer. En charge, les phénomènes se produisent en sens contraire et c'est alors la cathode qui s'enrichit et l'anode qui s'appauvrit en potasse. Ces changements de concentration sont d'ailleurs d'autant plus importants que le régime est plus élevé, la diffusion n'ayant pas le temps d'égaliser les concentrations.

Valeur théorique de la force électromotrice. — Si l'on détermine les chaleurs dégagées dans les réactions, on trouve

Oxydation de Fe en $Fe(OH)^2$	$=$	68900 calories.
Réduction de $Ni^2O^3,3H^2O$ en $2Ni(OH)^3$	$=$	600 calories.
Chaleur totale dégagée		69500 calories.

En appliquant la formule de Thomson, on trouve une force électromotrice de

$$\frac{69500}{2 \times 23091} = 1,50 \text{ volt,}$$

tandis que la mesure directe indique 1, 48 volt. Il y a donc accord entre la théorie et l'expérience et l'on peut conclure que les réactions se produisent bien comme l'indique l'équation chimique précédente.

Variation de la différence de potentiel aux bornes à la charge et à la décharge. — La figure 215 donne l'allure générale des courbes de charge et de décharge à intensité constante.

Lorsqu'on effectue la charge après une décharge complète, la tension aux bornes de l'élément croît d'abord rapidement de 1,45 volt à 1,7 volt, puis beaucoup plus lentement et d'une façon très progressive jusqu'à 1,8 volt. A partir de cette valeur, un dégagement gazeux apparaît aux

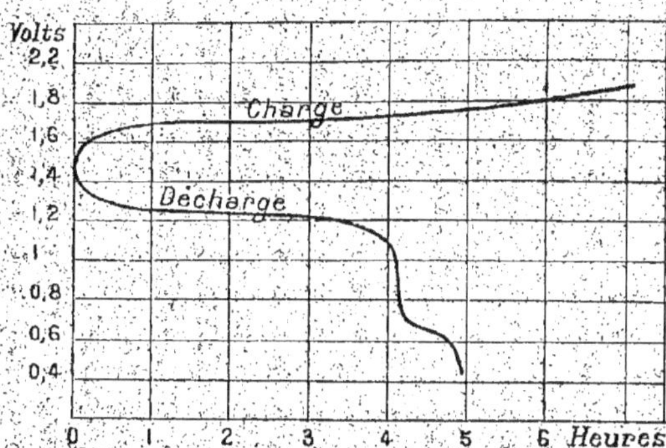

Fig. 215. — Variation de la force électromotrice d'un accumulateur au fer-nickel pendant la charge et la décharge.

électrodes. La fin de la charge n'est pas accompagnée d'un brusque accroissement de tension analogue à celui qui se produit avec l'accumulateur au plomb.

A la décharge, après une baisse assez rapide de 1,4 à 1,25 volt environ, la différence de potentiel tombe lentement à 1,1 volt ; c'est la partie pratiquement utilisable. Ensuite, la tension baisse rapidement de 1,1 à 0,75 volt, présente un second palier (1), puis tombe brusquement,

____

(1) Ce second palier peut s'expliquer par l'oxydation de l'hydrate ferreux, produit pendant la première phase de décharge, en hydrate ferrique suivant l'équation

$$2Fe(OH)^2 + KOH + Ni^2O^3,3H^2O = Fe^2O^3,3H^2O + KOH + 2Ni(OH)^2$$

Le dégagement de chaleur qui en résulte

Oxydation de $2Fe(OH)^2$ en $Fe^2O^3,3H^2O$	= 55300 calories,
Réduction de $Ni^2O^3,3H^2O$ en $2Ni(OH)^2$	= 600 calories
Chaleur totale	55900 calories.

correspond à une force électromotrice de

$$\frac{55900}{2 \times 23091} = 1,21 \text{ volt,}$$

inférieure de 0,29 volt à celle de la première phase.

On voit, d'après les courbes, que c'est sensiblement la différence de tension que l'on constate entre les f. é. m. correspondant aux deux phases de la décharge.

Rétablissement de la force électromotrice à circuit ouvert. — Si l'on soumet l'accumulateur à un régime de décharge un peu fort, il se produit une chute de tension due aux variations de la teneur en potasse de l'électrolyte contenu dans les pores de la matière active. Lorsque l'élément est laissé au repos, sa force électromotrice remonte progressivement à une valeur comprise entre 1,4 et 1,5 volt. Ceci est en accord avec ce que nous avons indiqué précédemment relativement à la variation de concentration en décharge. L'anode s'enrichissant en potasse, la diffusion agit à circuit ouvert pour égaliser la concentration du liquide des pores avec celle de l'électrolyte extérieur. C'est l'inverse qui se produit à la cathode fer.

Résistance intérieure. — La résistance intérieure d'un élément au fer-nickel est plus élevée que celle d'un élément au plomb. Elle est due, en grande partie, à la matière active (oxydes de fer et de nickel) qui doit être mélangée de graphite et soumise à une haute pression pour acquérir une conductibilité suffisante.

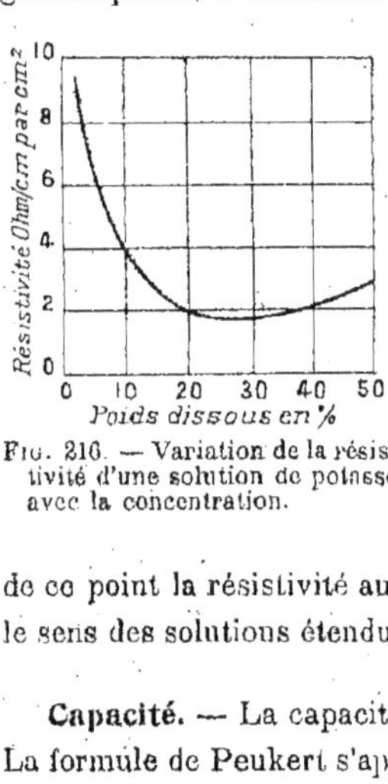

La résistance intérieure augmente beaucoup à la fin de la décharge et surtout aux intensités élevées. Cette augmentation provient, principalement, de la trop grande dilution de la potasse à la cathode et de sa trop grande concentration à l'anode. On sait, en effet, que la résistivité des solutions de potasse passe par un minimum vers la concentration de 29 p. 100. De chaque côté de ce point la résistivité augmente, mais beaucoup plus rapidement dans le sens des solutions étendues (fig. 216)

Fig. 216. — Variation de la résistivité d'une solution de potasse avec la concentration.

Capacité. — La capacité varie très peu avec le régime de décharge. La formule de Peukert s'applique avec assez de précision, mais le coefficient n est très voisin de l'unité. La courbe ci-contre (fig. 217) montre que la capacité d'un élément de 175 ampères-heure au régime de 30 ampères est encore de 140 ampères-heure au régime excessif de 200 ampères.

Par contre, la température a une grande influence sur la capacité :

celle-ci est maximum vers 35° C.; au-dessous de cette température, elle diminue de 3 p. 100 par degré centigrade (régime de décharge en 5 heures).

Il est intéressant de noter que la capacité de l'accumulateur alcalin augmente sous l'effet des premières charges. Cette particularité résulte vraisemblablement de l'amélioration apportée à la constitution chimique de l'électrode positive par les premiers cycles de fonctionnement qu'on lui fait subir.

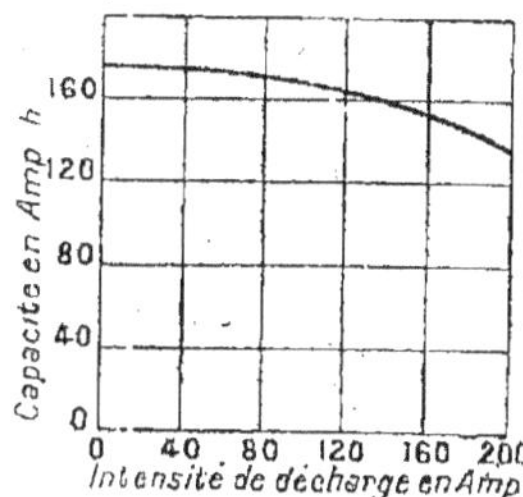

Fig. 217. — Variation de capacité d'un accumulateur au fer-nickel avec l'intensité de décharge.

Actions locales. — Les actions locales tendent à décharger les plaques à circuit ouvert en donnant lieu à une oxydation de la cathode et à une réduction de l'anode. Elles augmentent avec la température et dépendent principalement de la pureté de la potasse employée pour constituer l'électrolyte.

Rendement. — Le rendement de l'accumulateur au fer-nickel est faible, et d'autant plus que l'on exige de l'élément une plus grande capacité. Ceci semble tenir à la résistance élevée des matières actives qui empêchent les actions électrolytiques de pénétrer facilement en profondeur.

Le rendement en quantité varie de 80 à 60 p. 100 et le rendement en énergie de 55 à 45 p. 100.

Données spécifiques. — La capacité d'un accumulateur au fer-nickel variant très peu avec l'intensité de décharge, les données spécifiques sont sensiblement indépendantes du régime de décharge. Ainsi, entre la décharge en 7 heures et celle en 4 heures, la capacité massique (rapportée au kilogramme d'élément) ne baisse que de 21,4 à 19,6 ampères-heure et l'énergie massique de 27,8 à 20 watts-heure.

Au régime de décharge en 5 heures, l'élément au fer-nickel donne une énergie massique sensiblement égale à celle des meilleurs accumulateurs au plomb. Au régime de 3 heures, l'énergie massique de l'élément au fer-nickel devient supérieure de 10 à 12 p. 100.

En revanche, à égalité d'encombrement, l'élément au fer-nickel donne une énergie inférieure de 20 p. 100 environ au régime de 5 heures et de 5 p. 100 environ au régime de 3 heures, à celle de ces mêmes accumulateurs au plomb.

Une batterie au fer-nickel est donc toujours plus encombrante qu'une batterie au plomb et cela d'autant plus que le régime est plus lent.

Constitution des éléments. — *Électrodes.* — Les électrodes de l'élément alcalin sont à oxydes rapportés. Elles comportent des pastilles ou briquettes de matière active ayant une certaine épaisseur et disposées convenablement dans un support.

La fabrication de ces briquettes présente quelques difficultés qui sont dues, d'une part à la mauvaise conductibilité des oxydes employés (inconvénient qui ne se rencontre pas avec les oxydes de plomb) et d'autre part, au fait que la potasse, n'attaquant pas les oxydes, n'agit pas comme liant (à l'inverse de l'acide sulfurique en présence des oxydes de plomb). Aussi, pour rendre la conductibilité suffisante et pour obtenir la solidité nécessaire à la construction des briquettes, doit-on ajouter à la matière des particules inertes, mais conductrices, et comprimer à très forte pression, ce qui rend la diffusion de l'électrolyte plus difficile.

Bacs. — Les bacs sont en tôle d'acier ou en ébonite de bonne qualité (1). Mais cette dernière substance est coûteuse. D'autre part, comme il n'est pas nécessaire que le bac soit isolant si l'on prend soin d'éviter tout contact avec les électrodes, on préfère, en général, prendre des bacs en tôle d'acier. Ces bacs sont moins attaquables, plus solides, moins lourds, moins encombrants et moins chers que les bacs en ébonite. Lorsqu'on fait usage de ces bacs, il faut avoir soin d'isoler, par des séparateurs en ébonite (2), le bloc de plaques de l'intérieur du bac. En outre, il est bon de rendre isolante la surface extérieure du bac en la recouvrant d'un vernis isolant. Ce vernis joue un rôle important en évitant le rayonnement calorifique et en permettant ainsi à l'élément de garder une température relativement élevée, ce qui augmente sa capacité.

---

(1) Le celluloïd et le verre sont attaqués à la longue par les alcalis, ce dernier avec formation de silicates.

(2) Le bois ne peut être employé parce qu'il se transforme en acide oxalique dans la lessive de potasse.

Électrolyte. — L'électrolyte est composé d'une solution de potasse à 20 p. 100 dans l'eau distillée, additionnée d'un peu de lithine. La pureté de la solution alcaline a une grande importance pour le bon fonctionnement de l'accumulateur. Cette solution est, le plus souvent, souillée de chlore et de matières organiques (1).

La composition de l'électrolyte restant invariable pendant la charge aussi bien que pendant la décharge, son volume peut être beaucoup plus faible que dans l'accumulateur au plomb. Sa densité peut d'ailleurs varier dans des limites très étendues sans que le bon fonctionnement de l'accumulateur en souffre. La pratique a montré que, pour des concentrations de l'électrolyte variant entre 16 et 30 p. 100, le rendement restait sensiblement le même.

Comme la potasse de l'électrolyte absorbe l'acide carbonique de l'air, en donnant du carbonate de potassium moins soluble et moins conducteur que la potasse, il convient de préserver le liquide du contact de l'air. Dans ce but, on peut disposer à la surface de l'électrolyte une couche d'huile non saponifiable (huile de vaseline, par exemple), mais il se produit alors une mousse abondante pendant la charge. On préfère disposer sur le bac un couvercle hermétique, avec soupape pour le dégagement gazeux. De cette façon, la production de carbonate de potasse est évitée, l'électrolyte étant constamment en présence d'un mélange d'hydrogène et d'oxygène.

Montage de la batterie. — Les bacs étant métalliques, ils ne peuvent être placés côté à côté et doivent être isolés les uns des autres. Ils sont maintenus par des pièces en ébonite dans des châssis en bois paraffiné, munis de poignées latérales. Ce procédé permet de les séparer convenablement et de les isoler aussi bien les uns des autres que du châssis.

Charge des accumulateurs. — La charge se fait ordinairement à intensité constante. Une charge d'une durée de 7 heures, à courant constant, correspond au meilleur rendement et à la plus grande capacité. Tou-

---

(1) L'essai chimique de la solution de potasse peut se faire de la façon suivante : En saturant par l'acide chlorhydrique et en ajoutant ensuite de l'ammoniaque, on e doit avoir qu'un trouble opalescent (précipité d'oxyde de fer, d'alumine et de silice). Pour rechercher la présence des sulfates et des chlorures, on sature par l'acide nitrique et on précipite par les nitrates de baryum et d'argent.

tefois, dans le cas où la durée de la charge doit être réduite, il est préférable d'élever le régime au début de la charge pour le diminuer vers la fin.

Toute déformation des électrodes étant impossible, les régimes de charge les plus rapides peuvent être admis (charge en une heure, par exemple). On devra cependant observer que, malgré l'endurance des éléments, un fonctionnement continu à un régime excessif peut avoir, par suite de l'élévation de température qu'il est susceptible de produire, un effet destructif de nature à réduire la durée de la batterie.

Par contre, un régime de charge trop lent n'assurerait pas la charge complète de l'électrode négative (réduction incomplète de l'élément fer). Il en résulterait une grande irrégularité dans la tension de décharge (1).

Entretien de la batterie. — L'entretien d'une batterie au fer-nickel consiste à ajouter, de temps en temps, un peu d'eau distillée dans les bacs de façon que les plaques soient toujours complètement immergées. Le remplacement de l'électrolyte ne devient nécessaire qu'après 400 décharges complètes.

Les éléments ne nécessitent jamais de nettoyages intérieurs, mais il faut avoir soin de les maintenir propres et secs extérieurement, en procédant mensuellement au nettoyage de leurs parois. Il est bon, également, d'enduire le dessus des bacs d'une huile spéciale ou d'un vernis approprié.

Endurance. — L'accumulateur au fer-nickel présente, à ce point de vue, des avantages incontestables sur l'accumulateur au plomb. La constitution de ses électrodes le rend insensible aux chocs et aux vibrations et son bac en fer laminé est incassable. D'autre part, l'usure des électrodes est beaucoup plus lente que celle de l'accumulateur au plomb (après 1000 décharges complètes, la perte de capacité ne dépasse pas 20 p. 100); cette usure ne dépend d'ailleurs que du travail fourni par l'accumulateur, c'est-à-dire du nombre de décharges. On peut, en effet, laisser une batterie au repos pendant un temps extrêmement long (plusieurs années), dans un état de charge quelconque, sans que sa capacité s'en trouve diminuée.

---

(1) Toutefois, un tel régime ne peut donner lieu à une avarie permanente et les conditions normales de la décharge seront rétablies après que l'élément aura été à nouveau soumis à son régime normal de charge.

Inconvénients. — Les critiques formulées contre l'accumulateur au fer-nickel sont les suivantes : rendement moins bon que celui de l'élément au plomb, résistance intérieure trop élevée provoquant une chute de tension considérable au cours de décharges rapides et, avant tout, prix relativement élevé.

Principales applications. — L'accumulateur au fer-nickel ne peut être utilisé dans les applications où il est nécessaire d'avoir un générateur à très faible résistance interne et de rendement élevé (batterie-tampon, batterie de secours dans les stations centrales).

Par contre, il est tout désigné pour les batteries assurant un service intermittent (batterie centrale des postes télégraphiques, batterie pour actionner les relais, batterie de secours, etc.) et dans les applications où les accumulateurs sont soumis à des trépidations (traction, éclairage des trains, etc.)

Accumulateur Edison. — L'accumulateur au fer-nickel, construit d'après les brevets Edison, est représenté sur la figure 218.

Dans cet élément, les plaques sont constituées par un cadre d'acier nickelé de 0,6 mm d'épaisseur, servant de support aux électrodes élémentaires contenant la matière active.

Chaque électrode élémentaire de la plaque positive se compose d'un tube formé au moyen d'un ruban d'acier, de 0,1 mm d'épaisseur, perforé et nickelé, enroulé en spirale de façon à former un cylindre de 6,5 mm de diamètre intérieur et de 10 cm de longueur. Dans chaque tube, la matière active (hydrate d'oxyde de nickel pulvérisé) est tassée en couches minces alternant avec des couches de nickel pur en flocons (fig. 219), dont le rôle est d'assurer la bonne conductibilité interne des électrodes. Comme le remplissage est fait sous une très grande pression, la matière forme à l'intérieur du tube un crayon parfaitement solide. Avant le remplissage, on glisse sur les tubes des bagues en acier sans soudure, qui s'ajustent par la pression exercée et augmentent la résistance du tube. D'un tube au suivant, ces bagues sont disposées en chicane de façon à permettre l'assemblage des tubes parallèlement et très près les uns des autres (fig. 220).

Pour les plaques négatives, l'élément actif est constitué par une briquette d'oxyde de fer comprimé, rendu bon conducteur par un procédé tenu secret. Ces briquettes, ainsi constituées, sont logées dans des

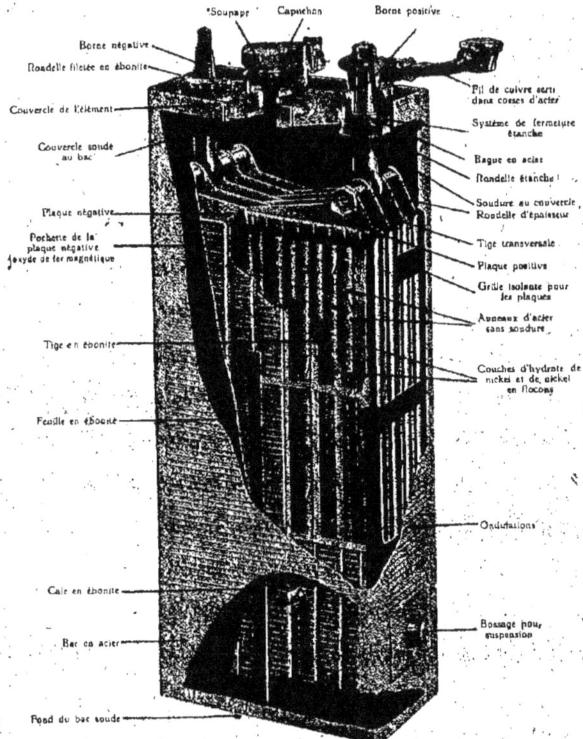

Fig. 218. — Coupe d'un élément Edison.

pochettes rectangulaires très minces, en acier nickelé finement perforé. Ces pochettes sont, à leur tour, enchassées par forte pression dans les alvéoles d'une grille en acier nickelé.

Les plaques de même polarité sont réunies entre elles en les boulonnant à l'aide d'écrous sur une tige filetée, portant la prise de courant.

L'écartement, entre plaques positives et négatives, n'est que d'un millimètre. Cet écartement est maintenu au moyen d'étroites baguettes en
ébonite disposées verticalement.

Le bac est composé d'un caisson en tôle d'acier nickelé de 0,4
à 0,6 mm d'épaisseur, dont le fond et les côtés sont rapportés et soudés
à l'autogène. Les faces latérales
sont ondulées transversalement
sur les deux tiers de la hauteur,
de façon à augmenter la rigidité
et la résistance mécanique. Extérieurement, les parois sont recou-

Fig. 219. — Coupe longitudi-
nale d'une électrode élé-
mentaire positive.

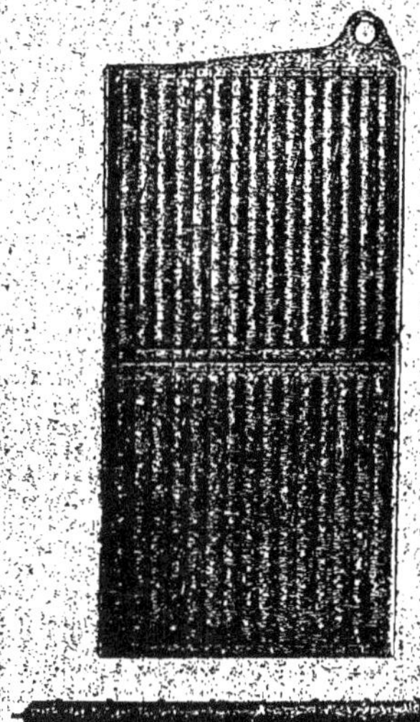

Fig. 220. — Electrode positive d'un élément
Edison.

vertes d'un vernis spécial, évitant le rayonnement calorifique et permettant
ainsi à l'élément de conserver une température favorable à ses meilleures conditions de fonctionnement.

Les plaques reposent sur des tasseaux de fond en ébonite et l'isolement
est assuré, sur les côtés, au moyen de deux cadres en même matière
comportant des rainures dans lesquelles sont logés les bords verticaux
des plaques. Des feuilles minces également en ébonite isolent les plaques
terminales du bac.

L'élément est fermé hermétiquement au moyen d'un couvercle percé

de trois ouvertures. Deux de celles-ci sont destinées au passage des
bornes ; elles sont munies d'une garniture en ébonite et caoutchouc souple,
assurant à la fois l'isolement et l'étanchéité. La troisième, porte un cylindre
en acier muni d'une fermeture servant de soupape et d'orifice de remplissage. La fermeture porte un clapet, destiné à permettre l'évacuation des
gaz tout en évitant la projection au dehors des bulles d'électrolyte qui se
produisent vers la fin de la charge.

Le tableau ci-dessous donne les constantes principales des éléments Édison du type A, employé principalement pour l'équipement
des camions électriques, tracteurs et locomotives électriques.

TYPE DE L'ÉLÉMENT		A_4	A_5	A_6	A_7	A_8	A_{10}	A_{12}
Dimensions d'en-	Hauteur .	366	366	366	366	375	375	394
combrement en	Longueur.	118	134	145	159	185	191	191
millimètres	Largeur .	156	156	156	156	156	197	229
Volume d'électrolyte, en litres.		1,17	1,37	1,58	1,95	2,31	2,94	3,57
Poids de l'élément, en kilos .		6,26	7,6	8,85	10,43	12,2	15,1	18,5
Capacité en ampères-heure .		150	187,5	225	262,5	300	375	450
Tension moyenne aux régimes de décharge en	8 heures.	1,24	1,24	1,24	1,24	1,24	1,24	1,24
	5 heures.	1,20	1,20	1,20	1,20	1,20	1,20	1,20
Tension maximum de charge, en volts		1,8	1,8	1,8	1,8	1,8	1,8	1,8
Intensité de charge, en am- pères.		30	37,5	45	52,5	60	75	90
Durée de la charge, en heures.		7	7	7	7	7	7	7

**Accumulateur de la Société des Accumulateurs fixes et de traction
(S.A.F.T.).** — Les accumulateurs de la Société des Accumulateurs fixes
et de traction ne diffèrent que par des détails de construction des accumulateurs Edison.

Dans ces accumulateurs, les électrodes positives et négatives présentent le même aspect. Elles sont formées toutes deux, d'un cadre en
tôle d'acier nickelé, dans lequel sont fixées, par sertissage à la presse
hydraulique, les pochettes qui contiennent la matière active (fig. 221).

Ces pochettes, formées de deux cuvettes rectangulaires en tôle d'acier très mince et nickelée s'emboîtant l'une dans l'autre, sont très finement perforées. Elles sont remplies de matière active (fer pyrophorique pour la négative, mélange d'hydroxyde de nickel et de graphite pour la positive), puis comprimées et nervurées transversalement pour augmenter leur rigidité.

Les têtes des cadres portent des prolongements perforés pour le passage des tiges filetées d'assemblage; des rondelles d'acier forment entretoises

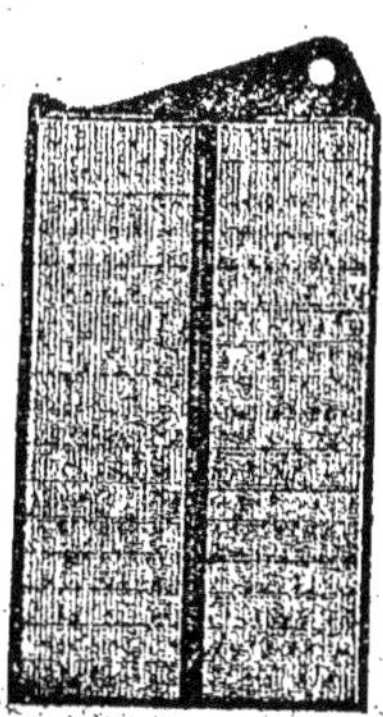

Fig. 221. — Électrode d'un élément S.A.F.T.

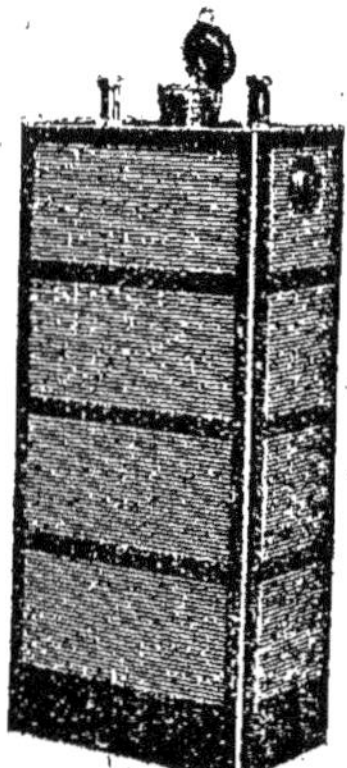

Fig. 222. — Élément S. A. F. T.

d'écartement et une borne (prise de courant) est disposée au milieu de chaque faisceau; le tout est bloqué au moyen de deux écrous faisant serrage aux deux extrémités des tiges.

L'isolement, entre plaques de polarité contraire, est assuré par des tiges en ébonite, disposées verticalement, et par deux cadres supports, également en ébonite, qui maintiennent les faisceaux par la tranche des plaques et isolent, en même temps celles-ci du bac sur toutes leurs faces.

Le bac est en tôle d'acier nickelé à parois striées, soudées à l'autogène (fig. 222). Les bornes de prise de courant traversent le couvercle par l'intermédiaire de pièces en caoutchouc, de façon à former un joint hermétique. Une soupape à clapet empêche le renversement de l'électrolyte et les projections de vésicules liquides.

TABLE DES MATIÈRES

PREMIÈRE PARTIE

CHAPITRE PREMIER

DÉFINITIONS ET GÉNÉRALITÉS

CHAPITRE II

THÉORIE CHIMIQUE DE L'ACCUMULATEUR AU PLOMB

CHAPITRE III

PROPRIÉTÉS DE L'ACCUMULATEUR AU PLOMB

CHAPITRE IV

ÉTUDE DESCRIPTIVE DE L'ACCUMULATEUR

PLAQUES

CHAPITRE V

PRINCIPALES MARQUES FRANÇAISES D'ACCUMULATEURS AU PLOMB

DEUXIÈME PARTIE

Applications des Accumulateurs

CHAPITRE VI

EMPLOI DES ACCUMULATEURS POUR CONSTITUER UNE RÉSERVE D'ÉNERGIE DANS LES STATIONS CENTRALES

CHAPITRE VII

BATTERIES-TAMPON

CHAPITRE VIII

FONCTIONNEMENT DES BATTERIES-TAMPON COMBINÉES AVEC DES SURVOLTEURS-DÉVOLTEURS AUTOMATIQUES

CHAPITRE IX

NOTES SUR LA CONSTRUCTION ET LE MONTAGE DES SURVOLTEURS-DÉVOLTEURS AUTOMATIQUES POUR BATTERIES-TAMPON

CHAPITRE X

CALCUL D'UNE BATTERIE D'ACCUMULATEURS DEVANT ASSURER UN SERVICE DÉTERMINÉ

CHAPITRE XI

INSTALLATION ET MONTAGE DES BATTERIES STATIONNAIRES

CHAPITRE XIV

MESURES ET ESSAIS

CHAPITRE XV

ACCUMULATEURS AU FER-NICKEL

Paris. — Imp. PAUL DUPONT (Cl.) — 12...